D1640245

Roland Goetzke

Entwicklung eines fernerkundungsgestützten Modellverbundes zur Simulation des urban-ruralen Landnutzungswandels in Nordrhein-Westfalen

disserta Verlag

Goetzke, Roland: Entwicklung eines fernerkundungsgestützten Modellverbundes zur Simulation des urban-ruralen Landnutzungswandels in Nordrhein-Westfalen, Hamburg, disserta Verlag, 2012

ISBN: 978-3-95425-010-3
Druck: disserta Verlag, ein Imprint der Diplomica® Verlag GmbH, Hamburg, 2012

Bibliografische Information der Deutschen Nationalbibliothek
Die Deutsche Nationalbibliothek verzeichnet diese Publikation in der Deutschen Nationalbibliografie; detaillierte bibliografische Daten sind im Internet über http://dnb.d-nb.de abrufbar.

Die digitale Ausgabe (eBook-Ausgabe) dieses Titels trägt die ISBN 978-3-95425-011-0 und kann über den Handel oder den Verlag bezogen werden.

Angefertigt mit Genehmigung der Mathematisch-Naturwissenschaftlichen Fakultät der Rheinischen Friedrich-Wilhelms-Universität Bonn

Inhaltsverzeichnis

Abbildungsverzeichnis

Tabellenverzeichnis

Akronyme

ABM	Agenten-basierte Modelle
AIC	Akaike Information Criterion
ASCII	American Standard Code for Information Interchange
ATKIS	Amtliches Topographisch-Kartographisches Informations-system
AUC	Area Under Curve
CA	Cellular Automata
CLUE	Conversion of Land-Use and its Effect
CLUE-s	Conversion of Land-Use and its Effect on small regional extent.
CORINE	Coordination of Information on the Environment
CPU	Central Processing Unit
DAX	Deutscher Aktienindex
DGM	Digitales Geländemodell
DIVERSITAS	International Programme of Biodiversity Science
DLM	Digitales Landschaftsmodell
EEA	European Environment Agency
ENVISAT	Environmental Satellite
ERTS89	European Terrestrial Reference System 1989
ESSP	Earth System Science Partnership
EU	Europäische Union
FAO	Food and Agriculture Organization
GEP	Gebietsentwicklungsplan
GIF	Graphics Interchange Format
GIS	Geoinformationssystem
GLC 2000	Global Land Cover 2000
GLM	Generalized Linear Model
GTAP	Global Trade Analysis Project
GUI	Graphical User Interface
HLA	High Level Architecture
HRV	High Resolution Visible
IBA	Internationale Bauausstellung

ICE	Inter City Express
IGBP	International Geosphere-Biosphere Programme
IHDP	International Human Dimensions Programme on Global Environmental Change
IMAGE	Integrated Model to Assess the Global Environment
IPCC	Intergovernmental Panel on Climate Change
IR-MAD	Iteratively Reweighted Multivariate Alteration Detection
ISODATA	Iterative Self-Organizing Data Analysis Technique
IT.NRW	Landesbetrieb für Information und Technik NRW
LCD	Land Cover Deltatron Model
LSPA	Location Specific Preference Addition
LUCC	Land-Use and Land-Cover Change
MAS	Multi-Agenten Systeme
MAUP	Modifiable Areal Unit Problem
MERIS	Medium Resolution Imaging Spectrometer
MLK	Maximum-Likelihood-Klassifikation
MRC	Multiple Resolution Comparison
MUNLV	Ministerium für Umwelt, Naturschutz, Landwirtschaft und Verbraucherschutz Nordrhein-Westfalen
NDVI	Normalized Difference Vegetation Index
NRW	Nordrhein-Westfalen.
NRWPro	Projekt „Visualisierung von Landnutzung und Flächenverbrauch in NRW mittels Satelliten- und Luftbildern"
OR	Odds Ratio
PC	Principal Component
PRELUDE	PRospective environmental analysis of land-use development in Europe
PSS	Planning Support System
RMS	Root Mean Square Error
ROC	Receiver (Relative) Operating Characteristic
RVR	Regionalverband Ruhr
SDSS	Spatial Decision Support System
SLEUTH	Slope, Land-Use, Exclusion, Urban Extent, Transportation, Hillshade.

SPOT	Système Pour l'Observation de la Terre
TC	Tasseled Cap
UGM	Urban Growth Model
UN	United Nations
US EPA	United States Environmental Protection Agency
USGS	United States Geological Survey
V-I-S	Vegetation-Imperviousness-Soil
WMS	Web Map Service
XULU	Extendable Unified Land Use modelling platform
ZFL	Zentrum für Fernerkundung der Landoberfläche

Kurzfassung

Die Veränderung der Landbedeckung und Landnutzung durch den Menschen nimmt im Zusammenhang mit der Diskussion über die Folgen des globalen Umweltwandels seit vielen Jahren eine zentrale Rolle ein. In weiten Teilen West- und Mitteleuropas ist die Flächeninanspruchnahme durch Siedlungs- und Verkehrsfläche der dominierende Faktor des Landnutzungs- und Landbedeckungswandels. Durch diesen Prozess werden zentrale Ökosystemfunktionen und damit die Lebensgrundlage und der Lebensraum für Menschen, Tiere und Pflanzen nachhaltig verändert. Eine Reduzierung der weiteren Bodenversiegelung, Zersiedelung und Zerschneidung der Landschaft gehört daher zu den Kernaufgaben einer nachhaltigen Raumentwicklung. Dies gilt insbesondere für dicht besiedelte Gebiete wie Nordrhein-Westfalen, das mit aktuell ca. 18 Millionen Einwohnern (524 Einwohnern pro Quadratkilometer) am dichtesten besiedelte Flächenland Deutschlands.

Mit einem Verbund aus räumlicher Modellierung, Fernerkundung und GIS werden in der vorliegenden Arbeit die Landnutzungs- und Landbedeckungsänderungen der vergangenen 30 Jahre in Nordrhein-Westfalen beobachtet, analysiert und in Form von Szenarien deren zukünftige Entwicklung simuliert. Die Analyse von Satellitenbildern der Jahre 1975, 1984, 2001 und 2005 zeigt regionale Unterschiede in der Landnutzungsdynamik Nordrhein-Westfalens. So sind die größten absoluten Zuwachsraten an bebauter Fläche vor allem in den Agglomerationsräumen zu finden, wo unversiegelte Böden bereits eine knappe Ressource darstellen. Die größten relativen Zuwachsraten verzeichnen dagegen einige ländliche Regionen. Die Zunahme an bebauten Flächen erfolgt dabei maßgeblich zu Lasten landwirtschaftlich genutzter Flächen. Es konnte festgestellt werden, dass die Neuinanspruchnahme von Flächen nur untergeordnet mit der demographischen Entwicklung zusammenhängt, sondern vielmehr mit bestimmten Standortfaktoren.

Für die Extrapolation der gewonnenen Erkenntnisse in die Zukunft wird einerseits das in der Nachhaltigkeitsstrategie der Bundesregierung festgelegte Ziel einer Reduzierung der Neuinanspruchnahme von Flächen in Deutschland auf 30 ha pro Tag bis 2020 berücksichtigt. Auf der anderen Seite befindet sich die Neuinanspruchnahme von Flächen trotz der Stagnation der demographischen Entwicklung in Nordrhein-Westfalen nach wie vor auf hohem Niveau, so dass auch eine lineare Fortschreibung der aktuellen Entwicklung berücksichtigt wird.

Neben der inhaltlichen Analyse der Landnutzungsdynamik und der Flächeninanspruchnahme in Nordrhein-Westfalen verfolgt die vorliegende Arbeit ein methodisches Ziel. Dabei handelt es sich um den Vergleich zweier unterschiedlicher Modellkonzepte im Hinblick darauf, wie gut sie die relevanten Landnutzungsänderungen in Nordrhein-Westfalen abbilden können. Das CLUE-s Modellkonzept (VERBURG ET AL., 2002) erzeugt mittels logistischer Regression Wahrscheinlichkeitskarten, welche die Grundlage zur räumlichen Verteilung von Landnutzungsänderungen im Modell darstellen. Das zweite Modell ist ein zellulärer Automat, der auf dem SLEUTH Modellkonzept (CLARKE ET AL., 1997) basiert und urbanes Wachstum entsprechend festgelegter Konversionsregeln modelliert. Die Ergebnisse beider Modelle werden mit einer einheitlichen Methode bewertet. Schließlich wird eine Kopplung beider Modelle durchgeführt, um eine optimierte Modellierung zu erreichen, die der Situation im Untersuchungsgebiet mit einer komplexen Landnutzungszusammensetzung, einem hohen Urbanisierungsgrad und urban-ruralen Gradienten der Landnutzung gerecht wird. Die Kopplung wird durch die Integration beider Modellansätze in die einheitliche Modellierungsplattform XULU (SCHMITZ ET AL., 2007) ermöglicht. Hierbei zeigt sich, dass die Modellierung der Landnutzungsänderungen mit CLUE-s gegenüber dem ursprünglichen Modellalgorithmus eine verbesserte Übereinstimmung mit Referenzdaten zeigt, wenn die Modellierung der bebauten Flächen von einem zellulären Automaten nach dem SLEUTH Modellansatz übernommen wird.

Mit dem hier entwickelten Modellverbund aus CLUE-s, SLEUTH, dynamischer Modellkopplung und einheitlicher Modellbewertung lassen sich zukünftig Szenarien für komplexe Landnutzungssysteme mit hohem Urbanisierungsgrad und urban-ruralen Gradienten der Landnutzung in einer integrierten Modellumgebung simulieren. Eine Übertragbarkeit auf andere Untersuchungsgebiete bei entsprechender Parametrisierung der Modelle, die Erweiterung der bestehenden Modelle oder die Integration neuer Modellansätze in den Modellverbund ist dabei realisierbar.

Summary

For many years the human alteration of land-use and land-cover has been playing a major role in the discussion about the impacts of global environmental change. Urbanization is the dominant factor of land-use and land-cover change in many parts of Western and Central Europe. The increase of urban and infra-structure areas affects central ecosystem services, and therefore rural and natural habitats as well as human health and well-being. Hence, reduction of further soil sealing, urban sprawl and landscape fragmentation are amongst the core issues of sustainable spatial development. This applies in particular to densely popu-lated areas like North Rhine-Westphalia, which is currently the most densely populated federal state in Germany with about 18 Million inhabitants (524 inh./km^2).

In this work, the land-use and land-cover changes in North Rhine-Westphalia over the last 30 years are investigated and analyzed in a combination of spatial modeling techniques, remote sensing, and GIS, and subsequently scenarios of future developments are simulated. The analysis of satellite images of the years 1975, 1984, 2001, and 2005 shows regional differences in the land-use dynamics of North Rhine-Westphalia. The highest absolute growth rates of built-up land are located in urban agglomerations, where land is already a scarce resource. On the contrary, relative growth rates are highest in some rural areas. The increase in impervious surface takes place significantly at the expense of agricultural areas. It has been detected that the increase of built-up land is associated with the demographic development only in a subordinate way and rather depends on several locational factors.

For an extrapolation into the future of the knowledge gained, the sustainable development strategy of the Federal Government to reduce the land-take of German areas to 30 Hectares per day before 2020 is taken into account. On the one hand, the simulation of future land-use and land-cover trends are based on this aim. On the other hand, urban sprawl is nowadays still on a high level in North Rhine-Westphalia – despite a stagnation of the demographic development. Thus, a linear extrapolation of current trends is also considered in this work.

In addition to the analysis of land-use dynamics and land-take in North Rhine-Westphalia, another focus of this study is on technical side of land-use modeling. Two different modeling approaches are compared regarding their ability to model the relevant land-use and land-cover changes in North Rhine-Westphalia. The CLUE-s modeling approach (VERBURG ET AL., 2002) allocates land-use changes primarily based on probability maps which have been created by logistic regression analysis. The second model is based on a Cellular Automata approach that has been adapted from the SLEUTH model (CLARKE ET AL., 1997). This model simulates urban growth based on defined transition rules. A uniform method is used to assess the modeling results. The two models are coupled eventually in order to achieve an optimized modeling, that suits the special situation in North Rhine-Westphalia better, including a complex land-use pattern, a high degree of urbanization, and an urban-rural gradient of land-use and land-cover. The coupled modeling is facilitated by the implementation of both modeling algorithms in the *"Extendible Unified Land Modelling Platform"* XULU (SCHMITZ ET AL., 2007). The model coupling improved the agreement between model results and reference data by using the Cellular Automata approach based on the SLEUTH model to simulate the development of the built-up areas within the CLUE-s model.

With the developed approach which combines CLUE-s, SLEUTH, dynamic model coupling, and uniform model assessment, future scenarios of complex land-use systems with a high degree of urbanization and urban-rural gradients of land-use can be simulated in an integrated modeling environment. The transferability to other research areas, the enhancement of the present models and the integration of new models into the ensemble is given.

1 Einleitung

1.1 Hintergrund der Arbeit

Der Mensch nutzt und gestaltet seine Umwelt, um seinen Bedarf an Wasser, Nahrung, Schutz und Wohlstand zu befriedigen. In den letzten fünfzig Jahren veränderte er dabei aufgrund des technologischen Fortschritts seine Umwelt in einem Ausmaß und einer Geschwindigkeit, wie es bisher nicht möglich war (KATES ET AL., 1990; LAMBIN ET AL., 2001; MILLENNIUM ECOSYSTEM ASSESSMENT, 2005). Veränderungen der Landnutzung (engl. **land-use**) spielen im Kontext des globalen Umweltwandels eine wichtige Rolle. Der Begriff Landnutzung beschreibt die anthropogene Inwertsetzung der Landoberfläche (PIELKE SR., 2005). Wandelt sich die Landnutzung, so verändert dies die Landbedeckung (engl. **land-cover**). Unter diesem Begriff versteht man die biophysikalischen Eigenschaften der Landoberfläche. Veränderungen der Landbedeckung haben unmittelbare Auswirkungen auf die lokalen Ökosysteme. Global aggregiert können diese Veränderungen zentrale Funktionen des Systems Erde beeinträchtigen (CHHABRA ET AL., 2006). Die Veränderungen der Landnutzung und Landbedeckung beeinflussen das Klima (SAGAN ET AL., 1979; PIELKE SR., 2005), die Biodiversität (SALA ET AL., 2000), die Bodendegradation (PIMENTEL ET AL., 1995) und damit letztendlich auch die Ökosystem-Ressourcen, die dem Menschen zur Verfügung stehen (VITOUSEK ET AL., 1997; FOLEY ET AL., 2005).

Der Mensch nutzt heute etwa die Hälfte aller eisfreien Gebiete der Landoberfläche und macht damit die Erde zu einem *„human dominated planet"* (VITOUSEK ET AL., 1997, S. 494). Die Nutzung oder Nutzbarmachung von Land ist dabei nicht grundsätzlich negativ zu bewerten, da diese zur Deckung der menschlichen Grundbedürfnisse notwendig ist. Bei einer Bevölkerungszahl von fast 7 Milliarden Menschen, die ihre Grundbedürfnisse decken müssen, wird jedoch schnell deutlich, dass Land eine begrenzte Ressource ist. Folglich kann es zu einer Übernutzung der vorhandenen Landressourcen kommen. Aus einer solchen Übernutzung resultierende Probleme werden von einer breiteren Öffentlichkeit häufig erst wahrgenommen, wenn es in der Folge zu Katastrophen kommt. So wirken sich extreme Wetterereignisse gerade dort auf das Leben und die Gesundheit der Bevölkerung aus, wo der Landnutzungswandel die Resilienz von Ökosystemen herabgesetzt und somit die Vulnerabilität des gekoppelten Mensch-Umwelt-Systems erhöht hat (TURNER II ET AL., 2003; FOLEY ET AL., 2005).

In der Regel vollzieht sich der Landnutzungswandel jedoch langsam und wird nicht unmittelbar wahrgenommen – oft erst, wenn man das aktuelle Bild einer Landschaft mit einer historischen Aufnahme vergleicht. Werden negative Auswirkungen des Landnutzungswandels deutlich, sind Rehabilitationsmaßnahmen meist aufwändig und teuer. Zusammenfassend lässt sich festhalten (FOLEY ET AL., 2005, S. 572):

„Modern land use practices, while increasing the short-term supplies of material goods, may undermine many ecosystem services in the long run, even on regional and global scales."

Daraus ergibt sich die Frage, wie zukünftig Ökosysteme notwendigerweise genutzt werden können, ohne ihre Leistungen langfristig zu beeinträchtigen und ohne ihre Ressourcen vollständig zu erschöpfen. Diese Frage ist ein zentraler Bestandteil der international geführten Nachhaltigkeitsdiskussion und damit das Thema Landnutzungswandel Objekt intensiver Forschungsaktivitäten geworden. Hier sind u.a. die Berichte des Intergovernmental Panel on Climate Change (IPCC, 2007), der Global Environmental Outlook des United Nations Environment Programme (UNEP, 2007) und das Millennium Ecosystem Assessment (MILLENNIUM ECOSYSTEM ASSESSMENT, 2005) zu nennen. Seit den 1990er Jahren sind das *Land Use and Land Cover Change Project* (LUCC) und dessen Nachfolger, das *Global Land Project* (GLP) zentrale Forschungsplattformen, die Wissenschaftler aus zahlreichen Fachdisziplinen mit dem gemeinsamen Forschungsschwerpunkt Landnutzungswandel vernetzt (GLP, 2005).

Im Laufe der Zeit verschob sich der Fokus innerhalb des Forschungsfeldes Landnutzungswandel von der Detektion und Quantifizierung von Landnutzungs- und Landbedeckungsänderungen und dem Verstehen der hierfür verantwortlichen Antriebskräfte hin zur Modellierung von Landbedeckungsänderungen und der Untersuchung möglicher zukünftiger Entwicklungslinien (HOUET ET AL., 2009). Um die Landnutzung der Zukunft zu simulieren, ist es notwendig, aktuelle und vergangene Landnutzungsänderungen aufzudecken. Die Satellitenfernerkundung bietet eine große Bandbreite an Methoden, um die hierfür notwendigen Daten abzuleiten. Mit Hilfe der Fernerkundung lassen sich Informationen über die biophysikalischen Eigenschaften der Landoberfläche zu verschiedenen Zeitpunkten ableiten und damit Änderungen der Landbedeckung sichtbar machen. Geographische Informationssysteme (GIS) liefern das methodische Grundgerüst, um aus diesen Daten Landnutzungsinformationen zu generieren. Durch die Verschneidung dieser Analysedaten mit sozioökonomischen und biophysikalischen Daten in einem GIS können Erkenntnisse über Zusammenhänge im Mensch-Umwelt-System generiert werden, die wiederum die Basis zur Modellierung von Landnutzungsänderungen bilden.

Weltweit vollziehen sich verschiedene Prozesse des Landbedeckungswandels, die räumlich sehr unterschiedlich stark ausgeprägt sind und die regional durch unterschiedliche Antriebskräfte bestimmt sein können. Große Änderungsraten sind in den weltweiten Waldflächen zu beobachten, schwerpunktmäßig in den tropischen Regenwäldern (RAMANKUTTY ET AL., 2006). Gleichzeitig wächst weltweit der Anteil an Ackerflächen und Weideland, um den steigenden Bedarf einer wachsenden Weltbevölkerung nach Nahrung zu decken (LAMBIN ET AL., 2001). Ein weiterer, und gleichzeitig schwer zu beobachtender Prozess, ist die Landdegradierung in den Trockenräumen der Erde, die durch das Zusammenspiel verschiedener Faktoren, wie die zunehmende Klimavariabilität und menschliche Bewirtschaftung, verursacht wird (GEIST, 2005). Die Urbanisierung ist ein Prozess, der immer mehr Gebiete auf der Erde erfasst. Innerhalb von nur 50 Jahren haben sich 17 Megastädte mit jeweils mehr als 10 Millionen Einwohnern entwickelt – die meisten in Entwicklungsländern. Heute lebt etwa die Hälfte der Weltbevölkerung in Städten (GEIST ET AL., 2006), in einigen Ländern Europas sind es bis zu 80% (ANTROP, 2004a). Auch wenn die Fläche der bebauten Gebiete weltweit nur 2 bis 3 % der Landoberfläche ausmacht, ist ihr „ökologischer Fußabdruck" bis weit in ländliche Gebiete zu beobachten (RAMANKUTTY ET AL., 2006). Schätzungsweise 1 bis 2 Millionen Hektar Ackerfläche gehen in Entwicklungsländern jedes Jahr auf Grund von Urbanisierung verloren (DÖÖS, 2002). Auch in Mitteleuropa sind es vor allem landwirtschaftlich nutzbare Flächen, die für die Ausweitung von Siedlungs- und Industrieflächen sowie Verkehrsinfrastruktur in Anspruch genommen werden. Dabei ist die Urbanisierung kein Prozess mehr, der sich nur auf die Städte bezieht, er beeinflusst auch den Landnutzungswandel in ländlichen Regionen (ANTROP, 2004a).

In Deutschland werden im Durchschnitt jeden Tag 116[1] Hektar Freifläche für Siedlungs- und Verkehrsflächen in Anspruch genommen (STATISTISCHES BUNDESAMT, 2010). Mit dieser Flächeninanspruchnahme sind vielfältige ökologische und ökonomische Folgen verbunden: Der Lebensraum für Pflanzen und Tiere wird zerstört, der Oberflächenwasserabfluss und die Grundwasserneubildung werden verändert (ARNOLD & GIBBONS, 1996). Das lokale Klima wandelt sich, die Schadstoff- und Lärmbelastung werden erhöht (LANUV NRW, 2010)

---

1 Durchschnitt der Jahre 1996 bis 2008.

und die Grundlagen der lokalen Nahrungsmittelproduktion reduziert (Döös, 2002). Die Erholungsfunktion der Landschaft geht verloren (ANTROP, 2004a) und ausufernde Siedlungsstrukturen haben hohe Kosten für Errichtung und Erhalt von Infrastruktur zur Folge. Diese Probleme setzen konkrete Ökosystemfunktionen wie Versorgungsfunktionen, Regulationsfunktionen, kulturelle Funktionen und regenerative Funktionen herab.

Nordrhein-Westfalen (NRW) ist mit ca. 18 Millionen Einwohnern das bevölkerungsreichste und mit einem Siedlungsflächenanteil von 22,2 % der gesamten Landesfläche (34.088 km²) das am dichtesten besiedelte Flächenland Deutschlands. Obwohl die Bevölkerungsentwicklung in NRW mittlerweile rückläufig ist, schreitet auch hier die Flächeninanspruchnahme fort. So wurden im Jahr 2008 55 km² Freifläche in Siedlungs- und Verkehrsfläche umgewandelt (LANUV NRW, 2010).

Die ökologischen und ökonomischen Auswirkungen der Flächeninanspruchnahme haben im Zusammenhang mit der Nachhaltigkeitsdebatte die Bundesregierung im Jahr 2002 dazu veranlasst, eine Leitmarke zur Reduzierung der Flächeninanspruchnahme in Deutschland aufzustellen: Demnach soll die Flächeninanspruchnahme von 130 ha/Tag im Jahr 2001 auf maximal 30 ha/Tag im Jahr 2020 sinken (BUNDESREGIERUNG, 2002). In der politischen Auseinandersetzung mit dem Thema Flächenverbrauch ist diese Zielvorgabe seither ein zentraler Punkt (RAT FÜR NACHHALTIGE ENTWICKLUNG, 2004). Die Umweltministerkonferenz der Länder hat diese Initiative positiv aufgenommen und im Jahr 2007 beschlossen, alle erforderlichen Anstrengungen zur Erreichung dieser Zielvorgabe zu unternehmen. Zur Unterstützung dieses Prozesses wurde in NRW bereits 2006 vom Umweltministerium die „Allianz für die Fläche" ins Leben gerufen, in der verschiedene politische, gesellschaftliche, wirtschaftliche und private Kräfte Konzepte zum Thema Flächenverbrauch erarbeiten und das Problembewusstsein schärfen sollen (MUNLV NRW, 2006a). Erstmals wurde in NRW dieses Thema im Rahmen des vom Umweltministerium geförderten Kooperationsprojektes „Visualisierung von Landnutzung und Flächenverbrauch in Nordrhein-Westfalen mittels Satelliten- und Luftbildern" (kurz: NRWPro) bearbeitet, aus dessen Ergebnissen die Idee für die vorliegende Arbeit entstanden ist. In diesem Projekt sind mit Hilfe von Fernerkundungsdaten die Landnutzungs- und Landbedeckungsänderungen der letzten 30 Jahre in NRW dokumentiert worden. Aufbauend auf dieses rein beschreibende Vorgehen soll nun im Rahmen der vorliegenden Arbeit eine Analyse der Antriebskräfte und Mechanismen des

Landnutzungs- und Landbedeckungswandels in NRW mit dem Fokus auf der Flächeninanspruchnahme erfolgen. Dabei sollen bestehende Ansätze der Landnutzungsmodellierung erweitert werden, indem eine Kopplung von bestehenden Modellkonzepten durchgeführt wird. Eine genauere Beschreibung der Ziele, die damit verfolgt werden sollen, werden im folgenden Kapitel 1.2 erläutert.

1.2 Ziele und Gliederung der Arbeit

Das Ziel dieser Arbeit ist die Modellierung der zukünftigen Landnutzung bzw. Landbedeckung in NRW unter bestimmten Rahmenbedingungen, die sich aus der Analyse der aktuellen und vergangenen Landnutzungsdynamik ergeben und politische Zielsetzungen mit einbeziehen. Konkret bedeutet dies, einerseits die bisherigen Veränderungsgeschwindigkeiten fortzuschreiben und andererseits die Veränderungen bei Umsetzung des 30-Hektar-Ziels der Bundesregierung zu simulieren. Die Umsetzung erfolgt zunächst mit dem räumlich expliziten Landnutzungsmodell CLUE-s (VERBURG ET AL., 2002). Dieses Modell simuliert die gesamte Landnutzungsdynamik, ist also nicht auf spezifische Landnutzungsarten oder Veränderungsprozesse beschränkt. Da der Fokus der Arbeit auf der Entwicklung der Siedlungs- und Verkehrsflächen liegt, wird zusätzlich ein Modell verwendet, das speziell urbanes Wachstum modelliert. Beide Modelle basieren auf unterschiedlichen Grundannahmen über Landnutzungsänderungen und verfolgen entsprechend verschiedene methodische Ansätze. Während CLUE-s die Annahme zu Grunde liegt, dass an jedem Ort im Untersuchungsgebiet eine Konkurrenz zwischen Landnutzungsklassen herrscht, die sich aus unterschiedlichen auf die Landnutzungsklassen wirkenden Antriebskräften ergibt, geht das urbane Wachstumsmodell SLEUTH (CLARKE ET AL., 1997) von einem spezifischen Wachstumsverhalten von Städten aus. Anstatt die einzelnen Modellansätze weiterzuentwickeln, zielt diese Arbeit auf eine stärkere methodische Integration ab, indem ein Konzept zur Kopplung der beiden Modellansätze entwickelt wird. Die Umsetzung dieses Verbundes aus Modellierung, Modellkopplung und Modellbewertung erfolgt innerhalb der an der Universität Bonn entwickelten Modellierungsplattform XULU (SCHMITZ ET AL., 2007), die bereits in der Arbeit von JUDEX (2008) verwendet wurde.

Das Untersuchungsgebiet ist das gesamte Bundesland NRW mit einer Größe von 34.000 km². Dementsprechend handelt es sich bei der vorliegenden Arbeit um eine Studie auf regionaler Skala, die sowohl die Entwicklungen in urbanen als auch in ruralen Räumen umfasst. Eine Integration unterschiedlicher Modellansätze bietet sich in diesem Zusammenhang an, da nicht nur urbane und rurale Gebiete unterschiedliche Entwicklungen zeigen, sondern es innerhalb der beiden Einheiten starke Unterschiede gibt. So finden sich in NRW neben wachsenden auch stagnierende und schrumpfende Städte und der ländliche Raum unterliegt in einigen Regionen Urbanisierungstendenzen und erfährt in anderen einen Bedeutungsverlust. ANTROP (2004b) beschreibt diese Pluralität in einem größeren Kontext bezogen auf europäische Landschaften.

Die Datenbasis der Landnutzungsinformationen liefern klassifizierte Satellitendaten, die im Rahmen des NRWPro-Projektes aufbereitet wurden. In dieser Arbeit werden diese Daten überarbeitet und einer ausführlichen Analyse und Interpretation unterzogen. Anschließend werden die relevanten Antriebskräfte des Landnutzungswandels und Mechanismen der Urbanisierung in NRW analysiert und quantifiziert. Diese Informationen fließen in die Modelle ein, mit denen zunächst die aktuellen Landnutzungsänderungsprozesse modelliert werden. Anschließend werden Szenarien des Landnutzungswandels in NRW mit Hilfe einer Kopplung der beiden Modellansätze berechnet. Die Simulation dieser Szenarien läuft bis zum Zieljahr 2025. Dieses Jahr wurde gewählt, da somit durch retrospektive Betrachtung der Landnutzung mit Fernerkundungsdaten und prospektive Simulation mit Landnutzungsmodellen ein halbes Jahrhundert Landnutzungsentwicklung in NRW analysiert werden kann. Zudem kann ein (wenn auch kurzer) Zeitraum nach Erreichen des 30-Hektar-Ziels im Jahr 2020 berücksichtigt werden.

Diese Arbeit verfolgt einen integrativen Ansatz sowohl in methodischer, als auch in thematischer Ausrichtung. In methodischer Hinsicht soll eine stärkere Integration von Modellansätzen mit ihren spezifischen Stärken erreicht werden. Dies wiederum ermöglicht eine Verstärkung der thematischen Integration, indem urbane und rurale Landnutzungsentwicklungen in ihren Gemeinsamkeiten und Unterschieden betrachtet werden. Die hier geschilderte Vorgehensweise dient der Beantwortung folgender Fragen:

- Welche den Landnutzungs-/Landbedeckungswandel in NRW beeinflussenden Faktoren können abgeleitet und quantifiziert werden?

- Was sind die maßgeblichen Prozesse des Landnutzungs-/Landbedeckungswandels in NRW, wie ist ihre zeitliche Dynamik und ihre räumliche Ausprägung?

- Lassen sich Regelmäßigkeiten und Muster der Landnutzung und ihrer Änderung ableiten und in Modellen abbilden?

- Lässt sich die Flächeninanspruchnahme in NRW besser mit einem integrativen statistischen Modell oder mit einem zellulären urbanen Wachstumsmodell erklären?

- Wird durch die Kopplung von zwei unterschiedlichen Modellansätzen die Landnutzungsdynamik in NRW insgesamt besser wiedergegeben, als es mit den einzelnen Modellen möglich ist?

- Wie sieht in räumlich expliziten Landnutzungsmodellen die zukünftige Entwicklung der Landnutzung im allgemeinen und der Flächeninanspruchnahme im speziellen in NRW aus? Wo ist mit Schwerpunkten der Flächeninanspruchnahme zu rechnen und wie wirkt sich das Erreichen des „30-Hektar"-Ziels auf die Zuwachsraten in unterschiedlichen Gebieten des Bundeslandes aus?

Diese Arbeit zielt darauf ab, generelle Muster der Landnutzung in NRW zu analysieren und deren Entwicklung in die Zukunft zu projizieren. Konkrete, räumlich genaue Vorhersagen sind mit der verwendeten Methodik nicht möglich. Dennoch werden räumlich explizite Modelle eingesetzt und nicht solche, die mit aggregierten Daten arbeiten, da nicht davon auszugehen ist, dass Landnutzungsänderungen innerhalb einer Gemeinde gleichförmig ablaufen. Vielmehr ist die Wahrscheinlichkeit für das Auftreten von Landnutzungsänderungen im allgemeinen und von Flächeninanspruchnahme im konkreten durchaus abhängig von lokalen Bedingungen.

Zur Bearbeitung der genannten Fragestellungen werden Methoden aus den Bereichen Fernerkundung, Geographische Informationssysteme (GIS) und Statistik verwendet und aufbauend auf der so erzeugten Datenbasis ein Modellverbund erstellt, der unterschiedliche Ansätze der Landnutzungsmodellierung, sowie Methoden zur Modellkopplung und Modellbewertung umfasst. Eine Übersicht über den entwickelten Verbund aus Methoden und Modellen und der hierfür verwendeten Software findet sich in Abbildung 1.1.

Die Arbeit gliedert sich in acht Teile. Im Anschluss an dieses Kapitel wird in **Kapitel 2** ein Überblick über den aktuellen Forschungsstand zum Thema Landnutzungswandel gegeben, grundlegende Theorien vorgestellt und relevante Begriffe definiert. Es folgt eine Einführung in die Ursachen und Auswirkungen von Landnutzungsänderungen. Diese werden am Beispiel von Urbanisierung im allgemeinen und Flächeninanspruchnahme im speziellen konkretisiert. Im Anschluss wird eine Einführung in die Modellierung von Landnutzungsänderungen vorgestellt und eine Übersicht über aktuelle Modellkonzepte gegeben. Hieraus werden die Anforderungen an die Modellierung des Landnutzungswandels in NRW abgeleitet und Konzepte zur Kopplung von Modellansätzen präsentiert.

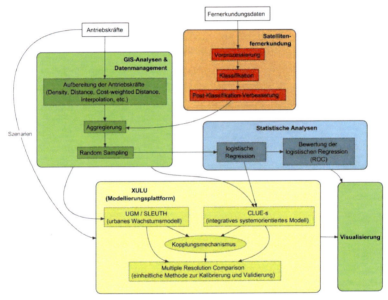

Abbildung 1.1: Übersicht des entwickelten Verbund aus Modellen und Methoden zur Landnutzungsmodellierung und der verwendeten Software
Grün =„ESRI ArcGIS (9.3)"; Rot =„ERDAS Imagine (9.3)"; Blau =„R (2.8.1)"; Gelb =„XULU (1.8)".

In **Kapitel 3** wird das Untersuchungsgebiet NRW vorgestellt. Dabei werden die naturräumlichen, demographischen und sozioökonomischen Gegebenheiten des Bundeslandes dargelegt. Zudem wird ein Abriss der historischen Landnutzungsänderungen gegeben sowie aktuelle und prognostizierte Tendenzen des Landnutzungswandels vorgestellt.

In **Kapitel 4** wird beschrieben, wie die Informationen zur Landnutzung in NRW mit Methoden der Fernerkundung aus Satellitendaten gewonnen werden. Dabei wird nicht nur die aktuelle Landnutzung klassifiziert, sondern auch vergangene Zeitschnitte betrachtet, so dass die Landnutzungsdynamik der letzten 30 Jahre abgeleitet werden kann.

Kapitel 5 widmet sich dem in dieser Arbeit entwickelten Modellverbund sowie den darin enthaltenen Modellierungstechniken. Dabei wird zunächst die Modellierungsplattform vorgestellt, in welcher der Modellverbund verwirklicht wird. Anschließend werden die methodischen Hintergründe der beiden verwendeten Landnutzungsmodelle CLUE-s und SLEUTH präsentiert. In diesem Zusammenhang wird die Kopplung der Landnutzungsmodelle innerhalb der Modellierungsplattform beschrieben. Die verwendeten Modelle werden mit einer gemeinsamen Methode kalibriert und validiert, die ebenfalls in der Modellierungsplattform implementiert wurde.

Die Präsentation der Ergebnisse findet in **Kapitel 6** statt. Dabei werden zunächst die Ergebnisse der Satellitenbildklassifikationen vorgestellt und die detektierten Änderungen diskutiert. Die Landnutzungsdaten, sowie die aus der Änderungsdetektion abgeleiteten Erkenntnisse dienen der Parametrisierung der verwendeten Landnutzungsmodelle. In diesem Zusammenhang wird auch die Aufbereitung der für die Parametrisierung verwendeten geo-biophysikalischen und sozioökonomischen Antriebskräfte vorgestellt. Die Ergebnisse der Parametrisierung werden präsentiert und die Kalibrierungsergebnisse sowohl der einzelnen, als auch der gekoppelten Modelle diskutiert. Im Anschluss werden die Ergebnisse der Validierung der einzelnen und gekoppelten Modell erörtert.

Kapitel 7 widmet sich schließlich der zukünftigen Entwicklung der Landnutzung in NRW. In diesem Kapitel werden zunächst Szenarien der Landnutzungsentwicklung definiert und schließlich die Ergebnisse der Modellierung der Landnutzung in NRW für das Jahr 2025 präsentiert. Hierbei werden die Ergebnisse verschiedener Modellläufe verglichen.

In **Kapitel 8** werden die erzielten Ergebnisse diskutiert und die Erkenntnisse aus der Landnutzungsmodellierung zusammengefasst.

2 Landnutzungs- und Landbedeckungswandel: Der Stand der Forschung

Das Thema Landnutzungs- und Landbedeckungswandel wird bereits seit vielen Jahren intensiv erforscht, was durch eine Fülle an wissenschaftlicher Literatur dokumentiert ist. In den folgenden Unterkapiteln erfolgt zunächst ein Überblick über den Forschungsstand, eine Zusammenfassung der theoretischen Konzepte dieses Forschungszweiges und eine Klärung von Begriffen. Daraufhin wird auf die Ursachen und Auswirkungen von Landnutzungs- und Landbedeckungsände-rungen eingegangen und dies am Beispiel der Flächeninanspruchnahme konkre-tisiert. Als ein wichtiger Forschungsgegenstand im Kontext des Landnutzungs-/Landbedeckungswandels wird die computergestützte Modellie-rung von Landnutzungsänderungen hervorgehoben und verschiedene Konzepte aus diesem Bereich vorgestellt.

2.1 Land als System

2.1.1 Der Forschungskontext des Landnutzungs- / Landbedeckungswandels

Die wissenschaftliche Auseinandersetzung mit dem Thema Landnutzungs- und Landbedeckungswandel begann, als Mitte der 1970er Jahre deutlich wurde, dass Prozesse an der Landoberfläche Auswirkungen auf das Klima haben (LAMBIN ET AL., 2006). Veränderungen der Landbedeckung wirken sich auf die Albedo und damit auf die Energieflüsse zwischen der Landoberfläche und der Atmosphäre aus, was wiederum das regionale Klima beeinflusst. Grundlegende Arbeiten hierzu stammen u.a. von OTTERMAN (1974) und SAGAN ET AL. (1979). Bis heute werden die Themen Landnutzung / -bedeckung und deren Veränderungen im Zusammenhang mit dem Klimawandel intensiv untersucht (PIELKE SR., 2005; TURNER II ET AL., 2007). Dabei stehen zum einen die verschiedenen Stoffkreis-läufe und die Funktion von Landoberflächen als Kohlenstoffsenken im Vorder-grund. Dieses Thema steht mittlerweile nicht mehr nur auf der wissenschaftli-chen, sondern auch auf der politischen Agenda (MINISTRY OF FOREIGN AFFAIRS OF DENMARK, 2009; EUROPÄISCHE UNION, 2009). Zum anderen liegt der Forschungs-schwerpunkt auf der Funktion, welche die Landoberfläche im Zusammenhang mit der Evapotranspiration und dem Wasserkreislauf hat. Landnutzungs- und Landbedeckungsänderungen haben auch Einfluss auf eine Reihe weiterer Ökosystem-Leistungen. Von besonderem wissenschaftlichen Interesse sind hier die Biodiversität und die Bodendegradation. Eine Übersicht über die vielfältigen Einflüsse des Landnutzungs- und Landbedeckungswandels findet sich bei CHHABRA ET AL. (2006).

Das Thema Landnutzungs-/Landbedeckungswandel hat vor allem vor dem Hintergrund der Nachhaltigkeitsdiskussion an Bedeutung gewonnen, die, angestoßen durch den Bericht „Die Grenzen des Wachstums" des Club of Rome (MEADOWS ET AL., 1972) und den Brundtland-Bericht der Vereinten Nationen (WORLD COMMISSION ON ENVIRONMENT AND DEVELOPMENT, 1987), heute ganz oben auf der politischen Agenda steht (LANDESREGIERUNG NRW, 2003).

Durch die langjährige wissenschaftliche Auseinandersetzung mit dem Thema Landnutzungs-/Landbedeckungswandel unter den Aspekten Nachhaltigkeit und Globaler Wandel haben sich neue Forschungsbereiche herausgebildet, die sich mittlerweile als eigenständige transdisziplinäre Wissenschaftszweige verstehen. Die *Sustainability Science* (CLARK, 2007) setzt sich mit Fragen der Nachhaltigkeit von Mensch-Umwelt-Systemen auseinander. Dabei ist sie mehr durch die Probleme definiert, mit denen sie sich beschäftigt, als durch die Wissenschaftsdisziplinen, die sie anwendet (CLARK, 2007). Diese problemorientierte Ausrichtung zusammen mit einem stark normativen Charakter bedingt, dass sich die Sustainability Science deutlich an der politischen und gesellschaftlichen Realität und Praxis ausrichtet (JUDEX, 2008).

Ein weiteres Forschungsfeld ist die *Land-System Science* oder *Land-Change Science* (GLP, 2005; TURNER II ET AL., 2007). Der Terminus **Land-System** rückt den Systemcharakter von Landnutzungssystemen mit entsprechenden Rückkopplungsmechanismen in den Fokus, während der Begriff **Land-Change** den Prozess der Änderung der Landnutzung/-bedeckung beschreibt. Auch dieser Wissenschaftsbereich hat einen stark problemorientierten Charakter, ist aber deskriptiv ausgerichtet. Die Land-Change Science analysiert die Schnittstelle zwischen Natur und Gesellschaft, setzt dabei methodisch auf Fernerkundung und GIS und verfolgt das Ziel, die zu analysierenden Systeme in Modellen abzubilden. Dieser Forschungsbereich wird seit den 1990er Jahren von zwei Wissenschaftsprogrammen begleitet, dem *International Geosphere-Biosphere Programme* (IGBP), das die naturwissenschaftliche Seite des Problemfeldes abdeckt, und dem *International Human Dimensions Programme on Global*

Environmental Change (IHDP), das sich mit den gesellschaftswissenschaftlichen Aspekten des Landnutzungs-/ Landbedeckungswandels beschäftigt[2]. Mit der Unterstützung dieser beiden Institutionen wurde 1995 das *Land-Use and Land-Cover Change* (LUCC)-Projekt ins Leben gerufen (MORAN ET AL., 2004), das 2005 vom *Global Land Project* (GLP) (GLP, 2005) abgelöst wurde. Die Ziele des LUCC-Projektes waren (LAMBIN ET AL., 2006):

(1) eine Übersicht über die lokale und globale Dynamik von Landnutzung und Landbedeckung zu erhalten,

(2) zugrunde liegende Prinzipien dieser Dynamik zu erkennen, um Prognosen zukünftiger Änderungen aufstellen zu können, und

(3) diese in Form von Modellen Wissenschaftlern und Entscheidungsträgern an die Hand zu geben.

Das Ziel des GLP lässt sich mit dem Messen, Modellieren und Verstehen des gekoppelten Mensch-Umwelt-Systems zusammenfassen. Dabei geht es erstens darum, Akteure, Strukturen und Beschaffenheit von Änderungen im gekoppelten Mensch-Umwelt-System auf die Landnutzung/-bedeckung zu identifizieren und zu quantifizieren. Zweitens sollen die durch diese Änderungen beeinflussten Ökosystemfunktionen bewertet werden, und drittens die Beschaffenheit und Dynamik von vulnerablen und nachhaltigen Mensch-Umwelt-Systemen in Bezug auf Störungen wie den Klimawandel identifiziert werden (GLP, 2005).

2.1.2 Landbedeckung, Landnutzung und Landfunktion

Die Nutzung der Begriffe Land-System und Land-Change im Kontext des Landnutzungs-/Landbedeckungswandels unterstreicht, dass dieser Forschungsbereich anstrebt, eine vereinheitlichende Land-System-Theorie aufzustellen, in der die Begriffe Landnutzung und Landbedeckung im Zusammenspiel mit gekoppelten Mensch-Umwelt-Systemen oder sozio-biophysikalischen Systemen verstanden werden. An dieser Stelle sei auf den unterschiedlichen Gebrauch der Begriffe Landnutzung und Landbedeckung hingewiesen, die zwar häufig synonym

---

2 IHDP und IGBP sind heute Teil des Forschungsverbundes *Earth System Science Partnership* (ESSP), dem auch das *World Climate Research Programme* (WCRP) und das *International Programme of Biodiversity Science* (DIVERSITAS) angehören.

verwendet werden, aber verschiedene Sichtweisen beinhalten, die aus unterschiedlichen Wissenschaftsdiziplinen hervorgehen (TURNER II & MEYER, 1994).

Die **Landbedeckung** (engl. **land-cover**) ist ursprünglich Untersuchungsgegenstand der Naturwissenschaften und wird über die biophysikalischen Eigenschaften der Erdoberfläche definiert. Diese umfassen die Vegetationsbedeckung, die oberste Bodenschicht, Oberflächen- und bodennahes Grundwasser, sowie anthropogene Strukturen.

Die **Landnutzung** (engl. **land-use**) wird traditionell von Sozial- und Gesellschaftswissenschaftlern wie Ökonomen, Humangeographen, Ethnologen oder Stadtplanern untersucht und beinhaltet die Nutzungsform der Landoberfläche durch den Menschen. Ein Zusammenhang zwischen Landnutzung und Landbedeckung ist dabei offensichtlich und eine Landbedeckungskategorie kann in der Regel einer Landnutzungsklasse zugeordnet werden, da die Nutzung von Land bestimmt, welche Landbedeckung sich herausbildet (CIHLAR & JANSEN, 2001). Auf der anderen Seite kann eine Landbedeckungsklasse auf viele verschiedene Arten genutzt werden[3] oder eine Landnutzungsklasse aus unterschiedlichen Landbedeckungen zusammengesetzt sein[4]. Oftmals werden jedoch Daten der Landbedeckung und der Landnutzung miteinander vermischt (DI GREGORIO & JANSEN, 2000). Die Landbedeckung kann mit Hilfe der Fernerkundung quantifiziert werden, denn sie weist charakteristische spektrale Eigenschaften auf, die mit Fernerkundungssensoren gemessen werden können (vgl. Kapitel 2.3). Dies ist mit der Landnutzung nicht unmittelbar möglich. Um diese bestimmen zu können, müssen entweder Informationen vor Ort gesammelt oder aus Landbedeckungsinformationen abgeleitet werden (LAMBIN ET AL., 2006). Diese Ableitung geschieht, indem die gemessenen physikalisch-chemischen Informationen der Landbedeckung mit sozioökonomischen Informationen in einen Kausalzusammenhang gesetzt werden. Diesen Ansatz beschreiben GEOGHEGAN ET AL. (1998, S. 52) als „*socializing the pixel*" und „*pixelizing the social*".

Wie die Begriffe Landnutzung und Landbedeckung semantische Unterschiede und Überlappungen aufweisen, ist dies auch mit deren Änderung der Fall. Hier wird zwischen einer **Konversion** (engl. **land-cover conversion**) und einer **Modifikation** (engl. **land-cover modification**) unterschieden (TURNER II & MEYER, 1994). Die Konversion ist die Umwandlung einer Landnutzungsklasse in

---

3 Eine Grasfläche kann z.B. als Wiese, Weide, Parkanlage, Golfplatz etc. genutzt werden.
4 Die Klasse „landwirtschaftliche Nutzfläche" kann neben Ackerland auch Grünland, Gehölze oder bebaute Flächen (z.B. Gewächshäuser) beinhalten.

eine andere, wie z.B. Ackerland in Siedlung. Dabei bringt in der Regel eine Umwandlung der Landnutzung auch immer eine Umwandlung der Landbedeckung mit sich. Eine Modifikation ist ungleich schwieriger zu quantifizieren, da sie einen langsamen Prozess beschreibt. Mit der Modifikation lassen sich Begriffe wie Sukzession oder Degradierung in Verbindung bringen: bei gleichbleibender Nutzung ändert sich sukzessive die Bedeckung. Genauso kann bei gleich bleibender Landbedeckung eine Landnutzungsmodifikation stattfinden, wie es beispielsweise in Städten bei der schrittweisen Umwandlung von Gewerbe- in Wohnnutzung der Fall ist.

An dieser Stelle sei erwähnt, dass die Landbedeckung neben Konversion und Modifikation auch jahreszeitlichen Schwankungen unterliegen kann. Solche Schwankungen treten in Fernerkundungsdaten deutlich hervor, dürfen aber nicht als Landbedeckungsänderungen fehlinterpretiert werden.

Neben den Begriffen Landbedeckung und Landnutzung wird in jüngerer Zeit auch der Begriff **Landfunktion** diskutiert, der letztendlich die in Kapitel 2.1.1 beschriebenen Ökosystemleistungen und -funktionen umfasst (vgl. MILLENNIUM ECOSYSTEM ASSESSMENT (2005)). Während sich die Landbedeckung noch gut mit Fernerkundungsdaten messen und die Landnutzung sich daraus mit Hilfe

Abbildung 2.1: Verhältnis von Landnutzung, Landbedeckung und Landfunktion mit Möglichkeiten der Datenerhebung. (verändert nach VERBURG ET AL. *(2009))*

zusätzlicher Daten ableiten lässt, kann man die Landfunktion nicht direkt bestimmen. Die Landfunktion beinhaltet nicht nur die Bereitstellung von Ökosystemleistungen wie die Nahrungs-, Futter- oder Holzproduktion, sondern auch solche wie Ästhetik der Landschaft, kulturelles Erbe oder Biodiversität (VERBURG ET AL., 2009). Abbildung 2.1 fasst die Interaktionen zwischen den einzelnen Komponenten des Landsystems zusammen.

Da in dieser Arbeit der menschliche Einfluss auf die Landoberfläche im Vordergrund steht, wird vor allem der Begriff Landnutzung verwendet, auch wenn eine Landbedeckungskategorie beschrieben wird. Zudem werden die Begriffe Landnutzungswandel und Landnutzungsänderung synonym verwendet, da beide das Ergebnis sowohl einer Konversion, als auch einer Modifikation beschreiben. Der Begriff **Landschaft** wird in dieser Arbeit verwendet, wenn von einem zusammenhängenden Gebiet unterschiedlicher Landnutzung mit zusammenwirkenden Merkmalen die Rede ist (siehe Kapitel 3.2.1).

2.1.3 Der Weg zu einer allgemeinen *Land-System* Theorie

Bisher hat sich keine allumfassende Land-System-Theorie herausgebildet. Allein die Notwendigkeit zwischen Landbedeckung, Landnutzung und Landfunktion zu unterscheiden, um den Interaktionen zwischen sozioökonomischen und biophysikalischen Prozessen gerecht zu werden, macht bereits die Schwierigkeit deutlich, diese Themen unter einer gemeinsamen Theorie zu vereinen (LAMBIN ET AL., 2006). Hinzu kommt die Tatsache, dass die Änderung der Landnutzung an einem Ort aus einem Geflecht von Entscheidungen unterschiedlicher Menschen und Institutionen hervorgeht. Diese Landnutzungsentscheidung hat wiederum Einfluss auf die Umwelt und die von ihr abhängigen Menschen (vgl. Kapitel 2.2). Seit von Thünen's „isoliertem Staat" von 1826 wurde immer wieder versucht den Themenkomplex der Landnutzungsänderungen theoretisch zu abstrahieren[5], woraus zahlreiche für die Geographie zentrale Theorien und Konzepte entstanden sind. BRIASSOULIS (2000) gibt zu bedenken, dass zur Erklärung eines hoch komplexen Systems wie den Landnutzungsänderungen ein so hoher Abstraktionsgrad notwendig sei, dass die Erklärungskraft eines solchen theoretischen Konzeptes nur gering ausfallen könne. Sie schreibt (BRIASSOULIS, 2000, Kap. 3.6):

„[...] it appears more sensible to use a synthesis of theories rather than rely on a single theoretical schema which will inevitably miss some dimensions of the case under study or will be overly complex to be easily understood and useful".

Dies wird von LAMBIN ET AL. (2006) ähnlich gesehen. Allerdings sehen sie die Voraussetzungen zur Bildung einer übergreifenden Theorie auf Grund von drei Punkten gegeben:

---

5 vgl. (VON THÜNEN, 1826; CHRISTALLER, 1933; ALONSO, 1964)

(1) Mit der *Land-Change Science* hat sich ein eigenständiger Forschungs-zweig herausgebildet.

(2) Dank langjähriger empirischer Forschung sind verallgemeinernde Annahmen möglich.

(3) Das Problem, das die Herausbildung dieses Forschungszweiges notwendig gemacht hat (Klimawandel, Verlust der Biodiversität, etc.), benötigt dringend umfassende Theorien.

Als Grundlage dieser Theorie sehen LAMBIN ET AL. (2006) das „Pixel" als kleinste räumlich persistente Land-Einheit[6]. Auf dieses Pixel werde durch die Interaktionen zwischen Akteuren und Landflächen auf verschiedenen räumlichen, organisatorischen und zeitlichen Skalen eingewirkt.

2.2 Ursachen und Auswirkungen des Landnutzungswandels

Die Landnutzung ist Bestandteil des gekoppelten Mensch-Umwelt-Systems und wird sowohl vom sozialen, als auch vom ökologischen Teil dieses Systems beeinflusst. Da die Landnutzung in diesem Kontext eine klassische Schnittstellenfunktion inne hat, ist sie nicht nur den Einflüssen aus beiden Systembereichen unterworfen, sondern beeinflusst diese wiederum in einer Wechselwirkung. So bestimmen auf der einen Seite soziale Faktoren wie Bevölkerung, ökonomische Strukturen, politische Institutionen oder verfügbare Technologien, in welcher Weise Land an einem bestimmten Ort genutzt wird. Auf der anderen Seite beeinflussen naturräumliche Faktoren wie Boden, Wasserverfügbarkeit oder Klima, welche Nutzungsformen an diesem Ort überhaupt möglich sind. Änderungen im Management der Landnutzung oder die Änderung von einer Landnutzung in eine andere haben entsprechend einen Einfluss auf das soziale und das ökologische System. Hinzu kommt, dass die genannten Einflüsse in unterschiedlichen raum-zeitlichen Skalen wirken. Es ist daher nicht leicht, dieses Wirkungsgeflecht zu analysieren, da nicht alle Einflussfaktoren bekannt oder nicht ausreichend definiert sind. Dies macht es notwendig, durch Vereinfachung und Reduktion die real-weltliche Komplexität zu fassen (BRIASSOULIS, 2000).

---

6 Ohne konkrete Angabe der Flächengröße.

Die Analyse von Landnutzungsänderungen dreht sich in der Regel um zwei zentrale Fragen: „Welche Ursachen haben die Landnutzungsänderungen hervorgerufen, bzw. was treibt den Landnutzungswandel an?" und „was sind die ökologischen und sozioökonomischen Auswirkungen des Landnutzungswandels?" (BRIASSOULIS, 2000).

2.2.1 Ursachen von Landnutzungsänderungen

Die Ursachen des Landnutzungswandels lassen sich zunächst in **direkte** (engl. **proximate causes**) und **indirekte** (engl. **underlying causes**) Ursachen unterscheiden (GEIST ET AL., 2006) (vgl. Abbildung 2.2). Die direkten oder unmittelbaren Ursachen beinhalten die direkte physikalische Einwirkung auf die Landbedeckung, wie sie durch land- und forstwirtschaftliche Aktivität oder den Bau von Siedlungen und Infrastruktur entsteht. Die entsprechenden **Antriebskräfte** (engl. **driving forces**) wirken also auf der lokalen Skala wie einer Farm, einem Haushalt oder einer Kommune. Die indirekten oder zugrundeliegenden Ursachen sind hingegen fundamentale Kräfte, die für das Wirken der direkten Antriebskräfte verantwortlich sind und dabei eher auf regionaler oder globaler Skala wirken. Bei diesen zugrundeliegenden Antriebskräften handelt es sich um Faktoren wie politische Rahmenbedingungen, Weltmarktpreise oder kulturelle Traditionen. Alle Faktoren wirken auf verschiedenen Ebenen und bedingen sich gegenseitig. Veränderungen in einer indirekten Antriebskraft resultieren in der Regel in Veränderungen einer oder mehrerer direkter Antriebskräfte und lösen somit Landnutzungsänderungen aus[7]. Solche Prozesse können in sehr unterschiedlicher Geschwindigkeit ablaufen.

Da eine indirekte Ursache oft nicht alleine für die Änderung einer direkten Antriebskraft verantwortlich ist, sondern von anderen Kräften begleitet und verstärkt oder vermindert wird, kann man zusätzlich noch von **vermittelnden** (engl. **mediating**) Antriebskräften sprechen (GEIST ET AL., 2006). So wird beispielsweise die Bevölkerungsentwicklung von der Veränderung sozialer Normen beeinflusst und wirkt sich erst dadurch verändernd auf die Landnutzung aus.

---

7 Beispiel: Änderungen der Weltmarktpreise für Getreide führen zu einer Ausweitung oder einem Rückgang von Anbauflächen.

Konkrete Landnutzungsänderungen entspringen einem Geflecht von Antriebskräften, die auf verschiedenen Skalen wirken und sich wechselseitig beeinflussen. Diese Faktoren sind unterschiedlicher Natur und werden von GEIST ET AL.
(2006) detailliert beschrieben. Erstens sind es **geo-/biophysikalische Faktoren**,
welche die Umweltbedingungen für die Landnutzungsänderungen definieren.
Hierzu zählen biotische und abiotische Faktoren, wie Klima, Boden, Gestein,
Topographie, Relief, Hydrologie, oder Vegetation. Des weiteren sind **ökonomische und technologische Faktoren** zu nennen, da Landnutzungsänderungen als
Resultat aus individuellen oder sozialen Reaktionen auf ökonomische Bedin-
gungen hervorgehen. Diese werden von **institutionellen Faktoren** gesteuert.
Politische, gesetzliche, ökonomische und traditionelle Institutionen haben einen
nicht unerheblichen Einfluss auf Besitzverhältnisse, Preise, Infrastruktur oder
Nutzungsrestriktionen. Ebenso werden durch sie die **demographischen
Faktoren** beeinflusst, die neben dem bekannten Zusammenhang zwischen
Bevölkerungswachstum und Landnutzung auch die Bevölkerungszusammenset-
zung beinhalten. Als letzter Punkt sind die **kulturellen Faktoren** zu nennen.
Hierzu zählen Glaube, Wertvorstellungen, individuelle Wahrnehmungen oder
der Status von Frauen und ethnischen Minderheiten. Als Beispiel für einen
Komplex indirekter Faktoren lässt sich die Globalisierung anführen. Sie führt
dazu, dass zunehmend Orte des Verbrauchs nicht mehr mit denen der Produktion
übereinstimmen. Dadurch kann ein Landnutzungssystem nicht mehr ausreichend
ohne die Verknüpfung mit Entscheidungen und Strukturen anderswo auf der
Welt verstanden werden[8] (GLP, 2005).

Landnutzungsänderungen sind oft an bestimmte Kombinationen von Einfluss-
faktoren gekoppelt, so dass sich typische wiederkehrende Mensch-Umwelt-
Wechselwirkungen als sog. **Syndrome** zusammenfassen lassen (vgl. (PETSCHEL-
HELD ET AL., 1999)). Beispiele hierfür sind das „*Sahel Syndrom*" (Übernutzung
von marginalem Land) oder das „*Urban Sprawl Syndrom*" (Zerstörung der
Landschaft durch geplante Expansion urbaner Infrastruktur). Verschiedene
Mensch-Umwelt-Systeme reagieren allerdings unterschiedlich auf bestimmte
Kombinationen von Einflussfaktoren, so dass spezifische Entwicklungspfade der
Landnutzung die Folge sind[9] (LAMBIN ET AL., 2001).

---

8 Beispiel: Die von den Sorgen über den Klimawandel in Europa getroffene Entscheidung,
   dem Benzin Bio-Ethanol beizumischen führt dazu, dass in Brasilien Zuckerrohr-
   Monokulturen stark zunehmen, mit den entsprechenden Auswirkungen auf die lokale
   Produktion oder die Biodiversität (vgl. ZUURBIER & VAN DE VOOREN (2008)).
9 So folgt „*Urban Sprawl*" in Entwicklungs- oder Schwellenländern anderen

Da Landnutzungsänderungen in der Regel nicht unvermittelt auftreten, sondern Bestandteil von sich langsam verändernden Systemen sind, die Rückkopplungen und politische Einflussnahmen beinhalten, wird häufig der Begriff **Land-Use Transition** verwendet. Eine *„transition"* beschreibt den Prozess eines kontinuierlichen Systemwandels, in dem der Charakter dieses Systems geändert wird (MARTENS & ROTMANS, 2005). Dabei ist eine *„transition"* nicht deterministisch, kann aber als möglicher Entwicklungspfad gesehen werden, dessen Richtung, Ausmaß und Geschwindigkeit politisch verändert werden kann[10].

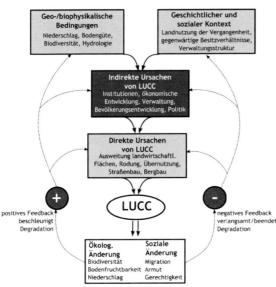

Politische Einflussnahme auf den Landnutzungswandel ist von nationaler Seite nur in Bezug auf die indirekten Antriebskräfte möglich. Direkte Antriebskräfte können zwar von lokaler Seite beeinflusst werden, doch sind solche Maßnahmen nur nachhaltig, wenn auch die indirekten Faktoren berücksichtigt werden (REID ET AL., 2006) (vgl. Abbildung 2.2).

Abbildung 2.2: Konzept des Landnutzungswandels Dunkelgrau: nationale politische Einflussnahme möglich; Hellgrau: Einflussnahme schwierig. Quelle: REID ET AL. (2006), verändert.

Entwicklungspfaden als in Industrieländern, in denen zusätzlich zum Wachstum von Städten auch Erholungsgebiete im Umfeld der Städte entstehen. Dies ist in Entwicklungsländern in der Regel nicht der Fall.

10 Am Beispiel der Landwirtschaft kann dies den Übergang vom Anbau annueller Feldfrüchte für den lokalen Bedarf hin zu großen Plantagen bedeuten, die für den Bedarf am Weltmarkt produzieren und von neu entstandenen Institutionen betrieben werden (LAMBIN & MEYFROIDT, 2010).

2.2.2 Auswirkungen von Landnutzungsänderungen

Es waren die negativen Auswirkungen des Landnutzungswandels, die erst die wissenschaftliche und politische Auseinandersetzung mit dem Thema hervorgerufen haben (KATES ET AL., 1990). Die Auswirkungen des Landnutzungswandels sind von der lokalen bis auf die globale Skala zu beobachten. Allerdings haben nicht alle Veränderungen globale Auswirkungen und nicht alle sind irreversibel. Ob eine Landnutzungsänderung negative Auswirkungen hat hängt auch davon ab, wie anfällig oder belastbar das Ökosystem ist, in dem sie auftritt. Oft wirken Änderungen der Landnutzung auf unterschiedlichen Skalen, so dass einige Änderungen nur die lokale Umwelt betreffen, andere sich auch an räumlich entfernter Stelle[11] auswirken.

Auswirkungen von Landnutzungsänderungen lassen sich in ökologische und sozioökonomische Auswirkungen unterteilen, wobei die ökologischen meist offensichtlicher sind. Sozioökonomische Auswirkungen sind häufig subtiler, längerfristiger und von komplexen, nicht direkt sichtbaren Faktoren begleitet (BRIASSOULIS, 2000). Beide Auswirkungen spielen sich auf verschiedenen räumlichen Skalen ab. Eine ausführliche Beschreibung der vielfältigen Auswirkungen von Landnutzungsänderungen findet sich bei (CHHABRA ET AL., 2006).

Im folgenden Unterkapitel sollen die Ursachen und Auswirkungen von Landnutzungsänderungen am Beispiel der Urbanisierung und der damit einhergehenden Flächeninanspruchnahme erläutert werden – den Prozessen, die in NRW maßgeblich den Landnutzungswandel bestimmen.

2.2.3 Ursachen und Auswirkungen von Landnutzungsänderungen am Beispiel von Urbanisierung und Flächeninanspruchnahme in Deutschland

Seit Ende des 19. Jahrhunderts ist die **Urbanisierung** der vorherrschende Prozess des Landnutzungswandels in Mitteleuropa und entsprechend auch in NRW. Die Urbanisierung ist ein komplexer Prozess, der durch die Transformation der Landschaft von einer ländlich geprägten Nutzungs- und Lebensweise in

---

11 Z.B. Klimawandel oder Verschmutzung von Gewässern, die sich am Unterlauf eines Flusses auswirken kann.

eine urban geprägte charakterisiert werden kann (ANTROP, 2000). Dabei hat dieser Prozess verschiedene Dimensionen (nach HEINEBERG (2006)):

- die demographische Urbanisierung,
- Urbanisierung als Städteverdichtung,
- die physiognomische Urbanisierung,
- die „Counterurbanisierung",
- die soziale Urbanisierung,
- die funktionale Urbanisierung.

In der englischsprachigen Literatur werden die Begriffe *„urbanization"*, *„urban growth"* und *„urban sprawl"* häufig synonym gebraucht, oft aber auch gesondert gekennzeichnet. Mit *„urban growth"* und *„urban sprawl"* ist in der Regel nur die physiognomische Ausweitung von Städten, bzw. die Zersiedelung, gemeint. Ähnlich verhält es sich im Deutschen mit den Begriffen *„Urbanisierung"* und *„Verstädterung"*. Beides sind sehr komplexe Begriffe, die wesentlich mehr beinhalten, als das reine *„Stadtwachstum"*. In dieser Arbeit wird nur die äußere Form der Städte, bzw. Siedlungskörper, behandelt. Bei ihr handelt es sich um die einzige Form der Urbanisierung, die mit Fernerkundungssensoren gemessen werden kann. Daher ist hier bei der Verwendung des Begriffs *„Urbanisierung"* nur die physiognomische Urbanisierung inklusive der Städteverdichtung und der Zersiedelung gemeint[12]. Im Folgenden werden die Begriffe Urbanisierung und urbanes Wachstum synonym verwendet.

Von Anfang an war der Prozess der Urbanisierung in Deutschland eng an die vorherrschende Art und Weise des Personen- und Güterverkehrs gekoppelt (ANTROP, 2004a). Bis Mitte des 20. Jahrhunderts waren der Schienenverkehr und zu gewissem Teil die Binnenschifffahrt die wichtigsten Transportmittel. Nach dem Zweiten Weltkrieg begann mit dem Automobil eine neue Ära der Mobilität. Damit wurde die Erreichbarkeit die wichtigste Antriebskraft des Landschaftswandels (ANTROP, 2004a). In der Folge wurden auch ländliche Gebiete urbanisiert und die Verflechtung zwischen städtischen und ländlichen Räumen verstärkt. Neben der Suburbanisierung kommt es zudem in den letzten Jahren verstärkt zur Counterurbanisierung und zur Herausbildung von Zwischenstädten (LEBER & KÖTTER, 2007). Gerade suburbane Gebiete und urbanisierte ländliche Gebiete bestehen heute aus einem Geflecht verschiedener Landnutzungsformen

---

12 Eine ausführliche Auseinandersetzung mit der Terminologie findet sich bei HEINEBERG (2006).

und sind stark fragmentiert. Nach ANTROP (2004a) gipfelt dies in der Homogenisierung der traditionellen Landschaft und der Ausbildung chaotischer Muster.

Die Ursachen für die anhaltende Ausdehnung der Siedlungs- und Verkehrsflächen in Deutschland sind vielfältig. Dominiert wird dieser Zuwachs durch den Zugewinn an reinen Wohnbauflächen, die in den 1990er Jahren alleine 38% des Zuwachses ausmachten (UBA, 2003). Dieser Zuwachs lässt sich mit einer deutlichen Zunahme der Pro-Kopf-Wohnfläche und dem anhaltenden Wunsch vieler junger Familien nach einem Einfamilienhaus am Stadtrand mit gewisser Wohn- und Lebensqualität erklären (BFN, 2008a). Gleichzeitig geht das Angebot flächensparender Mehrfamilienhäuser zurück. Diese Entwicklung wird durch die bundesweite Wohnungsbau- und Eigenheimförderung unterstützt (UBA, 2003). Zwischen 1996 und 2006 wurde der Neubau von Eigenheimen durch die „Eigenheimzulage", eine der größten staatlichen Subventionen, massiv gefördert. Die pauschalierte steuerliche Absetzbarkeit von Aufwendungen für Fahrten zwischen Wohn- und Arbeitsort („Entfernungspauschale") ist ein weiterer staatlicher Anreiz, der die fortschreitende Suburbanisierung fördert.

In Zeiten angespannter Haushaltslagen der Kommunen steigt zudem der Konkurrenzdruck zwischen den Gemeinden um Arbeitsplätze und Steuergelder, was vielerorts zur Ausweisung neuer Gewerbegebiete führt. Diese neuen Gewerbeflächen werden von der kostengünstigen Flachbauweise dominiert. Die Ausweisung neuer Gewerbegebiete wird dabei vielfach der Erschließung brachgefallener Industrie- und Gewerbeflächen vorgezogen, um Kosten und Risiken gering zu halten (MUNLV NRW, 2009).

Insgesamt lässt sich allerdings nicht von einem einförmigen oder zeitlich linear verlaufenden Prozess der Urbanisierung sprechen. Dies verdeutlicht Abbildung 2.3, in welcher der Anteil funktionaler Stadtregionen[13] in Nordeuropa (Großbritannien, Irland, Dänemark, BRD, Belgien, Niederlande) in Bezug auf ihre Phasen der Urbanisierung im zeitlichen Verlauf abgebildet sind. Vielmehr verlaufen verschiedene Phasen der Urbanisierung parallel und in unterschiedlicher Intensität. Darüber hinaus betrifft der Prozess der Urbanisierung nicht nur die eigentlichen Städte und ihr Umland, sondern beeinflusst genauso den ländlichen Raum (ANTROP, 2004a).

Die ökologischen Auswirkungen der Urbanisierung auf lokaler Skala sind vielfältig und deutlich größer, als es die reine räumliche Ausdehnung der versiegelten Flächen vermuten lässt (HOFFHINE WILSON ET AL., 2003). Sie beinhalten den

---

13 Zum Konzept funktionaler Stadtregionen (functional urban areas) vgl. ANTIKAINEN (2005).

Verlust fruchtbaren Ackerlandes, Änderungen des hydrologischen Gleichgewichtes, steigendes Hochwasserrisiko sowie Luft- und Wasserverschmutzung. Lokale ökologische Auswirkungen können sich beispielsweise über den Wasserkreislauf auch regional auswirken. Global aggregiert hat die Urbanisierung einen Einfluss auf den Kohlenstoffkreislauf (ELVIDGE ET AL., 2004) und somit auf den anthropogenen Klimawandel.

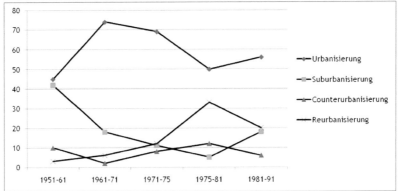

Abbildung 2.3: Anteil funktionaler Stadtregionen in Nordeuropa in Bezug auf ihre Urbanisierungsphasen.
Quelle: ANTROP (2004)

Neben ökologischen Auswirkungen hat die Urbanisierung auch negative sozioökonomische Auswirkungen. Auf lokaler Ebene sind die Verschlechterung gesundheitlicher und hygienischer Bedingungen, Armut und Kriminalität zu nennen. Regional betrachtet wirkt sich das Wachsen einer Stadt auf das Umland aus, da es zu Verlagerungen von Bevölkerung und Arbeitsplätzen kommt.

Um die ökologischen Probleme hervorzuheben, die mit der Urbanisierung einhergehen, wird in der politischen Diskussion von **Flächeninanspruchnahme** oder **Flächenverbrauch** gesprochen. Der Begriff Flächenverbrauch ist geläufiger, auch wenn er sprachlich nicht korrekt ist, da eine Fläche im engeren Sinne nicht „verbraucht" werden, sondern nur einer anderen Nutzungsform zugeführt werden kann. Beide Begriffe werden in dieser Arbeit synonym verwendet.

Das Hauptproblem, das mit der Flächeninanspruchnahme einhergeht, ist die Bodenversiegelung (ARNOLD & GIBBONS, 1996; SCALENGHE & MARSAN, 2009). Die Bodenversiegelung ist die anteilige oder vollständige Abdichtung offener Böden durch bauliche Maßnahmen (vgl. BIRKMANN (2004)). Hierdurch gehen wichtige

Bodenfunktionen verloren, wie die Aufnahme von Niederschlagswasser und damit die Grundwasserneubildung sowie die Funktion des Bodens als Lebensraum für Pflanzen und Tiere. Versiegelte Flächen heizen die bodennahen Luftschichten auf, woraus sich gesundheitliche Belastungen für die städtische Bevölkerung ergeben können (LANUV NRW, 2010).

Neben der konkreten Bodenversiegelung hat die Flächeninanspruchnahme negative Veränderungen des Landschaftsbildes zur Folge. Lebensräume für Tier- und Pflanzenarten gehen verloren[14], Biotope werden zerschnitten, natürliche Retentionsflächen für den Hochwasserschutz und Erholungsräume für den Menschen verlieren ihre Funktion. Weitläufige Siedlungsstrukturen erfordern einen höheren Material- und Energieaufwand als flächensparende Strukturen und lösen ein zusätzliches Verkehrsaufkommen mit einem steigenden Energiebedarf und Ausstoß von Luftschadstoffen aus. Die aus der Flächeninanspruchnahme resultierenden Veränderungen sind regional sehr unterschiedlich und wirken sich in traditionell geprägten ländlichen Räumen am deutlichsten aus (LEBER & KÖTTER, 2007).

Die zahlreichen ökologischen Auswirkungen der Flächeninanspruchnahme haben dazu geführt, dass die Flächeninanspruchnahme in den letzten Jahren verstärkt als Umweltindikator wahrgenommen wird (ARNOLD & GIBBONS, 1996). Die politische Auseinandersetzung mit dem Thema Flächenverbrauch begann mit der UN-Konferenz zur nachhaltigen Entwicklung in Rio de Janeiro 1992 und dem daraus resultierenden Aktionsprogramm der Agenda 21. Durch die Agenda 21 wurde die Entwicklung statistischer Indikatoren gefordert mit denen sich der Erfolg der eingeleiteten Maßnahmen im Hinblick auf eine nachhaltige Entwicklung messen lässt. Insgesamt steht der Flächenverbrauch *„als hoch aggregierter Schlüsselindikator für den nahezu unwiederbringlichen Verlust von Freiraum und Boden durch Zunahme an Siedlungs- und Verkehrsfläche"* (MUNLV NRW, 2009, S. 362). Daher wird er von politisch verantwortlichen Institutionen auf verschiedenen Ebenen als einer von mehreren Schlüsselindikatoren herangezogen, um die aktuelle Umweltsituation und deren Entwicklungstrends zu bewerten. So weist die Europäische Umweltagentur 2004 erstmals den Flächenverbrauch („**land take**") als Schlüsselindikator aus (EEA, 2005). Bereits

---

14 Der Flächenverbrauch hat insgesamt einen negativen Einfluss auf die Artenvielfalt und -zusammensetzung, kann aber auch zu einem Anstieg der Biodiversität führen, wenn landwirtschaftliche Monokulturen oder artenarme Biotope durch ein heterogenes Muster an Habitaten ersetzt werden, wie es in gering versiegelten suburbanen Räumen mit zahlreichen Gärten oft der Fall ist (vgl. GRIMM ET AL. (2008)).

2002 nennt die Bundesregierung in ihrer Nachhaltigkeitsstrategie die Flächenin-anspruchnahme als Indikator (BUNDESREGIERUNG, 2002) und auch in den Umwelt-berichten des Landes NRW wird der Flächenverbrauch als einer von 23 Schlüs-selindikatoren genannt (MUNLV NRW, 2009).

Seit 1998 verpflichtet das Raumordnungsgesetz des Bundes und das Städtebau-recht zu einer nachhaltigen Raum- und Stadtentwicklung. In der Folge wurden auf Landesebene in NRW Ziele und Leitbilder erarbeitet, die in diesem Zusam-menhang die Umsetzung der Agenda 21-Vorgaben leiten sollen. Zu den Zielen des Leitbildes „Schutz und Entwicklung des Freiraums" werden etwa die Erhö-hung des Freiraumanteils, die Forcierung der Bodenentsiegelung oder die Siche-rung der Eigenart der Kulturlandschaften genannt (LANDESREGIERUNG NRW, 2003). Im Bezug auf das Leitbild „Reduzierung der Zersiedelung" werden z.B. der Abbau von Anreizen zur Sub- und Disurbanisierung, die Stärkung von Innenstädten und Stadtteilen, die behutsame, städtebauliche und sozialverträg-liche Nachverdichtung, die qualitative Aufwertung von Siedlungen der 1960er bis 1980er Jahre und die Erhöhung der Flächenrecyclingrate als Ziele definiert (LANDESREGIERUNG NRW, 2003).

2.2.4 Quantifizierung von Flächeninanspruchnahme und Bodenversiegelung

Die Flächeninanspruchnahme wird von der amtlichen Statistik in Deutschland üblicherweise über den Zuwachs an Siedlungs- und Verkehrsfläche bestimmt. Diese Kategorie beinhaltet Gebäude und gebäudebezogene Freiflächen, Verkehrsflächen, Erholungsflächen, Betriebsflächen (ohne Abbauflächen) und Friedhöfe. Die versiegelte Fläche ist daher nicht mit der Siedlungs- und Verkehrsfläche gleichzusetzen. Der Anteil der versiegelten Fläche innerhalb der Siedlungs- und Verkehrsfläche variiert erheblich und kann insgesamt auf etwa 50% geschätzt werden (UBA, 2003).

Bislang existiert in Deutschland keine einheitliche Methode, um den Versiege-lungsanteil innerhalb der Siedlungs- und Verkehrsflächen zu quantifizieren. Es stehen hierfür mehrere empirische Methoden zur Verfügung. Einige Möglich-keiten werden von BIRKMANN (2004) und FRIE & HENSEL (2007) ausführlich vorgestellt. Hervorzuheben ist hier der Ansatz von SINGER (vgl. BIRKMANN (2004)), der den Versiegelungsanteil anhand der Nutzungsarten der Flächenerhebung berechnet. Den Nutzungsarten wird ein Verdichtungsmaß zugewiesen, das sich aus der Dichte der Siedlungsfläche pro Regionaleinheit (z.B. Landkreis) ergibt. Somit erhält man einen regional variierenden Anteil des Versiegelungsgrades (FRIE & HENSEL, 2007). Mit dieser auch auf andere Bundesländer übertragbaren Methode lässt sich zwar der Versiegelungsanteil pro administrativer Einheit gut bestimmen, eine räumlich explizite Schätzung ist hiermit allerdings nicht möglich.

Eine Möglichkeit den Grad der Versiegelung räumlich explizit zu ermitteln bietet die Fernerkundung. Auch wenn die amtliche Statistik bislang nicht auf diese Methode zurückgreift, da die Konsistenz der verfügbaren Daten nicht gegeben sei (FRIE & HENSEL, 2007), demonstrieren Beispiele aus NRW (BRAUN & HEROLD, 2004; GOETZKE ET AL., 2006) und Süddeutschland (ESCH ET AL., 2009) das Potenzial dieser Technologie zur detaillierten Erfassung des Versiegelungsgrades auf Bundeslandebene. Die Ermittlung des Versiegelungsgrades aus Fernerkundungsdaten sowie die Rolle der Fernerkundung für die Beobachtung von Landnutzungsänderungen im Allgemeinen wird ausführlich im folgenden Kapitel 2.3 vorgestellt.

2.3 Fernerkundung als Methode zur Beobachtung des Landnutzungswandels

Um über Art und Ausmaß von Landnutzungsänderungen Schlüsse ziehen zu können, bedarf es verlässlicher Informationen über die Landnutzung. Insbesondere für die Beobachtung eines Untersuchungsgebietes über einen längeren Zeitraum, hat die Fernerkundung heute das größte Potenzial als Informationsquelle. Seit dem Start des Landsat-1 Satelliten durch die NASA im Jahr 1972 sind mehr oder weniger flächendeckend konsistente Datensätze mit Informationen über die spektralen Eigenschaften der Erdoberfläche verfügbar. Heute existiert eine Vielzahl an Satellitendaten, die sich in ihren räumlichen und spektralen Eigenschaften stark unterscheiden (RICHARDS & JIA, 2006).

Für die Analyse von Landnutzungsänderungen aus Fernerkundungsdaten ist es wichtig, ob das zu untersuchende Phänomen in seiner räumlichen Gesamtheit beobachtet werden soll oder ob die Betrachtung ausgewählter Fallbeispiele ausreicht, um daraus Rückschlüsse auf ein größeres Gebiet ziehen zu können (RAMANKUTTY ET AL., 2006). Damit geht die Frage einher, ob das Untersuchungsgebiet in regelmäßigen und dichten Zeitabständen abgebildet werden soll oder ob einzelne „*Snapshots*" ausreichen. Mit den zunehmenden Möglichkeiten auf Grund neuer Sensoren nehmen auch die verfügbaren Methoden zu. WOODCOCK & OZDOGAN (2004) unterstreichen in diesem Zusammenhang, dass die verwendeten Methoden übertragbar und nicht nur auf das ganz konkrete Untersuchungsgebiet zu einem ganz bestimmten Zeitpunkt zutreffen sollten.

In der Erforschung von Landnutzungsänderungen sind häufig statt kontinuierlicher spektraler Informationen der Landbedeckung diskrete Werte der Zugehörigkeit eines Bildpixels zu einer Landnutzungsklasse gefordert. Die Satellitendaten müssen also mit einem Klassifikationsverfahren in ein Klassifikationssystem überführt werden, das entweder a priori feststeht oder a posteriori aus den vorhandenen Daten und Anforderungen entwickelt wird (DI GREGORIO & JANSEN, 2000). Mit dem „Pixel" als kleinster räumlicher Einheit lassen sich diese Daten mit sozioökonomischen oder ökologischen Informationen in einem GIS zusammenbringen, woraus Erkenntnisse über den Zusammenhang von Landnutzung und Antriebskräften generiert werden können (GEOGHEGAN ET AL., 1998). Um Landnutzungsänderungen aus solchen Daten ableiten zu können, müssen sie (1) flächendeckend vorliegen, (2) eine ausreichende räumliche Auflösung aufweisen, (3) zu mehreren zeitlich ausreichend auseinander liegenden Zeitpunkten vorliegen, wobei die einzelnen Datensätze (4) untereinander homogen sein müssen.

2.3.1 Landnutzungsprodukte aus Satellitendaten

Damit aus den kontinuierlichen Pixelwerten eines Satellitenbildes diskrete Landnutzungsinformationen generiert werden können, sind eine Reihe von Prozessierungsschritten notwendig. Es existieren einige offizielle Landnutzungs- und Landbedeckungsdatensätze, die aus Fernerkundungsdaten gewonnen wurden. Hierzu zählt CORINE Land Cover, ein Projekt das von der Europäischen Kommission eingesetzt wurde und das einheitliche und damit vergleichbare Daten der Landnutzung für ganz Europa bereitstellt. Die CORINE-Datensätze beziehen sich auf die Jahre 1990 und 2000 und lassen somit die Analyse von Veränderungen für diesen Zeitraum zu. Ein weiterer Zeitschnitt für das Jahr 2006 ist seit Anfang 2010 verfügbar. Die Datensätze basieren weitgehend auf der visuellen Interpretation von LANDSAT-Satellitendaten. Sie sind in 44 Landnutzungsklassen unterteilt und haben eine räumliche Auflösung von 100m. Da die Verwendungsskala von CORINE 1:100.000 beträgt, ist ein gewisser Grad der Generalisierung vorgenommen worden. Dementsprechend werden nur Objekte ab einer Größe von 25ha aufgenommen. Eine Veränderung in der Landnutzung wird ab einer Größenordnung von 5ha registriert (FERANEC ET AL., 2007). Bei dieser Generalisierung gehen kleinräumige Muster der Landnutzung und kleinräumige Landnutzungsänderungen verloren.

Bei globalen Datensätzen ist dies noch problematischer, da sie in einer noch geringeren Auflösung vorliegen, wie das aus ENVISAT-MERIS-Daten abgeleitete GlobCover Land Cover-Produkt mit 300m oder das aus SPOT Vegetation-Daten abgeleitete GLC2000 mit 1km. Diese Datensätze existieren darüber hinaus nur für einen einzigen Zeitschnitt: GlobCover für das Jahr 2005 und GLC2000 für das Jahr 2000. Eine mögliche Kombination der vorhandenen Klassifikationen wird dadurch erschwert, dass sie auf einem unterschiedlichen Klassifikationsschlüssel beruhen. Während GlobCover und GLC2000 auf dem UN Land Cover Classification System der FAO basieren (DI GREGORIO & JANSEN, 2000), wurde für CORINE ein eigenes Klassifikationsschema entwickelt. Abb. 2.4 zeigt einen visuellen Vergleich der drei genannten Klassifikationsprodukte für einen Ausschnitt NRWs.

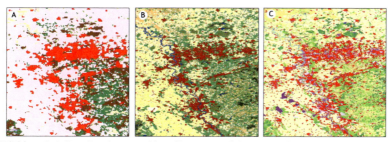

Abbildung 2.4: Drei Landnutzungsklassifikationsprodukte im Vergleich.
A: GLC 2000 (basiert auf SPOT VEGETATION Daten); B: GlobCover 2005 (basiert auf ENVISAT-MERIS Daten); C: CORINE Landcover 1990 (basiert auf visueller Interpretation von LANDSAT-Daten). Rottöne: Siedlungsfläche, Grüntöne: Wald Gelb-/Rosatöne: landwirtschaftliche Flächen.

In Deutschland sind Landnutzungsinformationen zudem über die amtliche Vermessung verfügbar. Seit 1990 existieren diese Informationen in digitaler Form als Amtliches Topographisch-Kartographisches Informationssystem (ATKIS), das als Fortführung der amtlichen topographischen Karte angesehen wird. Die Landnutzungsinformationen sind Bestandteil des darin enthaltenen

Digitalen Landschaftsmodells (DLM). Die einzelnen Objekte in diesem Modell sind anhand eines Objektartenkatalogs hierarchisch gegliedert[15]. Das Basis-DLM wird kontinuierlich fortgeführt. Daher kann nicht ohne weiteres auf ältere Stände zu definierten Zeitpunkten zurückgegriffen werden.

Für NRW wurden im Rahmen des Projektes „Visualisierung von Landnutzung und Flächenverbrauch in NRW mittels Satelliten- und Luftbildern" (NRWPro) Landnutzungsdaten für die Jahre 1975, 1984, 2001 und 2005 aus LANDSAT-Daten abgeleitet. Die Hintergründe und Ergebnisse dieses Projektes sind unter *http://www.flaechennutzung.nrw.de/fnvnrw3/main.php* abrufbar. Die in dieser Arbeit verwendeten Daten bauen auf den im NRWPro-Projekt entwickelten Daten und Methoden auf.

2.3.2 Ableitung des Versiegelungsgrades aus Fernerkundungsdaten

Die im vorangegangenen Unterkapitel genannten Klassifikationsprodukte CORINE, GlobCover und CLC2000 beinhalten keine Information über die Dichte bebauter Flächen und insofern keine Informationen über den Grad der Bodenversiegelung. Ebenso verhält es sich mit den ATKIS-Daten. Etwa 50% der ATKIS-Kategorie „Siedlungs- und Verkehrsfläche" können als versiegelt angesehen werden. Neben den in Kapitel 2.2.4 erwähnten Methoden zur Bestimmung des Versiegelungsgrades innerhalb bebauter Flächen, gibt es zahlreiche Verfahren, um aus Fernerkundungsdaten den Grad der Bodenversiegelung abzuleiten. Eine räumlich genaue Bestimmung des Versiegelungsgrades aus Fernerkundungsdaten war eines der Hauptziele des NRWPro-Projekes.

In vielen frühen Arbeiten wurde der Grad der Versiegelung in urbanen Gebieten meist mit überwachten oder unüberwachten Klassifikationsverfahren bestimmt (SLONECKER ET AL., 2001). Die spektrale Heterogenität versiegelter Flächen führt jedoch bei solchen auf Statistik beruhenden Klassifikationsverfahren häufig zu Ungenauigkeiten. Pixel werden dann nicht unbedingt anhand ihres tatsächlichen Versiegelungsgrades, sondern anhand bestimmter Reflexionseigenschaften einer Klasse zugewiesen (YANG & LO, 2002). Andere Ansätze nutzen die Tatsache, dass ein urbanes Mischpixel zu bestimmten Anteilen aus versiegelter Fläche und Vegetationsbedeckung besteht (SMALL, 2001; CLAPHAM JR, 2003). Eine Reihe von Arbeiten hat sich in den letzten Jahren damit beschäftigt, den Sub-Pixel-Anteil

---

15 z.B. 2000 Siedlung, 2100 Baulich geprägte Flächen, 2111 Wohnbauflächen

versiegelter Fläche in Mischpixeln von Fernerkundungsaufnahmen urbaner Räume zu erfassen (RIDD, 1995; JI & JENSEN, 1999; SMALL, 2001; PHINN ET AL., 2002; YANG & LO, 2003; XIAN & CRANE, 2005; YANG & LIU, 2005; LU & WENG, 2006; XIAN, 2007; YUAN & BAUER, 2007). Viele Ansätze beruhen dabei auf spektraler Entmischung (SMALL, 2001, 2003; WU & MURRAY, 2003). In anderen Arbeiten wird das „*Vegetation-Imperviousness-Soil*"-Modell (V-I-S) angewendet, um die jeweiligen Anteile von Vegetation, Versiegelung und offenem Boden innerhalb eines Pixels festzustellen (RIDD, 1995; PHINN ET AL., 2002). ESCH ET AL. (2009) nutzen Support Vector Machines, um eine Korrelation zwischen den spektralen Eigenschaften von LANDSAT-Daten und dem Grad der Versiegelung zu erreichen.

Da in den gemäßigten Breiten nahezu alle nicht versiegelten Bereiche zu einem gewissen Grad vegetationsbedeckt sind, setzen viele Arbeiten ihren Schwerpunkt auf die Ableitung des Vegetationsanteils, um daraus Rückschlüsse auf den Grad der Versiegelung innerhalb eines Pixels ziehen zu können. So sehen BAUER ET AL. (2004) einen Zusammenhang zwischen dem Versiegelungsgrad und dem Greenness-Kanal des „*Tasseled-Cap-Index*" (CRIST & KAUTH, 1986). Andere Autoren leiten den Versiegelungsgrad aus dem „*Normalized Difference Vegetation Index*" (NDVI) ab (GILLIES ET AL., 2003; LO & QUATTROCHI, 2003; ZHA ET AL., 2003; BRAUN & HEROLD, 2004; YUAN & BAUER, 2007).

2.4 Modellierung von Landnutzung und Landnutzungswandel

Während Methoden der Fernerkundung geeignet sind, um die Landnutzung zu quantifizieren, Landnutzungsänderungen aufzudecken und Auswirkungen des Landnutzungswandels zu beobachten, ermöglicht die Landnutzungsmodellierung, das bestehende Verständnis der Schlüsselprozesse des Landnutzungswandels zu überprüfen, Prozesse quantitativ zu beschreiben und alternative zukünftige Entwicklungspfade zu simulieren (LAMBIN ET AL., 2006). Bereits seit der Initiierung des LUCC-Projektes wird die Modellierung von Landnutzungsänderungen als ein Hauptziel in der Land-System-Forschung genannt (siehe Kapitel 2.1.1). Ein Modell ist nach MULLIGAN & WAINWRIGHT (2004, S. 8) definiert als:

„[...] an abstraction of a real world system, it is a simplification in which those components which are seen to be significant to the problem at hand are represented in

the model. In this, a model takes influence from aspects of the modeller's perception of the system and its importance to the problem at hand."

BRIASSOULIS (2000) beschreibt, dass die Begriffe *Modell* und *Theorie* fälschlicherweise häufig synonym verwendet würden. Tatsächlich ist ein Modell mehr als die konkrete Anwendung einer Theorie. Modelle bieten eine Plattform zur Überprüfung von Theorien, zur Ideenentwicklung, zur Begutachtung von Ergebnissen oder zum Austausch von Ideen. Modelle sind zudem Werkzeuge zur Abstraktion und Formalisierung wissenschaftlicher Konzepte, virtuelle Labore und Werkzeuge zur Unterstützung von Forschung und politischer Entscheidungsfindung (MULLIGAN & WAINWRIGHT, 2004).

Landnutzungsmodelle dienen dem Verständnis von Prozessen des Landnutzungswandels und können Entscheidungsträger unterstützen, indem mögliche zukünftige Bedingungen unter verschiedenen Szenarien simuliert werden. Nach VERBURG ET AL. (2004c, S. 309) sind Landnutzungsmodelle:

„[...] tools to support the analysis of the causes and consequences of land-use changes in order to better understand the functioning of the land use system and to support land use planning and policy."

Neben einem besseren Verständnis des komplexen Wirkungsgefüges von Mensch-Umwelt-Beziehungen können Landnutzungsmodelle vor allem politische Entscheidungen unterstützen, indem „Was-wäre-wenn"-Szenarien mögliche kritische Entwicklungen darstellen.

Das modellbildende Objekt von Landnutzungsmodellen ist die Landnutzung bzw. ihre Veränderung. Dabei ist die Landnutzung durch ihre räumliche Ausdehnung, ihre relative Immobilität, die relative Stabilität ihrer Nutzungsform und die relativen Kosten charakterisiert, welche die Änderung in eine andere Landnutzungsform mit sich bringt (BRIASSOULIS, 2000). Da es sich bei der Landnutzung und deren Änderung im Zusammenspiel geo-biophysikalischer und sozioökonomischer Prozesse um ein komplexes System handelt, ist die modellhafte Vereinfachung entweder schwierig zu vollziehen oder führt zu hochkomplexen Modellen, die für Außenstehende schwer verständlich und sehr aufwändig zu parametrisieren sind (BRIASSOULIS, 2000).

2.4.1 Kernfragen der Landnutzungsmodellierung

Letztlich muss bei der Konzeption eines Modells die Balance zwischen dem nötigen Grad der Vereinfachung und einer ausreichenden Repräsentation der Realität hergestellt werden. Auch wenn ein Modell per definitionem alle Aspekte der Realität nicht zufriedenstellend abbilden kann, so liefert es dennoch wertvolle Informationen über das Verhalten des Landnutzungssystems unter gegebenen Rahmenbedingungen (VELDKAMP & LAMBIN, 2001). Mindestens sollte ein Modell aber eine Antwort auf eine der drei Fragen geben können (LAMBIN, 2004):

- *Warum?*: Welche sozioökonomischen und geo-biophysikalischen Variablen tragen am meisten zur Erklärung von Landnutzungsänderungen bei?
- *Wo?*: Welche Orte sind von Landnutzungsänderungen betroffen?
- *Wann?*: Mit welcher Rate vollziehen sich die Landnutzungsänderungen?

Der Zweck von Landnutzungsmodellen liegt also nicht in der möglichst perfekten Wiedergabe der Realität, sondern im Abschätzen der zu erwartenden Änderungen, im Erlangen eines besseren Verständnisses der beteiligten Prozesse sowie im Aufdecken von Verständnislücken. Diese Fragen sind vor allem für die Forschung von Interesse und werden in diesem Bereich auch intensiv bearbeitet.

Unterstützen Modelle den politischen Entscheidungsprozess, spricht man von **Spatial Decision Support Systems** (SDSS), unterstützen sie konkrete Planungsprozesse, handelt es sich um **Planning Support Systems** (PSS). Aufgrund dieser anwendungsorientierten Funktion gesellen sich nach COUCLELIS (2005) zu den drei oben genannten Fragen drei weitere hinzu:

- *Was kann passieren?*: Szenarien zeigen auf, wie die Zukunft der Landnutzung unter gewissen Rahmenbedingungen aussehen kann. Diesen Entwicklungspfaden können unterschiedliche Planungsansätze zugeordnet werden.
- *Was sollte passieren?*: Visionen helfen dabei eine Übereinstimmung darüber zu erlangen, welche Richtung der Planungsprozess einschlagen sollte. Modelle können dabei helfen zu klären in welchem Stadium man sich gerade befindet, wohin die Entwicklung geht, welche Entwicklung eigentlich gewünscht ist und wie man dort hin gelangt.

- *Was könnte passieren, wenn...?*: Eine Stärke von Modellen ist deren Visualisierung. Diese Stärke kann genutzt werden, um Landnutzungsmodelle und alternative Abläufe von Szenarien in „*storylines*" (vgl. Kapitel 7) zu übersetzen, mit denen die am Planungsprozess Beteiligten zum Handeln animiert werden.

Die nötige Brücke zwischen Forschung und Planung ist bislang noch nicht zufriedenstellend geschlagen worden (COUCLELIS, 2005). Dies liegt zu einem großen Teil an der Unsicherheit, die allen Modellen anhaftet und die auf der einen Seite Modellierern ein beständiges Unbehagen verursacht und sie antreibt, diese Unsicherheit zu quantifizieren. Auf der anderen Seite erkennen Planer die „Unschärfe" von Landnutzungsmodellen nicht ausreichend an und sehen diese als Schwäche, die sie davon abhält Modelle in den Planungsprozess zu integrieren (COUCLELIS, 2005). WEGENER (2010) beschreibt in diesem Kontext die für Deutschland spezifischen Probleme, die mit den kleinteiligen Aushandlungsprozessen zwischen öffentlichen, halböffentlichen und privaten Akteuren zusammenhängen. Aufgrund dessen mangele es seiner Auffassung nach an großen Raumordnungskonzepte mit strategischen Zukunftsszenarien. Daher wird es als dringende Notwendigkeit angesehen, die Kommunikation zwischen Modellentwicklern und Planern bzw. Entscheidungsträgern zu verbessern (GEERTMAN & STILLWELL, 2004). Damit ist nicht die Kommunikation der Modellergebnisse seitens der Modellierer in Richtung der Entscheidungsträger gemeint. Vielmehr sollten Planer und Politiker stärker in den Modellentwicklungsprozess eingebunden werden und nicht nur „Endkunden" sein. Wenn ihre Anforderungen an Modelle berücksichtigt werden und die Planungspraxis nicht aus dem Auge verloren wird, ist es möglich bessere Modelle zu entwickeln, die auch außerhalb der Forschung von Bedeutung sein können.

2.4.2 Übersicht verschiedener Ansätze der Landnutzungsmodellierung

Die Komplexität von Landnutzungsänderungen und die inhärente Verallgemeinerung in Modellen führen dazu, dass bestimmte Aspekte in existierenden Modellen nicht abgebildet werden können. Entsprechend beruht eine Vielzahl an Modellansätzen auf unterschiedlichen theoretischen Ansätzen und Konzepten. Folgende Autoren geben eine Übersicht über verschiedene Landnutzungsmo-

delle: LAMBIN (1997) fasst generell Modelle mit Bezug zum Landbedeckungswandel in tropischen Regenwäldern zusammen, während KAIMOWITZ & ANGELSEN
(1998) nur ökonomische Modelle in diesem Problemkomplex beschreiben.
Ökonomische Modelle des Landnutzungswandels im Allgemeinen werden von
IRWIN & GEOGHEGAN (2001) vorgestellt. PARKER ET AL. (2003) geben vor allem
einen Überblick über Multi-Agenten Modelle des Landnutzungs- /Landbede-
ckungswandels. Eine sehr breit gefasste Übersicht zu Modellen des Umweltwandels findet sich in einer Veröffentlichung der Europäischen Umweltagentur EEA
(2008). Landnutzungsmodelle stellen hier nur einen Teilbereich dar.

Es existiert eine Vielzahl an Modellen, die sich speziell dem Prozess der Urbanisierung widmen. Einen Überblick über die verfügbaren Techniken zur Modellierung urbanen Wachstums geben die amerikanische Umweltschutzbehörde US
EPA (2000) sowie HEROLD ET AL. (2001) und BERLING-WOLF & WU (2004). HAASE
& SCHWARZ (2009) vergleichen Modelle im Hinblick auf Mensch-Umwelt-Inter-
aktionen in urbanen Gebieten.

Aufgrund ihrer Heterogenität ist eine generelle Einordnung der vorhandenen
Modellansätze in klar trennbare Gruppen kaum möglich. Eine allgemeine strukturelle Gliederung von Landnutzungsmodellen wird von AGARWAL ET AL. (2002)
vorgenommen. Weitere Einteilungen anhand methodischer und konzeptioneller
Merkmale finden sich in sehr ausführlicher Form bei BRIASSOULIS (2000),
VERBURG ET AL. (2003) und LAMBIN (2004). Generelle Eigenschaften von Landnutzungsmodellen werden von KOOMEN & STILLWELL (2007) beschrieben. Eine
Gegenüberstellung von Modellen in Bezug auf elementare Konzepte der Landnutzungsmodellierung findet sich bei VERBURG ET AL. (2004c, 2006).

Die in den folgenden Unterkapiteln aufgeführten Modelltypen stellen keine
Gruppen dar, die sich auf einer Ebene miteinander vergleichen ließen, sondern
orientieren sich an methodischen und konzeptionellen Eigenschaften der
Modelle. Die Einteilung folgt dabei den Vorschlägen von BRIASSOULIS (2000),
VERBURG ET AL. (2003), LAMBIN (2004) und JUDEX (2008). Tabelle 2.1 stellt diesen
Gruppen die von VERBURG ET AL. (2006) beschriebenen Eigenschaften gegenüber.

Tabelle 2.1: Gegenüberstellung unterschiedlicher Modellierungsansätze.
Die einzelnen Merkmale wurden aus Verburg et al. (2006) abgeleitet.

	Räumlich / Nicht-räumlich	Dynamisch / Statisch	Deskriptiv / Präskriptiv	Deduktiv/ Induktiv	Agenten- / Pixel-basiert	Global / Regional
Empirisch-Statistische Modelle	beides	statisch	deskriptiv	induktiv	pixel-basiert	beides
Optimierungsmodelle	beides	statisch	präskriptiv	deduktiv	pixel-basiert	beides
Zelluläre Automaten	räumlich	dynamisch	deskriptiv	induktiv	pixel-basiert	regional
Agenten-basierte Modelle	(nicht-) räumlich	dynamisch	deskriptiv	deduktiv	agenten-basiert	regional
Ökosystem-Modelle	räumlich	dynamisch	deskriptiv	deduktiv	pixel-basiert	regional
Empirische Systemmodelle	räumlich	dynamisch	deskriptiv	induktiv	pixel-basiert	regional

2.4.3 Empirisch-statistische Modelle

Empirisch-statistische Modellansätze legen einen statistischen Zusammenhang zwischen Landnutzungsänderungen und unabhängigen Variablen zugrunde. Die gebräuchlichste Technik in diesem Bereich ist die multiple lineare Regressions-analyse (LAMBIN, 2004). Diese Methode ist grundsätzlich nicht räumlich explizit[16]. Sie wird meist auf der Basis administrativer Einheiten angewendet und hat einen explorativen Charakter, da mit ihr Zusammenhänge zwischen Antriebskräften (siehe Kapitel 2.2.1) und Landnutzungsänderungen identifiziert werden können. Sie gibt also nur eine Antwort auf die „*Warum?*"-Frage. Bei der Modellierung von Daten, die auf administrative Einheiten aggregiert sind, muss man sich zudem mit dem Problem der „*ecological fallacy*" auseinandersetzen, bei dem fälschlicherweise von dem Verhalten aggregierter Daten auf räumlich kleinere Einheiten Rückschlüsse gezogen werden. Ebenso muss das „*Modifiable Areal Unit Problem*" (MAUP) bedacht werden. Dieses beschreibt die Tatsache, dass die Ergebnisse der Modellierung von der gewählten Art der Einteilung in (administrative) Einheiten abhängt.

Durch die Kombination mit einem GIS kann aus dieser Methode ein räumlich explizites Modell werden, indem konkreten Rasterzellen der Landnutzung

---

16 Der Begriff „räumlich explizit" bezieht sich darauf, dass eine konkrete Land-Einheit durch eine Rasterzelle innerhalb eines gleichmäßigen Zellenrasters repräsentiert wird. Ist eine konkrete Land-Einheit nicht identifizierbar, da sie Teil einer aggregierten (z.B. administrativen) Einheit ist, wird dieser Begriff nicht verwendet.

Antriebskräfte in der gleichen räumlichen Repräsentation zugeordnet werden. Somit kann auch die „Wo?"-Frage beantwortet werden. Dabei kann eine multiple lineare Regressionsanalsyse angewendet werden, wenn die Landnutzung als kontinuierlicher Wert in Form des Anteils einer Pixelzelle vorliegt (VELDKAMP & FRESCO, 1997). Liegen die Landnutzungsinformationen als diskrete Klassen vor, werden logistische Regressionsverfahren[17] eingesetzt. So sagen SERNEELS & LAMBIN (2001) mittels logistischer Regrssion Änderungen der landwirtschaftlichen Anbautechniken und deren räumliche Verteilung in Kenia voraus. Das Thema Entwaldung ist der Kern einer Reihe von Studien, in denen die logistische Regression eingesetzt wird, wie Beispiele aus Nordamerika (PONTIUS JR & SCHNEIDER, 2001; SCHNEIDER & PONTIUS JR, 2001) und den Tropen (LUDEKE ET AL., 1990; LAMBIN, 1997; GEOGHEGAN ET AL., 2001; PONTIUS JR & BATCHU, 2003) zeigen. Die statistischen Grundlagen zur Erstellung eines logistischen Regressionsmodells werden von LESSCHEN ET AL. (2005) beschrieben. Ein logistisches Regressionsmodell ist auch Bestandteil eines in dieser Arbeit verwendeten Modellansatzes und wird in Kapitel 5.2.2 detailliert erläutert.

2.4.4 Optimierungsmodelle

Wie die Bezeichnung „Optimierungsmodelle" verrät, versucht dieser Modelltyp Landnutzungsänderungen so zu modellieren, dass sie zu einem optimalen Ergebnis führen. Modelle dieser Art sind in Entscheidungsprozessen sinnvoll, in denen es darum geht unterschiedliche Lösungsmöglichkeiten aufzuzeigen. Optimierungsmodelle beziehen sich auf klare theoretische Annahmen über die Realität wie die Gewinnmaximierung oder die Standortoptimierung. Ihren Ursprung haben diese Modelle in den Theorien der „Landrente" von VON THÜNEN (1826) oder ALONSO (1964). Meist sind die zu optimierenden Zielgrößen ökonomischer Natur, weshalb man auch von ökonomischen Modellen spricht.

Optimierungsmodelle basieren entweder auf mikroökonomischen oder makroökonomischen Theorien. Mikroökonomische Modelle dienen dazu, logische Schlussfolgerungen unterschiedlicher Annahmen auf Haushalts- bis Regionalebene miteinander zu vergleichen. Makroökonomische Modelle untersuchen die

---

17 Erstmals von den belgischen Mathematikern QUETELET und VERHULST Mitte des 19. Jahrhunderts am Beispiel der Bevölkerungsentwicklung in Europa verwendet (CRAMER, 2002).

Effekte staatlicher Maßnahmen auf das Verhalten ökonomischer Akteure bei aggregiertem Marktgleichgewicht. Ökonomische Modelle zum Thema Entwaldung werden ausführlich von KAIMOWITZ & ANGELSEN (1998) und zur Urbanisierung von IRWIN & GEOGHEGAN (2001) vorgestellt.

Aufgrund ihres präskriptiven Charakters bieten Optimierungsmodelle einen hohen Wert für die Planung (BRIASSOULIS, 2000). Dieser ist gleichzeitig aber auch ein Nachteil, da zum einen die getroffenen Annahmen über die Realität (z.B. Gewinnmaximierung) gerade bei makroökonomischen Modellen zu stark generalisiert werden und bei mikroökonomischen Modellen nur selten auf andere Untersuchungen übertragbar sind (KAIMOWITZ & ANGELSEN, 1998).

2.4.5 Zelluläre Automaten

Zelluläre Automaten (engl. **Cellular automata**, abgekürzt CA) werden häufig als eigene Modellkategorie angeführt (z.B. IRWIN & GEOGHEGAN (2001); PARKER ET AL. (2003)), doch handelt es sich dabei weniger um ein Modell, sondern eher um eine Technik, die es erlaubt räumlich dynamische Interaktionen zwischen Nachbarzellen in einem Raster zu modellieren. Daher sind CA oft Bestandteil anderer Modelle und erfüllen dort die Aufgabe, das Regelwerk des eigentlichen Modells in eine zweidimensionale Raster-Repräsentation der Landschaft zu überführen. So finden sie regelmäßig Anwendung in agenten-basierten Modellen (vgl. Kapitel 2.4.6; PARKER ET AL. (2002)) und integrativen systemorientierten Modellen (vgl. Kapitel 2.4.7; VERBURG ET AL. (2004a)).

CA gehen auf die Überlegungen von STANISLAW ULAM und JOHN VON NEUMANN in den 1940er Jahren zum Verhalten komplexer, selbst-reproduzierender Systeme zurück (VON NEUMANN, 1966). Zelluläre Automaten haben immer den gleichen Grundaufbau:

(1) Sie besitzen einen gleichmäßigen Zellularraum.

(2) Jede Zelle besitzt einen Zustand aus einer endlichen Zustandsmenge.

(3) Jede Zelle besitzt eine endliche Nachbarschaft.

(4) Die Überführung einer Zelle in einen anderen Zustand ist möglich und wird durch lokale Überführungsregeln bestimmt, die deterministisch oder stochastisch sein können.

(5) Die Aktualisierung der Zellen erfolgt in einer Abfolge diskreter Zeitschritte.

Ein bekanntes Beispiel für einen zellulären Automaten ist Conway's *„Game of Life"* (CONWAY, 1970), das Grundprinzipien des Lebens am Beispiel einer Computersimulation aufzeigt. Die inhärenten Eigenschaften zellulärer Automaten, wie den gleichmäßigen Zellularraum und die Zustandsänderung der einzelnen Zellen, machen sie gerade für geographische Fragestellungen interessant und wurden zum ersten Mal von TOBLER (1979a) für entsprechende Anwendungen vorgeschlagen. Vor allem in Modellen urbanen Wachstums spielten CA in der Folge eine dominante Rolle (COUCLELIS, 1985, 1997; BATTY & XIE, 1994; CLARKE ET AL., 1997; WHITE ET AL., 1997; WARD ET AL., 2000b; TORRENS & O'SULLIVAN, 2001). Weitere Anwendungsfelder von CA sind die Modellierung tropischer Entwaldung (WALSH ET AL., 2002) oder der zusammenhängende Landnutzungswandel in urbanen und ruralen Räumen (WHITE & ENGELEN, 2000).

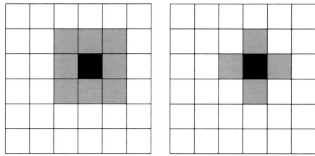

Abbildung 2.5: Nachbarschaften in zellulären Automaten.
Links: 1-fache Moore-Nachbarschaft; Rechts: 1-fache von-Neumann-Nachbarschaft

In CA-basierten Landnutzungsmodellen entspricht der Zellularraum (1) einer Landschaft, die in ein zweidimensionales Raster überführt wurde. Hier liegt die Verwendung von Fernerkundungsdaten auf der Hand, die bereits in dieser Repräsentation vorliegen und in klassifizierter Form eine endliche Zustandsmenge (2) aufweisen. Die Nachbarschaft (3) der Zellen wird in der Regel durch eine Moore- oder eine von-Neumann-Nachbarschaft definiert (Abbildung 2.5). Die Bestimmung der Übergangsregeln (4) eines CA-Modells ist der wichtigste Teil, um realistische Simulationen von Landnutzungsänderungen zu erreichen. CA-Modelle sind sehr gut dafür geeignet sind, Antworten auf die oben genannten *„Wo?"*- und *„Wann?"*-Fragen zu geben, doch geben sie keine Antwort darauf, *warum* eine Änderung eintritt (TORRENS & O'SULLIVAN, 2001). Diese Information muss an anderer Stelle herausgearbeitet und dem CA-Modell mit den Übergangsregeln übergeben werden. Es existieren unterschiedliche

Ansätze, um die Übergangsregeln zu bestimmen. Die Kalibrierung von Koeffizienten zur Bestimmung der Übergangsregeln mit Hilfe bestimmter Muster- und Häufigkeitsmaße wird von SILVA & CLARKE (2002) und DIETZEL & CLARKE (2007) beschrieben. LI & YEH (2002) schlagen Neuronale Netze zum Training der Übergangsregeln vor und VERBURG ET AL. (2004a) nutzen eine empirische Analyse zur Bestimmung der Umwandlungswahrscheinlichkeit von Nachbarzellen.

Auch wenn die Definition der Übergangsregeln besonderer Aufmerksamkeit bedarf, sind CA dennoch relativ simple Systeme. Ihre Besonderheit ergibt sich daraus, dass komplexe dynamische Systeme wie Städte, die sich durch Emergenz, Selbstorganisation und Nicht-Linearität auszeichnen, mit sehr simplen dynamischen Techniken modelliert werden können (vgl. BARREDO ET AL. (2003)). Bekannte Vertreter CA-basierter Modelle sind SLEUTH, bzw. sein Vorläufer, das Clarke Urban Growth Model (CLARKE ET AL., 1997), und MOLAND (LAVALLE ET AL., 2004; ENGELEN ET AL., 2007).

2.4.6 Agenten-basierte Modelle

Während zelluläre Automaten die Landschaft und deren Veränderung behandeln, beschreiben Agenten-basierte Modelle (ABM) die Entscheidungsprozesse der Schlüsselakteure (Agenten) in einem Landnutzungssystem und ihre Einflüsse auf Landnutzungsänderungen. Da in der Regel mehrere Akteure miteinander interagieren, spricht man auch von Multi-Agenten Systemen (MAS). Agenten sind autonom, teilen sich ihre Umwelt mit anderen Agenten, kommunizieren und interagieren mit ihnen und treffen Entscheidungen, die sich auf ihre Umwelt auswirken. Agenten können einzelne Personen darstellen, aber auch Familien, Haushalte, Dörfer, Städte oder politische Strukturen höherer Organisationsstufe. In CA-basierten Modellen können sich Informationen nur durch Nachbarschaftseffekte zwischen individuellen Zellen bzw. Automaten verbreiten. Dagegen sind in ABM die Automaten selber in der Lage, sich durch das Raster zu bewegen (TORRENS, 2003). ABM/MAS werden häufig verwendet, um Urbanisierung zu modellieren (LOIBL ET AL., 2007).

Durch die besondere Betrachtung der Interaktion zwischen Agenten können Effekte höherer Ebene simuliert werden, die durch die Betrachtung der einzelnen Individuen alleine nicht zum Vorschein kommen würden (VERBURG ET AL., 2004c). Die Agenten verhalten sich entsprechend einem kognitiven Modell, das ihre autonomen Ziele durch ihr Verhalten mit ihrer Umwelt verbindet (PARKER ET AL., 2003). Dies kann einer einfachen Reaktion auf eine Umweltveränderung[18] entsprechen, kann aber auch bis zu eigener Initiative und wirtschaftlichem Weitblick der Agenten reichen. In der Regel wird vorausgesetzt, dass die Agenten uneingeschränkten Zugang zu Informationen und Weitsicht haben, unbeschränkte analytische Fähigkeiten besitzen und dementsprechend rational handeln.

ABM sind hoch komplex und benötigen sehr hohe Rechenleistung sowie einen enormen Daten- und Parametrisierungsaufwand. Daher liegt vielen dieser Modelle nur eine vereinfachte hypothetische Landschaft zugrunde (VERBURG ET AL., 2004c). Das eigentliche ABM/MAS ist dabei nur ein Teil des Gesamtmodells. Der zweite Teil, nämlich die Repräsentation der Landschaft, muss von einem zellulären Modell wie einem CA übernommen werden. Zur Programmierung von ABM/MAS bieten sich besonders objektorientierte Programmierung (NAJLIS ET AL., 2002), aber auch High Level Architecture (LUTZ ET AL., 1998) und Dynamic Interactive Architecture Systems (WESTERVELT & HOPKINS, 1999) an.

ABM/MAS erfüllen wie kein anderer Modelltyp den Wunsch, die menschliche Komponente im Mensch-Umwelt-System möglichst perfekt abzubilden. Doch in diesem Fall kann ein komplexes dynamisches System nur mit einer komplexen dynamischen Technik modelliert werden (COUCLELIS, 2002).

2.4.7 Integrative systemorientierte Modelle

Die Einteilung der Gruppe der integrativen systemorientierten Modelle orientiert sich an JUDEX (2008) und umfasst eine sehr heterogene Gruppe an Modellen, die häufig integrierte Modelle (LAMBIN ET AL., 2000; BRIASSOULIS, 2000), Hybrid-Modelle (PARKER ET AL., 2003) oder auch Prozess-orientierte Modelle (CASTELLA & VERBURG, 2007) genannt werden. Diese Modellgruppe hat gemeinsam, dass die Landnutzung als Gesamtsystem dynamisch modelliert wird. Somit lassen sich die zeitliche Dynamik, Nicht-Linearität, Pfadabhängigkeiten oder die Konkurrenz zwischen Landnutzungsklassen (VERBURG ET AL., 2006) abbilden. Meist zeichnen sie sich zudem dadurch aus, dass verschiedene Techniken der Model-

---

18 Z.B. Fortzug von landwirtschaftlich tätigen Personen als Reaktion auf verschlechterte Bodenqualität.

lierung miteinander kombiniert werden, um den verschiedenen Systemkomponenten gerecht zu werden.

Diese heterogene Gruppe lässt sich in physikalisch basierte (Ökosystem-Modelle) und empirisch basierte Modelle unterscheiden. Während erstere deduktiv Teilprozesse anhand physikalischer Gesetze modellieren, simulieren letztere Landnutzungsänderungen aufgrund empirischer Beobachtungen und statistischer Zusammenhänge.

Ökosystem-(prozess-dynamische) Modelle

Ökosystem-Modelle sind dadurch charakterisiert, dass sie die Dynamik und die Stoffflüsse innerhalb eines Ökosystems abbilden. Wie alle anderen räumlich expliziten Landnutzungsmodelle wird das abzubildende Untersuchungsgebiet in ein gleichmäßiges Raster unterteilt. Durch die Landnutzungsinformation in jeder Rasterzelle wird bestimmt, welche Stoffflüsse in jeder einzelnen Zelle zu erwarten sind. Dabei werden nicht nur die Stoffflüsse und Rückkopplungen innerhalb einer einzelnen Zelle simuliert, sondern auch deren horizontale Verteilung. Ein Beispiel für ein solches Ökosystemmodell auf regionaler Ebene ist das Patuxent Landscape Model (VOINOV ET AL., 1999). Auch für die Simulation der globalen Auswirkungen des Klimawandels werden Ökosystem-Modelle eingesetzt wie das globale Ökosystemmodell IMAGE 2 (ALCAMO ET AL., 1998).

Diese physikalisch basierten Systemmodelle weisen einen sehr hohen Detailgrad auf und damit einhergehend eine hohe Komplexität in Bezug auf Modellalgorithmus und notwendige Rechenleistung, haben aber gleichzeitig eine relativ geringe Vorhersagekraft, da sie davon abhängen, wie gut die physikalischen Prozesse im System beschrieben wurden.

Empirische Systemmodelle

Die empirisch ausgerichteten Systemmodelle können weniger über die Prozesse innerhalb des Systems aussagen als die Ökosystemmodelle, haben aber eine deutlich höhere Vorhersagekraft. Sie berechnen die räumlich explizite Wahrscheinlichkeit von Landnutzungsänderungen anhand empirischer Beobachtungswerte. Die Wahrscheinlichkeiten können auf unterschiedliche Art und Weise berechnet werden. Das CLUE-s Modell bedient sich in erster Linie der logistischen Regression (VERBURG ET AL., 2002), das Land-Transformation-Model nutzt Neuronale Netze (PIJANOWSKI ET AL., 2002) und GEOMOD eine Kombination aus Nachbarschaftswahrscheinlichkeiten, definierten Planungsregionen und geo-biophysikalischen Attributen (PONTIUS JR ET AL., 2001). Alle genannten Modelle sind Allokationsmodelle. Das bedeutet, sie simulieren, *wo* Änderungen der Landnutzung zu erwarten sind. Die Quantität der Änderungen können sie nicht modellieren, diese Information muss ihnen von außen zugeführt werden.

2.4.8 Kopplung von Landnutzungsmodellen

Da Landnutzungsmodelle nicht alle Aspekte des Landnutzungssystems abbilden können, bietet es sich an, Modellansätze miteinander zu kombinieren, damit Schwächen eines Modellansatzes durch die Stärken eines anderen ergänzt werden. Durch die Kombination unterschiedlicher Modellansätze lassen sich Erkenntnisse und Erfahrungen unterschiedlicher Wissenschaftstraditionen thematisch und methodisch integrieren, wodurch der von VERBURG ET AL. (2004c) geforderte „Blick über den eigenen Tellerrand" erfolgt.

Gerade die integrativen systemorientierten Modelle verfolgen von Vornherein einen kombinatorischen Ansatz, da sie die Komplexität des gesamten Landnutzungssystems simulieren. Ein sehr gutes Beispiel für diese Vorgehensweise ist das CLUE-s Modell, das auch in dieser Arbeit genutzt und detailliert in Kapitel 5.2 beschrieben wird. Es ist ein Allokationsmodell, das empirisch-statistische Elemente (logistische Regression) mit zellulären Automaten verbindet. Zudem werden in einigen Studien ökonomische Modelle verwendet, um die Quantität der mit CLUE-s zu modellierenden Änderungen zu definieren. So zeigen (VERBURG ET AL., 2008) am Beispiel der Entwicklung der europäischen Landwirtschaft, wie ein globales ökonomisches Modell (GTAP) und ein globales prozessdynamisches Modell (IMAGE) genutzt werden, um die Quantität der zu ändernden Landnutzung zu berechnen, die dann mit dem CLUE-s Modell auf Pixelebene zugewiesen wird.

Häufig werden wie im oben genannten Beispiel ökonomische Modelle verwendet, um die indirekten Antriebskräfte des Landnutzungswandels zu integrieren. Regionale empirische Modelle oder ABM werden dann eingesetzt, um die Übertragung der direkten Antriebskräfte auf die konkrete Landnutzungsänderung auf Pixelebene herzustellen. Gerade bei CA, die als „bottom-up" Modelle nicht in der Lage sind makroskalige Antriebskräfte zu integrieren, bietet sich die Kombination mit „top-down" Modellen wie ökonomischen Modellen an (THEOBALD & GROSS, 1994; WHITE & ENGELEN, 2000; HE ET AL.,

2006), mit denen die Quantität der durch die CA zu ändernde Landnutzung berechnet wird. Hier kann man von einer „losen" Kopplung sprechen, da der Output des einen Modells nach Beendigung des Modelllaufs als Input für ein anderes Modell dient.

Die Integration von ABM und CA ist weit fortgeschritten. ABM werden genutzt, um die Übergangsfunktionen von CA zu bestimmen. Andersherum werden CA verwendet, um die Erkenntnisse aus einem ABM räumlich explizit abzubilden (vgl. TORRENS (2003, 2006)). Wenn in einem solchen Modellansatz mehrere Agenten auf unterschiedlichen zeitlichen Skalen die Übergangsregeln beeinflussen und Rückkopplungen zwischen den Agenten modelliert werden sollen, ist die Synchronisation der einzelnen Modellbereiche sehr komplex und keine „lose" Kopplung mehr. Für solche Fälle schlagen SUDHIRA ET AL. (2005) die Anwendung von „High-Level Architecture" (HLA) vor.

Andere Beispiele zeigen, dass die Ergebnisse räumlich expliziter Landnutzungsmodelle Eingang in andere, z.b. hydrologische Modelle finden (DAMS ET AL., 2008; LIN ET AL., 2008). Ein Beispiel, in dem Erkenntnisse aus einem ABM (SAMBA) verwendet wurden, um CLUE-s zu kalibrieren, wird von CASTELLA & VERBURG (2007) vorgestellt.

Die bisher beschriebene „lose" Kopplung von Modellansätzen ist vergleichsweise einfach umzusetzen, da Bereiche des Landnutzungssystems, die von einem Modell nicht abgebildet werden können, von einem anderen übernommen werden, ohne dass dabei die einzelnen Modellalgorithmen geändert werden müssen. Landnutzungssysteme sind aber charakterisiert durch die Wechselwirkungen und Verflechtungen ihrer Bestandteile. Diese Wechselwirkungen sind in der Regel nicht linear, weisen komplexe Rückkopplungsmechanismen auf, reagieren mit Verzögerungen, Unterbrechungen oder erst bei Überschreitung bestimmter Schwellenwerte. Es ist entsprechend deutlich schwieriger, solche Feedbacks im Landnutzungssystem – und damit zwischen Modellen – zu simulieren. Feedbacks können im Landnutzungssystem zwischen Antriebskräften und den Landnutzungsänderungen, zwischen lokalen und regionalen Prozessen, und zwischen Agenten und anderen Raumeinheiten auftreten (VERBURG, 2006).

Eine Möglichkeit dieser Komplexität zu begegnen ist eine holistische Herangehensweise, wie sie vor allem in prozess-dynamischen Modellen verfolgt wird. Wenn ein solches Ökosystemmodell versucht, alle Aspekte des Landnutzungssystems integriert zu modellieren, spricht man auch von **Integrated Assessment Models**. Ein bekanntes Beispiel für einen solchen Modellansatz ist das IMAGE

2 Modell (ALCAMO ET AL., 1998). Solche Modelle sind kompliziert, aber nur bedingt komplex (VERBURG ET AL., 2004c) und bedürfen eines hohen Daten- und Parametrisierungsaufwandes.

Eine dritte Möglichkeit der Modellkopplung beschreitet einen Mittelweg zwischen der „losen" Kopplung eines reinen Input-Output-Austauschs von Modellen und einer „engen" Kopplung von *Integrated Assessment Models*. Hierbei dienen Modelle mit unterschiedlichen theoretischen Grundlagen dazu, verschiedene Prozesse innerhalb des Landnutzungssystems zu modellieren. Ein Beispiel dieser Art zeigen ALBERTI & WADDELL (2000), die das ABM UrbanSim mit dem Ökosystemmodell PRISM kombinieren, um die Mensch-Umwelt-Inter-aktionen in Städten besser simulieren zu können. In eine ähnliche Richtung geht das Modell PUMA, bei dem ein ABM mit einem ökonomischen und einem statistischen Ansatz verknüpft wird (ETTEMA ET AL., 2007). Feedbacks zwischen einem Landnutzungsmodell (CLUE-s) und einem Bodenerosionsmodell werden von VERBURG (2006) beschrieben. Eine dynamische Verlinkung fand hier in der Weise statt, dass sich die Änderungen der Landnutzung auf die Bodenerosion und diese wiederum auf die Landnutzung auswirkte.

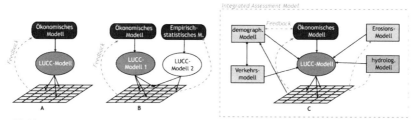

Abbildung 2.6: Möglichkeiten der Modellkopplung in der Landnutzungsmodellierung. Schwarze Pfeile: direkter Austausch von Daten/Informationen bei einer Modellkopplung; graue Pfeile: Möglichkeiten des Einbaus von Rückkopplungsmechanismen. A: „vertikal" gekoppelte Modelle; B: „horizontal" und „vertikal" gekoppelte Modelle; C: Interaktion zwischen einem Landnutzungsmodell und Sub-System-Modellen im Fall eines Integrated Assessment Modells. Die genannten Modelltypen sind exemplarisch.

Eine solche Modellkombination kann „vertikal" durchgeführt werden, was bedeutet, dass ein Modell die Antriebskräfte und zugrundeliegenden Prozesse simuliert und ein anderes Modell daraufhin die Landnutzungsänderungen räum-lich explizit zuweist. Aus den erfolgten Landnutzungsänderungen ergeben sich dann Rückkopplungseffekte für das erste Modell. Beispiele dieser Art werden von WHITE & ENGELEN (2000) und VERBURG ET AL. (2008) beschrieben. Eine

weitere Möglichkeit ist eine „horizontale" Kopplung, bei der Modelle auf gleicher Skalen-Ebene arbeiten, jeweils unterschiedliche Arten von Landnutzungsänderungen modellieren und sich dabei gegenseitig beeinflussen. Einen Einblick
in die Möglichkeiten der Modellkopplungen in der Landnutzungsmodellierung
bietet Abbildung 2.6.

2.4.9 Szenario-Entwicklung in der Landnutzungsmodellierung

Zur Modellierung zukünftiger Veränderungen der Landnutzung müssen Szenarien aufgestellt werden, die beschreiben, welche Veränderungen in der Zukunft
zu erwarten sind. Szenarien des Landnutzungswandels erfüllen die Funktion von
„was wäre wenn?"-Annahmen und beschreiben damit plausibel mögliche
zukünftige Entwicklungen unter bestimmten Rahmenbedingungen (ALCAMO ET
AL., 2006). Es handelt sich bei Szenarien nicht um Vorhersagen. Um diesen
Anspruch zu erfüllen, ist der in Landnutzungsmodellen übliche Zeithorizont viel
zu groß und die zu treffenden Annahmen über die zukünftige Entwicklung der
Landnutzung mit zu vielen Unsicherheiten behaftet.

Szenarien werden entweder qualitativ aufgestellt, indem „*storylines*" in Text-
form zukünftige Tendenzen beschreiben; oder sie werden quantitativ definiert,
indem genaue Werte über die Rate der zukünftigen Änderungen angegeben
werden. Letztendlich benötigen computergestützte Landnutzungsmodelle
konkrete Zahlen mit denen sie rechnen können, doch implizieren diese Zahlen
eine Genauigkeit, die tatsächlich nicht vorhanden ist (ALCAMO ET AL., 2006).
Entsprechend sollten quantitative Angaben in einer Szenariendefinition immer
gemeinsam mit einer qualitativen Beschreibung verwendet werden.

Die Definition von Szenarien kann auf verschiedenen räumlichen Skalen stattfinden – von der globalen über die regionale bis zur lokalen Perspektive. In der
Regel fließen in die Szenarien auf lokaler Ebene Informationen aus globalen
oder regionalen Szenarien ein. Die räumliche Lage der zu erwartenden Änderungen wird dann durch räumlich explizite Landnutzungsmodelle bestimmt. Ein
Beispiel hierfür ist das EURURALIS-Projekt, in dem die „*storylines*" aus
globalen IPCC-Szenarien auf die Länder der Europäischen Union herunterge-
brochen wurden. Diese qualitativen Informationen wurden mit einem ökonomischen (GTAP) und einem Integrated Assessment Model (IMAGE) quantifiziert
und schließlich mit dem CLUE-s Modell in räumliche Landnutzungsmuster

umgesetzt (KLIJN ET AL., 2005; VERBURG ET AL., 2006, 2008). Hierdurch findet eine Modellkopplung statt (Kapitel 2.4.8).

Einen ähnlichen „*story-and-simulation*"-Ansatz verfolgt das PRELUDE-Projekt, das fünf Szenarien für Europa aufstellt und mit dem Louvain-la-Neuve Modell räumlich umsetzt (EEA, 2007). Auf nationaler Ebene aufgestellte Szenarien wurden beispielsweise von DE NIJS ET AL. (2004) für die Niederlande mit dem Environmental Explorer umgesetzt. Auch das SLEUTH-Modell wurde in verschiedenen Studien verwendet, um globale Szenarien und regionale Szenarien auf lokaler Skala umzusetzen und damit die Szenarien in konkrete Muster räumlicher Landnutzungsänderungen zu übersetzen. So brechen SOLECKI & OLIVERI (2004) die globalen Szenarien des IPCC für die Region New York herunter und berechnen mit SLEUTH die zu erwartenden Landnutzungsänderungen. JANTZ ET AL. (2003) setzen SLEUTH ein, um regionale Szenarien für die Chesapeake Bay Region (Washington/Baltimore) in räumliche Landnutzungsänderungen zu überführen.

2.4.10 Kalibrierung und Validierung von Landnutzungsmodellen

Räumlich explizite Landnutzungsmodelle starten in der Regel mit einer digitalen Karte eines Anfangszustandes (t_1) und simulieren die Veränderungen der Landnutzung bis zu einem zweiten Zeitpunkt (t_2). Die wichtigste Frage, die sich dabei stellt ist, wie gut das Modell die Landnutzung zum Zeitpunkt t_2 vorhersagen kann. Im Zusammenhang mit der Überprüfung der Modellgüte muss zwischen den Begriffen Kalibrierung und Validierung unterschieden werden. Die **Kalibrierung** – oder das „*model fitting*" – ist der Prozess, in dem die Parameterkonfiguration eines Modells so eingestellt wird, dass es die Landnutzung zum Zeitpunkt t_2 möglichst gut abbildet. Damit fließen Informationen aus t_2 in das Modell ein, da mit ihnen die Modellgüte bestimmt wird („*goodness of fit*").

Die **Validierung** ist der Prozess, in dem die Übereinstimmung zwischen der Modellvorhersage und unabhangigen Daten ermittelt wird (VERBURG ET AL., 2006). Dies bedeutet, dass das Modell entweder auf einen anderen Raum oder einen anderen Zeitpunkt übertragen werden muss. Hierin liegt ein Problem, das dazu geführt hat, dass die Validierung von Landnutzungsmodellen in der Vergangenheit oft vernachlässigt wurde. In der Regel wird die zukünftige Landnutzung modelliert. Da die Zukunft jedoch nicht validiert werden kann, sind

Modelle naturgemäß mit einer hohen Unsicherheit behaftet (GOLDSTEIN ET AL., 2004). In vielen Arbeiten wird keine klare Trennung von Kalibrierung und Validierung gezogen (vgl. PONTIUS JR ET AL. (2004)).

Stehen ausschließlich Daten von einem Zeitpunkt t_l zur Verfügung, so ist das Wissen über die vergangene Entwicklung der Landnutzung mit hohen Unsicherheiten behaftet und damit auch die Simulation der zukünftigen Entwicklung (Abbildung 2.7a). Sind aus der Vergangenheit mehrere Informationen verfügbar (t_{l+n}), so reduziert dies die Unsicherheit nicht nur bei der Betrachtung der vergangenen Entwicklung, sondern wirkt sich auch auf die Simulation der zukünftigen Entwicklung aus, da die Kalibrierung des Modells deutlich zuverlässiger wird (Abbildung 2.7b).

In der Landnutzungsmodellierung gibt es keine einheitliche Strategie der Bewertung von Modellen. Dies hängt mit unterschiedlichen Zieldefinitionen der Modellanwender zusammen. Während einige möglichst exakte räumliche Vorhersagen treffen möchten, legen andere mehr Wert darauf, die Prozesse und Mechanismen der Landnutzungsänderungen im Grundsatz zu verstehen (PONTIUS JR & MALANSON, 2005). Erst in jüngerer Zeit werden Versuche unternommen, unterschiedliche Modelle miteinander zu vergleichen. Die bisher umfassendste Untersuchung wurde in diesem Zusammenhang von (PONTIUS JR ET AL., 2008) vorgenommen. Aufbauend aus den Erkenntnissen dieses Modellvergleichs wird auch in dieser Arbeit eine einheitliche Methode zur Bestimmung der Modellgüte verschiedener Modelle verwendet. Eine ausführliche Beschreibung der verwendeten Methodik findet sich in Kapitel 5.4.

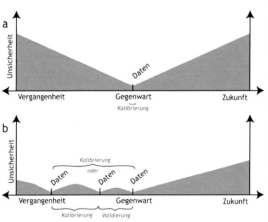

Abbildung 2.7: Unsicherheit in Landnutzungsmodellen In (a) sind nur Daten zum gegenwärtigen Zustand verfügbar, in (b) drei historische Datensätze. Entsprechend ändern sich die Möglichkeiten der Kalibrierung und Validierung des Modells (verändert nach GOLDSTEIN ET AL. (2004))

2.5 Anforderungen an die Landnutzungsmodellierung in NRW

In den vorangegangenen Kapiteln wurde ausgeführt, welche Ursachen und Auswirkungen der Landnutzungswandel hat und welche theoretischen und methodischen Werkzeuge zur Verfügung stehen, um diesen zu beobachten und zu modellieren. Unter Berücksichtigung des Prozesses der Urbanisierung und der damit verbundenen Flächeninanspruchnahme soll aus den vorhandenen Ansätzen und Techniken ein Modellverbund entwickelt werden, der dem Zweck dient, die in Kapitel 1.2 aufgeworfenen Forschungsfragen zu beantworten. Dabei sollen die spezifischen Verhältnisse im Untersuchungsgebiet NRW berücksichtigt werden, wozu u.a. gemeinsame und unterschiedliche Entwicklungen in urbanen und ruralen Räumen zählen.

Zunächst muss festgehalten werden, dass keiner der in den Unterkapiteln 2.4.3 bis 2.4.7 vorgestellten Modellansätze alle in einer solchen Studie gestellten Fragen perfekt beantworten kann (VERBURG ET AL., 2006). Jeder Modellansatz ist im Hinblick auf eine spezifische Fragestellung entwickelt worden und hat spezifische Stärken in einem bestimmten Bereich, aber auch Schwächen in anderen Bereichen, die nicht unmittelbar im Fokus des Modellentwicklers standen. Die Wahl eines geeigneten Modells sollte sich nach VERBURG ET AL. (2004c) neben der Möglichkeit zur Formulierung konkreter Szenarien des Landnutzungswandels an folgenden Aspekten ausrichten:

- **Untersuchungslevel**: Modell auf Mikro- oder Makroebene?
- **Antriebskräfte**: Welche sind relevant und wie sind sie quantifizierbar?
- **Raum-zeitliche Dynamik**: Auf welcher raum-zeitlichen Skala und welche Dynamik soll abgebildet werden (z.B. Nachbarschaftsdynamik, nicht-lineare Eigenschaften)?
- **Skalendynamik**: Sollen Wechselwirkungen auf verschiedenen Skalen berücksichtigt werden?
- **Integrationslevel**: Sollen Teilsysteme und Rückkopplungen modelliert werden?

Hieraus ergibt sich unmittelbar ein Forschungsbedarf bezüglich der Weiterentwicklung von Landnutzungsmodellen (VERBURG ET AL., 2004c):

- Intensivere Auseinandersetzung mit den multiskaligen Eigenschaften von Landnutzungssystemen.

- Entwicklung neuer Techniken zur Abschätzung und Quantifizierung von Nachbarschaftseffekten.
- Stärkere Betrachtung zeitlicher Dynamik.
- Stärkere thematische und methodische Integration.

Über die Skalenfrage herrscht in der *Land-Change*-Forschung Uneinigkeit (VELDKAMP & FRESCO, 1997; KOK & VELDKAMP, 2001; WALSH ET AL., 2001). Bei nur geringen Skaleneffekten, können Annahmen über das Verhalten von Individuen auf größere Gruppen und damit von der lokalen Ebene auf die regionale Ebene übertragen werden. Hier können MAS (Kapitel 2.4.6) einen wichtigen Beitrag leisten (VERBURG ET AL., 2004c).

Zur Darstellung von Nachbarschaftseffekten werden meist CA eingesetzt. Ihnen fehlt allerdings häufig die tiefere theoretische Basis zur Quantifizierung der Übergangsregeln, die häufig durch Expertenwissen ersetzt wird (vgl. Kapitel 2.4.5).

Die Interaktion zwischen zeitlicher und räumlicher Dynamik wird nach VERBURG ET AL. (2004c) insgesamt noch nicht ausreichend berücksichtigt. Hierzu gehört die Nicht-Linearität von Veränderungen, genauso wie Rückkopplungseffekte oder verzögerte Entwicklungen. Einzelne dieser Punkte können von integrativen systemorientierten Modellen gelöst werden.

Die thematische und methodische Integration von Landnutzungsmodellen ist nach wie vor ein Problem, da sie sich - obwohl per definitionem disziplinübergreifend - viel zu selten von den Konzepten und Methoden einer bestimmten Disziplin lösen (VERBURG ET AL., 2004c). Dabei haben sich in der Vergangenheit immer dann innovative Entwicklungen ergeben, wenn sozial- und naturwissenschaftliche Ansätze kombiniert wurden (GEOGHEGAN ET AL., 1998; WALSH ET AL., 1999; MERTENS & LAMBIN, 2000; WALSH & CREWS-MEYER, 2002).

VERBURG ET AL. (2004c) fordern daher, dass die große Vielfalt an Konzepten und Methoden dazu führen sollte, die Stärken der unterschiedlichen Konzepte miteinander zu verbinden, um eine neue Generation von Landnutzungsmodellen zu entwickeln, anstatt immer weiter die Ansätze der eigenen Disziplin zu verfeinern.

Die Auswahl der in dieser Arbeit verwendeten Methoden und Modelle ergibt sich aus den genannten Anforderungen der Landnutzungsmodellierung sowie als Synthese aus den in Kapitel 2.2.3 skizzierten Prozessen des Landnutzungswandels im Untersuchungsgebiet. Zur Modellierung des Landnutzungswandels in

NRW wird zunächst das CLUE-s Modell verwendet. Das Modell betrachtet die Landnutzung auf der Makroebene, modelliert dabei aber räumlich explizit mit einer hohen räumlichen Auflösung. Ein Agenten-basiertes Modell, das Prozesse auf der Mikroebene modellieren kann und sicher besser geeignet wäre, um sozioökonomische Faktoren, wirtschaftliche Verflechtungen von Akteuren und politische Strukturen abzubilden, wurde hier nicht in Betracht gezogen. Um ein Untersuchungsgebiet der Größe NRWs und die Komplexität der wirkenden Prozesse und beteiligten Akteure abzubilden, müssten in großem Umfang Daten bis auf die Akteur-Ebene erhoben werden. Alternativ müsste man die im Modell abzubildenden Prozesse soweit abstrahieren, dass die Vorteile eines ABM überkompensiert würden. Ähnlich verhielte es sich mit einem *Integrated Assessment Model*. In CLUE-s können beliebige Antriebskräfte parametrisiert werden, die durchaus auf verschiedenen Skalen wirken können (vgl. Kapitel 5.2). Weiterhin können beliebige Entwicklungsszenarien verwirklicht werden (vgl. Kapitel 5.2.1).

Zusätzliche Punkte, welche die Wahl von CLUE-s für diese Arbeit beeinflusst haben, sind die tiefgreifende Erfahrung mit diesem Modell im unmittelbaren Forschungsumfeld (JUDEX, 2008; OREKAN, 2007), und die Tatsache, dass das Modell in einer Form vorliegt, die eine Kopplung mit anderen Modellen ermöglicht. Dabei handelt es sich um die Modellierungsplattform XULU (SCHMITZ, 2005), die detailliert in Kapitel 5.1 vorgestellt wird. Innerhalb dieser Plattform ergibt sich die Möglichkeit der Kopplung mit anderen Modellen.

In dieser Arbeit soll die gesamte Landnutzungsdynamik in NRW erfasst werden. Dies ist mit CLUE-s sehr gut möglich. CLUE-s verteilt Landnutzungsänderungen dort, wo für sie die Wahrscheinlichkeit am höchsten ist. Bei der Urbanisierung, dem treibenden Prozess des Landnutzungswandels in NRW, handelt es sich jedoch nicht um einen einheitlichen Prozess, der den gleichen Mustern der Wahrscheinlichkeit folgt. Vielmehr verlaufen verschiedene Prozesse parallel, die sich unter dem Begriff Urbanisierung subsumieren lassen. Zudem wirken unterschiedliche Antriebskräfte, die effektiv zum gleichen Ergebnis führen konnen. Ein Zuwachs an bebauter Fläche kann genauso durch Sububanisierung im Umfeld größerer Städte hervorgerufen werden wie durch die Ausweitung von Dörfern im ländlichen Raum, die Anlage neuer Gewerbegebiete an Verkehrsknotenpunkten oder den Ausbau von Infrastruktur.

Um den speziellen Prozess und die Mechanismen der Urbanisierung zu modellieren und zu verstehen, soll zusätzlich ein Modell verwendet werden, das mit klaren Regeln die generelle Form der Urbanisierung beschreibt und damit die Komplexität dieses Prozesses stark vereinfacht und strukturiert wiedergibt. Zu diesem Zweck eignen sich vor allem CA. In dieser Arbeit wird das SLEUTH-Modell (CLARKE ET AL., 1997) in einer abgewandelten Form verwendet. SLEUTH modelliert urbanes Wachstum und folgt dabei generellen Wachstumsregeln. Eine ausführliche Beschreibung des Modells erfolgt in Kapitel 5.3. SLEUTH wurde ursprünglich für amerikanische Städte entwickelt, ist in der Folge aber in zahlreichen anderen Gebieten der Welt eingesetzt worden (vgl. Kapitel 5.3). Für dieses Modell spricht zudem, dass sein Quellcode *public domain* ist und daher in die Modellierungsplattform XULU integriert werden kann. Damit wird die Grundlage für eine Kopplung von CLUE-s und SLEUTH ermöglicht.

Es wird eine Kopplung von CLUE-s und SLEUTH und damit eine Optimierung der Landnutzungsmodellierung für NRW angestrebt. Diese Kopplung soll „horizontal" verlaufen (siehe Kapitel 2.4.8). CLUE-s modelliert dabei die gesamte Landnutzungszusammensetzung und SLEUTH den Prozess der Urbanisierung.

Neben der Implementierung von SLEUTH in XULU und dem Einrichten eines Kopplungsmechanismus zwischen CLUE-s und SLEUTH, wird in dieser Arbeit im Hinblick auf die Erläuterungen in Kapitel 2.4.10 eine für beide Modelle und deren gekoppelte Varianten einheitliche Methode zur Modellkalibrierung und -validierung verwendet. Deren Implementierung erfolgt ebenfalls in XULU, so dass sich ein Modellverbund aus Modellierung, Kopplung und Validierung ergibt. Eine ausführliche Beschreibung der Validierungsmethode erfolgt in Kapitel 5.4.1.

Um beide Modelle zu parametrisieren, muss zuerst die Landnutzungszusammensetzung und deren Dynamik im Untersuchungsgebiet erfasst werden. Diese Informationen werden mit Methoden der Fernerkundung aus Satellitendaten abgeleitet (Kapitel 4). Zusätzlich müssen die Antriebskräfte des Landnutzungswandels bekannt sein. Zu diesem Zweck wird im folgenden Kapitel 3 ein Überblick über das Untersuchungsgebiet und seine naturräumlichen, demographischen und sozioökonomischen Bedingungen sowie ein Abriss des historischen Landnutzungswandels gegeben. Die verwendeten Landnutzungsmodelle werden in Kapitel 5 vorgestellt.

3 Landnutzungswandel in Nordrhein-Westfalen

3.1 Landeskundlicher Überblick

3.1.1 Geschichte und Verwaltungsgliederung

NRW umfasst eine Fläche von 34.083 km² und besteht in seinen heutigen Grenzen seit 1947. Anfang des 19. Jahrhunderts wurden unter französischer und dann unter preußischer Verwaltung die bis dahin auf dem Gebiet des heutigen NRW existierende Vielzahl weltlicher und geistlicher Territorien beseitigt. Im Zuge des Wiener Kongresses 1815 wurden die Rheinprovinz und Westfalen Teile des preußischen Staatenverbundes. Bis zum Ende des Zweiten Weltkrieges blieb diese Verwaltungsgliederung bestehen, bis dann der nördliche Teil der Rheinprovinz zusammen mit Westfalen der britischen Besatzungszone zugeteilt wurde, während der südliche Teil in die französische Besatzungszone fiel[19]. 1946 wurden die ehemaligen preußischen Provinzen aufgelöst und das neue Land Nordrhein-Westfalen mit Düsseldorf als Landeshauptstadt gegründet. Ein Jahr später wurde schließlich der bis dahin existierende Freistaat Lippe mit NRW vereinigt.

Auf der staatlichen Mittelinstanz ist NRW in die fünf Regierungsbezirke Detmold, Münster, Düsseldorf, Arnsberg und Köln gegliedert. Seit der kommunalen Neugliederung[20] ist NRW in 31 Kreise und 23 kreisfreie Städte untergliedert. Die Kreise sind in 373 kreisangehörige Städte und Gemeinden aufgeteilt. Auf unterster kommunaler Ebene besteht NRW demnach aus 396 Städten und Gemeinden.

3.1.2 Naturräumliche Gliederung

NRW lässt sich wie in Abbildung 3.1 dargestellt in drei naturräumliche Groß-landschaften unterteilen (MAYR & TEMLITZ, 2006). Der Großteil der Landesfläche gehört dem norddeutschen Tiefland an und ist ein vorwiegend im Pleistozän geformter Aufschüttungsraum glazialer, fluvioglazialer und periglazialer Prägung mit ausgedehnten Lössablagerungen. Die Westfälische Bucht ist ein

---

19 Teil des heutigen Rheinland-Pfalz
20 Verwaltungsgebietsreform 1967-1976

kreidezeitliches Becken, das glazial überformt wurde. Bei einer durchschnittli-
chen Höhe von 40-50m NN gibt es kleinere Höhenzüge, die bis zu 170m NN
erreichen, wie die Ville am Rand der Köln-Bonner Bucht.

Abbildung 3.1: Naturräumliche Gliederung NRWs.

54

Die zweite naturräumliche Großlandschaft ist Teil des rheinischen Schiefergebirges und befindet sich im Süden Westfalens und im südwestlichen Bereich des Rheinlandes. Der Teil westlich des Rheins gehört größtenteils zur Eifel, die sich südlich nach Rheinland-Pfalz fortsetzt und westlich der Landesgrenze nach Belgien in die Ardennen übergeht. Östlich des Rheins lässt sich das rheinische Schiefergebirge in Bergisches Land, Siegerland und Sauerland unterteilen, in dem sich mit dem Rothaargebirge die höchsten Erhebungen NRWs befinden (Langenberg 843m, Kahler Asten 841m). Das rheinische Schiefergebirge ist größtenteils devonischen Ursprungs. Es wurde während der variskischen Faltung gehoben, in der Folge abgetragen und im Tertiär erneut gehoben, was zur Entstehung von Rumpfflächen führte. Im Nordosten NRWs liegt das Weserbergland, das vor allem mesozoischen Ursprungs ist und durch die saxonische Bruchschollentektonik gehoben wurde. Auffällige Gebirgszüge, wie der Teutoburger Wald, das Wiehen- und das Eggegebirge prägen in dieser Region das Landschaftsbild. Das Weserbergland schließt östlich an das hessische Bergland und das Weser-Leine-Bergland in Niedersachsen an.

Klima

NRW befindet sich vollständig in der gemäßigten Klimazone Mitteleuropas, was nach der Klimaklassifikation nach Troll und Paffen dem subozeanischen Klima der kühlgemäßigten Zone (III 3) entspricht (TROLL & PAFFEN, 1964). Dieses Klima zeichnet sich durch milde Winter und kühle Sommer sowie ganzjährige Regenfälle aus. Während die mittlere Temperatur im Tiefland bei 10°C liegt, werden in den Mittelgebirgen nur etwa 5°C erreicht. Insbesondere an Rhein und Ruhr ist es zum einen durch die geschützte Lage der Niederrheinischen Bucht und zum anderen durch den hohen Grad der städtischen Versiegelung und den damit zusammenhängenden Besonderheiten des Stadtklimas, am wärmsten (MUNLV NRW, 2006b). Der Niederschlag erreicht im Tiefland im Sommer sein Maximum, während das Bergland durch ein zweites winterliches Regenmaximum gekennzeichnet ist. Die Summen der Niederschläge sind unterschiedlich verteilt; während in der Zülpicher Börde im langjährigen Mittel weniger als 700mm Niederschlag pro Jahr fallen, sind es in Teilen des Sauerlandes mehr als doppelt so viel. Diese klimatischen Unterschiede nehmen Einfluss auf die potenzielle natürliche Vegetation[21] sowie die land- und forstwirtschaftliche Nutzung.

---

21 Vegetationszeit der Rotbuche im Sauerland 150 Tage, westlich des Rheins 170 Tage (MUNLV NRW, 2006b).

Gewässer

NRW wird stark von seinen Flüssen geprägt, die seit Beginn der menschlichen Besiedelung bis heute als wichtige Transportrouten und zur Trinkwassergewinnung dienen. Alle Flüsse NRWs entwässern in die Nordsee, entweder über den Rhein, die Maas, die Weser oder die Ems. Reiche Grundwasservorkommen finden sich in den Kalken der Mittelgebirge und Kreidesanden des Münsterlandes. In den Schiefern der Mittelgebirge gibt es nur geringe Grundwasservorkommen, so dass dort die Wasserversorgung über Talsperren gesichert werden muss.

Geologie, Bodenschätze und Böden

Während die Landschaftsformen des Tieflandes auf die Erdneuzeit und vor allem auf die letzten Eiszeiten zurückzuführen sind, gehen die Mittelgebirge auf mesozoische bis paläozoische Gesteinsbildungen zurück. Im Rheinischen Schiefergebirge sind vor allem Schiefer, Grauwacken, Sandsteine und Kalke des Devons weit verbreitet. Am nördlichen Rand des Rheinischen Schiefergebirges kam es im Karbon zur Bildung bedeutender Steinkohlelagerstätten. Die größten befinden sich in der südlichen westfälischen Bucht, dem heutigen Ruhrgebiet. Weitere Lagerstätten liegen im Raum Aachen und bei Ibbenbüren, nördlich der Ausläufer des Teutoburger Waldes. Wie die Steinkohle waren auch andere Lagerstätten in der Vergangenheit wichtige Standortfaktoren. Diese führten zur Ausbildung charakteristischer Industriezweige, die wiederum das Landschaftsbild nachhaltig prägten. Die im Tertiär gebildete Braunkohle des rheinischen Braunkohlereviers in der Niederrheinischen Bucht wird seit Mitte des 19. Jahrhunderts im Tagebau abgebaut und liefert heute 55% der deutschen Fördermenge. Die rheinische Braunkohle gehört damit zu den wichtigsten Energieträgern für die Stromproduktion in Deutschland. Ebenfalls am Niederrhein lagerten sich Salze, Quarzsande und Ton ab. Im Siegerland bildeten sich bedeutende Erzvorkommen. Kalkstein und Sandstein werden im Sauerland und Münsterland gewonnen. Mineralquellen in Ostwestfalen-Lippe führten zur Entstehung bedeutender Kurorte.

Die Böden tragen entscheidend dazu bei, welche Standorte für eine ackerbauliche Nutzung in Frage kommen. In NRW gibt es entscheidende regionale Unterschiede in der Bodengüte. Im Bereich des Rheinischen Schiefergebirges überwiegen Braunerden, während die Niederrheinische Bucht vor allem von fruchtbaren Parabraunerden bedeckt ist. Bei hohem Grundwasserspiegel haben sich hier Gleye gebildet. In der Westfälischen Bucht überwiegen sandige (Podsole) und tonige (Pseudogleye) Böden. In den Tälern des Weserberglandes sind wiederum die Parabraunerden vorherrschend, während in den Hochlagen Braunerden und Rendzinen dominieren. Da sich die Parabraunerden in NRW auf Löss gebildet haben, besitzen sie eine sehr hohe Bodengüte. Ein besonderer Bodentyp ist der Plaggenesch, der im nördlichen Münsterland und Niederrhein auftritt. Dieser Boden ist durch menschliche Tätigkeit entstanden, indem im Mittelalter auf nährstoffarmen Sandböden Grassoden vermischt mit Stalldung ausgebracht wurden, wodurch sich tiefgründige humose Bodenhorizonte gebildet haben (AK BODENSYSTEMATIK, 1998).

3.1.3 Demographischer Wandel

Mit derzeit rund 18 Mio. Einwohnern ist NRW das bevölkerungsreichste Flächenland Deutschlands und stellt damit 22% der Gesamtbevölkerung der Bundesrepublik (MAYR & TEMLITZ, 2006). Lebten 1921 auf dem Gebiet des heutigen NRW noch 10,5 Mio. Menschen, waren es im Jahr 1942 12,3 Mio. Kriegsbedingt nahm diese Zahl bis 1945 auf 11,2 Millionen ab. Bereits 1957 zählte NRW 15 Mio. Einwohner, worunter sich 3 Mio. Flüchtlinge und Heimatvertriebene befanden. Geburtenüberschüsse und das Anwerben ausländischer Arbeitskräfte im Zuge des Wiederaufbaus und der damit zusammenhängenden Phase des „Wirtschaftswunders" ließ die Bevölkerung bis 1974 auf 17,2 Mio. steigen (MAYR & TEMLITZ, 2006). In den folgenden Jahren schrumpfte die Bevölkerung wieder leicht auf 16,7 Mio. (letzte Volkszählung 1987). Die Gründe für diesen Rückgang lagen insbesondere an dem Geburtenrückgang unter das Reproduktionsniveau, Rückwanderungen von ausländischen Gastarbeitern sowie Fortzügen in andere Bundesländer. In den 1990er Jahren wuchs die Bevölkerung wieder bis zu einem Höchstand von 18,08 Mio. im Jahr 2003. Verantwortlich für diesen Anstieg trotz negativer natürlicher Bevölkerungsentwicklung waren Zuwanderungen durch Familienangehörige ausländischer Arbeitnehmer, Übersiedler aus den Neuen Bundesländern, Aussiedler aus Osteuropa sowie Asylbewerber (MAYR & TEMLITZ, 2006).

Seitdem ist die Bevölkerung wieder rückläufig und liegt aktuell (2009) bei 17,9 Mio. Laut der Bevölkerungsvorausberechnung des Landesbetriebs für Information und Technik IT.NRW (früher: Landesamt für Datenverarbeitung und

Statistik LDS) wird sich dieser Trend fortsetzen, so dass für das Jahr 2025 mit einer Gesamtbevölkerung von 17,5 Mio. gerechnet werden kann. Damit läge der Bevölkerungsstand wieder auf dem Niveau von Mitte der 1970er Jahre. Wie in ganz Deutschland wird auch in NRW die Bevölkerung in den nächsten Jahrzehnten weniger, älter und internationaler werden (MAYR & TEMLITZ, 2006). Die Alterung ergibt sich daraus, dass die starken Jahrgänge der Nachkriegsgeneration älter werden als die vorige Generation und seit den 1970er Jahren nur schwach besetzte Jahrgänge folgen. Diese Jahrgänge haben zudem geringe Reproduktionsraten. Dadurch wird das Geburtendefizit weiter steigen. Der so zustande kommende Bevölkerungsrückgang kann allein durch Zuwanderung nicht ausgeglichen werden (ILS, 2002).

Die hier skizzierte demographische Entwicklung hat neben den Gesamtzahlen auch eine räumliche Dimension. In den 1950er und 60er Jahren war die Bevölkerungsentwicklung noch stark an die bestehende Siedlungsstruktur gebunden: Die Ballungsräume wuchsen, während die ländlichen Räume Bevölkerung verloren. In den 1970er und 80er Jahren setzte eine verstärkte Wanderung in die Ballungsrandzonen zulasten der Kernstädte ein, während sich die ländlichen Räume stabilisierten. Seit den 1990er Jahren wurde die Entwicklung wesentlich uneinheitlicher. Der Suburbanisierungstrend in die Ballungsrandzonen flachte ab und sowohl die Kernstädte als auch der ländliche Raum entwickelten sich uneinheitlich, so dass wachsende, stagnierende und schrumpfende Gemeinden unmittelbar nebeneinander lagen (BLOTEVOGEL, 2006). In Abb. 3.2 ist die demographische Entwicklung der Jahre 1975-1990 und 1990-2005 gegenübergestellt.

Auch wenn der Wanderungsgewinn in Zukunft ähnlich stark sein wird wie in den 1990er Jahren, wird die Einwohnerzahl insgesamt deutlich schrumpfen. Räumlich gesehen wird sich der Trend der letzten Jahre weiter fortsetzen. Dies zeigt auch die Bevölkerungsvorausberechnung des IT.NRW (siehe Abb. 3.3). Zu erkennen ist hier eine Konzentration des Bevölkerungswachstums auf wenige Kernstädte bei gleichzeitigem Bevölkerungsrückgang der übrigen Kernstädte, wobei sich der ländliche Raum uneinheitlich entwickeln wird.

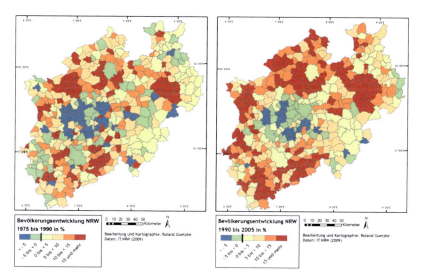

Abbildung 3.2: Bevölkerungsentwicklung in NRW auf Gemeindeebene.
Links: 1975 bis 1990, rechts: 1990 bis 2005.

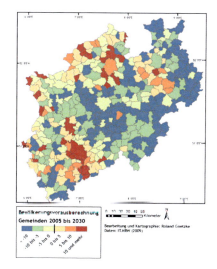

Abbildung 3.3: Bevölkerungsvorausberechnung auf
Gemeindeebene. Veränderung der Gesamtbevölkerung
2008-2025.

3.1.4 Wirtschaftliche Entwicklung

Historische Entwicklung

Über fast 150 Jahre prägte die Industrie NRW, was bis heute die Wahrnehmung NRWs als klassisches Industrieland bestimmt, auch wenn die Verteilung der Erwerbstätigen auf Wirtschaftsbereiche heute weitgehend mit den Gesamtwerten Deutschlands übereinstimmt (MAYR & TEMLITZ, 2006). Mit der einsetzenden Industrialisierung ab 1840 und verstärkt in der industriellen Expansionsphase seit der Reichsgründung 1871 entwickelten sich Zentren des Steinkohlebergbaus und der Hüttenindustrie im Ruhrgebiet, den Regionen Aachen und Ibbenbüren sowie dem Siegerland. Im Ruhrgebiet breitete sich der Steinkohlenabbau nach dem Übergang vom Stollen- in den Tiefbergbau langsam von Süden nach Norden aus. Andere Landesteile wurden von weiteren Industriezweigen geprägt, wie dem Braunkohlebergbau in der Niederrheinischen Bucht oder dem Erzbergbau im Sauer- und Siegerland, der Eifel und dem Wiehengebirge. Die Textilindustrie konzentrierte sich in Aachen, Bielefeld, Minden, im Bergischen Land mit dem Zentrum in Wuppertal sowie am Niederrhein mit den Zentren Krefeld und Mönchengladbach. Maschinen- und Anlagenbau entwickelte sich im Bergischen Land, ebenso wie die Chemische Industrie, die ihren Schwerpunkt später an die Rheinschiene verlagerte. Bis zum Ende des Zweiten Weltkrieges waren diese Industriezweige für NRW prägend. In der Zeit des „Wirtschaftswunders" erlebte vor allem die Schwerindustrie im Ruhrgebiet eine neue Blüte, da ihr beim Wiederaufbau der westdeutschen Wirtschaft eine besondere Bedeutung zukam und mit dafür sorgte, dass NRW das wachstumsstärkste Land der Bundesrepublik wurde. Die wirtschaftlich positive Entwicklung änderte sich seit den 1960er Jahren dramatisch, als Veränderungen auf den Weltmärkten zu Kohle- und Stahlkrisen führten und die Textil- und Bekleidungsindustrie fast völlig einbrachen.

Wirtschaftliche Entwicklung im Ruhrgebiet seit 1960

Im Ruhrgebiet folgte die Deindustrialisierung dem gleichen Weg wie die Industrialisierung, also von Süden nach Norden. Bis in die 1970er Jahre versuchten Bund und Land dieser Entwicklung noch mit Subventionspolitik zu begegnen, was aber nur zum Erhalt längst überkommener Strukturen führte (WEHLING, 2006). Die massiven Arbeitsplatzverluste gingen mit der Abwanderung der

Bevölkerung aus den Kernstädten einher, in denen verstärkt unzureichende Wohn- und Umweltverhältnisse herrschten. Doch auch städtebauliche Programme, die dem entgegenwirken sollten, konnten diese Entwicklung nicht aufhalten. Bis in die 1980er Jahre hinein wurden stillgelegte Industrieflächen entweder sich selbst überlassen oder abgerissen und das Gelände neu bebaut (WEHLING, 2006). Die Städte entlang der Emscher im nördlichen Ruhrgebiet, die bislang wirtschaftlich und demographisch stabil blieben, wurden in den 1980er Jahren ebenfalls von der Deindustrialisierung erfasst. In dieser Zeit wurden mehrere große Schachtanlagen und Hüttenwerke geschlossen. Hierzu zählten die Großschachtanlage Zollverein im Essener Norden und das Hüttenwerk Oberhausen. Mitte der 1990er Jahre gab es im Ruhrgebiet 5.000ha Industriebrachen (WEHLING, 2006). Der Steinkohlebergbau beschäftigte ehemals 500.000 Beschäftigte, heute sind es nicht einmal 40.000. Im Ruhrgebiet existieren noch vier Schachtanlagen, bei Ibbenbüren noch eine. Das Aachener Revier wurde vollständig aufgegeben. Im Jahr 2018 wollen sich Bundes- und Landesregierung vollständig aus dem subventionierten Steinkohlebergbau zurückziehen.

Im Zuge der Deindustrialisierung hat sich im Ruhrgebiet ein drastischer Strukturwandel vollzogen. Waren 1970 noch 60% der Beschäftigten im Ruhrgebiet im produzierenden Gewerbe tätig, sind es heute nur noch 30%; hingegen sind im Dienstleistungssektor heute über 68% der erwerbstätigen Personen beschäftigt (KRAJEWSKI ET AL., 2006). Aktuell (September 2009) liegt die Arbeitslosenquote im Ruhrgebiet bei 11,6% und damit über dem Landesdurchschnitt von 8,9% (BUNDESAGENTUR FÜR ARBEIT, 2009).

In den 1970er Jahren wurde das Problem zwar erkannt und entsprechende Programme aufgelegt, doch hatten diese in der Folge vielfach eine kontraproduktive Wirkung. Hierzu zählten verschiedene Stadtsanierungsmaßnahmen nach dem „Kahlschlag"-Prinzip. Seit den 1990er Jahren haben zahlreiche Initiativen positive Effekte in wirtschaftlicher, sozialer und ökologischer Hinsicht gebracht (KRAJEWSKI ET AL., 2006). Erste Impulse hat in diesem Zusammenhang die Internationale Bauausstellung (IBA) Emscher-Park geliefert, die von 1989 bis 1999 durchgeführt wurde und einen ersten Schritt in Richtung einer industriellen Kulturlandschaft vollzogen hat. Im Zentrum stand der Emscher-Landschaftspark, der die bestehenden regionalen Grünzüge mit den Brachflächen entlang der Emscher und des Rhein-Herne-Kanals verband (vgl. Abb. 3.4). Auch wenn in dieser Zeit viele strukturelle Probleme nicht behoben werden konnten, bildete sich doch ein Bewusstsein hinsichtlich des historischen und kulturellen

Erbes der Region (WEHLING, 2006), was somit Investitionen in Großprojekte wie die „Neue Mitte Oberhausen" erst möglich machte. Das CentrO in der „Neuen Mitte Oberhausen" ist seither das Paradebeispiel einer solchen Investition, wo auf dem brachgefallenen Gelände der Gutehoffnungshütte neben dem Potsdamer Platz in Berlin, das größte deutsche Urban Entertainment Center entstanden ist. Eine negative Auswirkung solcher Maßnahmen ist, dass die Kaufkraft der jährlich mehr als 23 Mio. Besucher des CentrO an anderen Orten wie den Innenstädten von Oberhausen oder Duisburg fehlt (KRAJEWSKI ET AL., 2006). Weitere Beispiele des Strukturwandels im Ruhrgebiet finden sich in Tabelle 3.1.

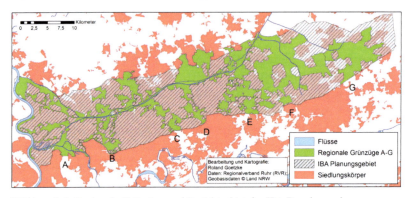

Abbildung 3.4: Regionale Grünzüge und Projektgebiet der IBA Emscherpark.

Tabelle 3.1: Ausgewählte Beispiele des Strukturwandels im Ruhrgebiet

Alte Nutzung	Neue Nutzung
Gussstahlwerk Rheinelbe, Gelsenkirchen (1861-1984)	Wissenschaftspark Rheinelbe (seit 1995)
Hüttenwerk Duisburg-Meiderich (1902-1985)	Landschaftspark Duisburg-Nord (seit 1991)
Gasometer, Oberhausen (1928-1988)	Veranstaltungsraum (seit 1994)
Duisburger Innenhafen (1893-1989)	Dienstleistungspark, gemischte Wohn-, Gewerbe- und Unterhaltungsnutzung (seit 1989) (vgl. Abb. 3.5)
Zeche Nordstern, Gelsenkirchen (1855-1993)	Landschaftspark Nordsternpark (seit 1997)
Zeche und Kokerei Zollverein, Essen (1847-1993)	Industriedenkmal und UNESCO Weltkulturerbe (seit 2001)
Hermannshütte, Dortmund (1839-2001)	Phoenixsee, Freizeitsee (ab 2010)

Abbildung 3.5: Luftbilder dokumentieren die Veränderungen am Duisburger Innenhafen. Links: 1976, Mitte: 1986, Rechts: 1997, die Umgestaltung wird durchgeführt und ein direkter Zugang zum Hafen von der Stadt aus eingerichtet. Quelle: Geobasisdaten © Land NRW.

Aktuelle Entwicklungen in NRW in den Bereichen Industrie, Dienstleistung, Kultur und Verkehr

Auch wenn die Industrie über viele Jahrzehnte hinweg weite Teile NRWs landschaftlich geprägt hat, haben die anderen Wirtschaftssektoren eine nicht minder große Bedeutung. Mittlerweile beschäftigt das produzierende Gewerbe nur noch 24,5% der Erwerbstätigen. Nur 1,4% der Beschäftigten sind in der Land- und Forstwirtschaft tätig. Dennoch prägt der primäre Sektor wie kein anderer das Landschaftsbild. Die Schwerpunkte der landwirtschaftlichen Nutzung liegen im Münsterland, Ostwestfalen-Lippe und der Niederrheinischen Bucht. Rund 44% der gesamten land- und forstwirtschaftlichen Fläche wird zum Getreideanbau genutzt.

Im Dienstleistungssektor arbeiten 47,9% der Beschäftigten[22], was deutlich macht, dass NRW in den letzten Jahrzehnten ein Dienstleistungsland geworden ist (MAYR & TEMLITZ, 2006) und demnach die Aufteilung der Wirtschaftssektoren mit den Gesamtwerten Deutschlands übereinstimmt.

Im Jahr 2008 erwirtschaftete NRW 21,7% des deutschen Bruttoinlandsproduktes. Die wichtigsten Exportprodukte NRW's sind chemische Produkte, Maschinen, Kraftfahrzeuge und -teile sowie Eisen- und Stahlerzeugnisse (MAYR & TEMLITZ, 2006). Von den 30 DAX-Unternehmen haben 10 ihren Stammsitz in NRW, davon alleine vier in Düsseldorf und drei in Bonn. Unter den 10 umsatzstärksten Unternehmen NRWs sind Energiekonzerne (E.ON, RWE, Deutsche BP), Handelskonzerne (Metro, Aldi, Rewe), Telekommunikation & Logistikunternehmen (Deutsche Telekom, Deutsche Post), Stahlkonzerne (ThyssenKrupp),

---

22 Ohne Handel, Gastgewerbe und Verkehr. Quelle: (IT.NRW, 2009)

und Chemiekonzerne (Bayer), die im Jahr 2008 insgesamt einen Umsatz von fast 550 Mrd. Euro machten (OELMANN, 2009).

Auch in den Bereichen Kultur, Wissenschaft und Medien nimmt NRW eine besondere Stellung ein. Das kulturelle Leben spielt sich stärker als in anderen Bundesländern dezentral ab. Im Jahr 2010 ist Essen Europäische Kulturhauptstadt.

Gemäß seiner Stellung als Wirtschaftszentrum existiert eine hervorragende Anbindung an das europäische Verkehrsnetz. Der größte Güter- und Personenverkehr verläuft entlang des Rheins, der die Nordsee (Rotterdam) mit dem Alpenraum (Basel) verbindet. Weitere wichtige Verkehrsachsen verlaufen in Ost-West-Richtung, wie der schon seit römischer Zeit stark frequentierte Hellweg, der entlang der Mittelgebirge verläuft und ursprünglich Aachen mit Goslar (Harz) verband. An dem wichtigen Teilstück zwischen Duisburg und Dortmund bildete sich das Ruhrgebiet. Obwohl NRW das engmaschigste Autobahnnetz Deutschlands besitzt, sind viele Strecken häufig überlastet. Neben dem Autobahnnetz haben auch die Binnenschifffahrt und der Schienenverkehr einen hohen Stellenwert. Weiterhin gibt es in NRW eine Reihe von Verkehrsflughäfen, wobei bei der Anzahl der beförderten Passagiere Düsseldorf deutschlandweit den dritten Platz belegt und Köln/Bonn als Frachtflughafen den zweiten.

Entsprechend der Lage der Hauptwirtschaftszentren innerhalb NRWs verläuft auch die Pendlerbewegung. So haben Düsseldorf, Köln, Bonn, Münster und Essen einen stark positiven Pendlersaldo. Die diese Städte umgebenden Kreise mit deutlicher Wohnsitzfunktion, wie der Rhein-Sieg-Kreis bei Bonn oder die an das Ruhrgebiet angrenzenden Kreise Recklinghausen, Wesel oder Unna verzeichnen einen entsprechend negativen Pendlersaldo. Dies gilt auch für einige vom Strukturwandel betroffenen Orte wie Oberhausen, Bottrop, Gelsenkirchen oder Hamm, deren Einwohner in die attraktiveren Zentren in der unmittelbaren Umgebung (z.B. Düsseldorf, Dortmund, Essen) pendeln (MAYR & TEMLITZ, 2006).

3.2 Änderung der Nutzung, Änderung der Landschaft

3.2.1 Historische Landnutzungsänderungen in der Region des heutigen NRW

Mit der zunehmenden Urbanisierung geht ein Verlust traditioneller Landschaften und damit ein Verlust an Diversität und Identität einher (ANTROP, 2005). Um diese Entwicklung objektiv bewerten zu können, ist es notwendig, die Entstehung der heute vorhandenen Kulturlandschaften nachzuvollziehen. Landschaften haben sich schon immer verändert und ändern sich ständig, denn sie sind ein Ausdruck der dynamischen Interaktion zwischen den natürlichen und kulturellen Antriebskräften (ANTROP, 2005). Der Landnutzungs- und Landbedeckungswandel in Mitteleuropa – und damit auch in NRW – hat eine lange historische Dimension. Der als potenzielle natürliche Vegetation vorherrschende Buchenwald war lange Zeit die dominierende Landbedeckung, vor allem in den Mittelgebirgen. Daran änderte auch der Einzug des Ackerbaus während der Bandkeramikkultur um 5500 v. Chr. nichts. Doch ist auch ein Buchenwald kein Zustand, sondern natürlicherweise ständigen Wandlungen unterworfen (KÜSTER, 2003). Um die Zeitenwende entstanden im römischen Teil Germaniens im Zusammenhang mit den ersten Stadtgründungen größere Rodungen. Einmal für den Ackerbau gerodete Flächen wurden in der Regel nicht mehr aufgegeben (KÜSTER, 2003). Viele Siedlungen im Gebiet westlich des Rheins gehen auf römische Gründungen zurück. So wurden zwischen 19 und 12 v. Chr. entlang des Rhein große Legionslager errichtet, in deren unmittelbarer Nähe sich Städte bildeten, die bis heute ununterbrochen Bestand haben[23]. Nach dem Ende der Völkerwanderung breiteten sich agrarische Nutzungsformen und damit einhergehend eine immer stärkere Entwaldung in Mitteleuropa aus (SYRBE ET AL., 2002), was dazu führte, dass sich zwischen 500 und 1300 n. Chr. die Wald- und Sumpfflächen in Mitteleuropa halbierten. Dieser Prozess wurde seit dem 8. Jahrhundert von einem starken Bevölkerungswachstum angetrieben, das die europäische Bevölkerung bis ins 13. Jahrhundert von 18 auf 75,5 Millionen steigen ließ (WILLIAMS, 2006). Der Entwaldungsprozess kam abrupt zum Erliegen, als die Pest zwischen 1347 und 1353 ganz Europa heimsuchte und 25 Millionen Todesopfer forderte. In der Folge wurden bis zu einem Viertel aller Siedlungen aufgegeben und der Wald kehrte auf zuvor landwirtschaftlich genutzte Flächen

---

23 Z.B. Köln, Bonn, Neuss

zurück (WILLIAMS, 2006). In den darauf folgenden Jahrhunderten wurden die regenerierten Wälder wieder gerodet, wobei sich diese Entwicklung aufgrund zahlreicher kriegerischer Auseinandersetzungen, wie dem 30-jährigen Krieg, langsamer vollzog als im Hochmittelalter. Mit dem Einsetzen der Industrialisierung Mitte des 19. Jahrhunderts wurde die bisher vorwiegend extensive Entwicklung durch intensivere Produktionsweisen abgelöst (SYRBE ET AL., 2002). Die Ausweitung und Intensivierung landwirtschaftlicher Nutzflächen wurde begleitet von einem starken Siedlungswachstum. Besonders in den Kernzentren der industriellen Revolution, wie dem Ruhrgebiet, wuchsen nicht nur die Städte rasant und generierten einen großen Bedarf an Nahrungsmitteln aus dem Umland, die Verstädterung erfasste auch ehemals ländlich geprägte Gebiete.

In den Jahrhunderten vom frühen Mittelalter bis in die Neuzeit hinein war die Landwirtschaft die treibende landschaftsverändernde Kraft. Dabei folgten auf Phasen der Expansion immer wieder Phasen der Kontraktion. In der derzeitigen Kontraktionsphase ist die Landwirtschaft durch die Urbanisierung als treibende Kraft des Landnutzungswandels abgelöst worden. Der Rückgang landwirtschaftlicher Fläche wird sich europaweit fortsetzen (KLIJN, 2004), wobei vor allem der Anteil an Grünland im Verhältnis zu Ackerland stark rückläufig sein wird (PARRIS, 2004). Die Zukunft der europäischen Landwirtschaft wird dabei in den folgenden Optionen beruhen (nach KLIJN, (2004)):

* Brachlegung in weniger begünstigten Gebieten
* Vergrößerung (größere landwirtschaftliche Betriebe, größere Parzellen)
* Extensivierung (weniger Einsatz von Kapital, Arbeit, Energie in marginalen Räumen)
* Intensivierung (in begünstigten Gebieten)
* Diversifizierung (zusätzliches Einkommen aus Quellen wie Tourismus, Naturschutz, etc.)

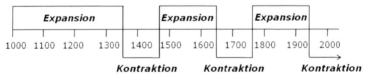

Abbildung 3.6: Expansion und Kontraktion von Kulturland in Europa.
Quelle: KLIJN (2004).

Einhergehend mit den teilweise verheerenden Veränderungen von Landschaften während der Industriellen Revolution bildete sich ausgehend von der Romantik eine Art Bewusstsein für landschaftliche Schönheit, die in der Ausweisung erster Schutzgebiete mündete. In dieser Zeit stand die Bewahrung von Naturdenkmälern im Vordergrund. So wurde 1923 das Siebengebirge bei Bonn das erste Naturschutzgebiet Deutschlands. Erst in der zweiten Hälfte des 20. Jahrhunderts rückten ökologische Aspekte bei der Ausweisung von Schutzgebieten in den Vordergrund (ANTROP, 2005). Seit Ende des 20. Jahrhunderts wird die Landschaft wieder unter holistischen Aspekten betrachtet, wie es auch in der Europäischen Landschaftskonvention des Europarats nachzulesen ist: Landschaft bedeutet *„ein vom Menschen als solches wahrgenommenes Gebiet, dessen Charakter das Ergebnis des Wirkens und Zusammenwirkens natürlicher und/oder anthropogener Faktoren ist"* (EUROPARAT, 2000, Kap. I, Art. 1a).

Das heutige Städtemuster entstand ausgehend von römischen, mittelalterlichen und frühneuzeitlichen Stadtgründungen, von denen aus die sie umgebenden mehr oder weniger großen Territorien verwaltet und wirtschaftlich beeinflusst wurden. Diese Städte entstanden laut gängiger Theorien an Wasserläufen, Handelsrouten und an strategisch oder religiös bedeutenden Orten (vgl. PACIONE (2009)). Seit dem ausgehenden 18. Jhdt. wurden mit einsetzender Industrialisierung und dem damit verbundenen Bevölkerungsanstieg zunehmend die Befestigungsanlagen der Städte geschleift und Flächen außerhalb der Stadtmauern in Anspruch genommen (vgl. Abbildung 3.7). In der „Gründerzeit" (etwa 1870-1910) entstanden außerhalb der dicht besiedelten Kernstädte sowohl großzügig

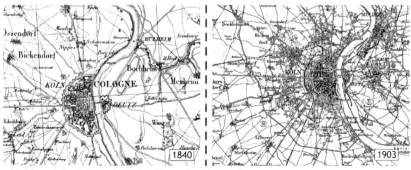

Abbildung 3.7: Historische Entwicklung der Stadt Köln.
links: Französische Karte der Rheinlande 1816-1840; rechts: Karte des Deutschen Reiches 1868-1903. Quelle: GEOBasis NRW.

angelegt grüne Villenviertel für das wohlhabende Bürgertum, als auch mehrge-
schossige Mietskasernen für die unteren Bevölkerungsschichten mit oft
schlechten Wohnverhältnissen und häufig mit gemischter Gewerbenutzung.
Ende des 19. Jahrhunderts setzten erste Suburbanisierungstendenzen ein (MAINZ,
2005), in deren Verlauf den Städten vorgelagerte Dörfer in diese integriert
wurden.

In den 1920er und 30er Jahren wurde der Bau von Mietskasernen durch den
genossenschaftlichen Wohnungsbau ersetzt, wodurch neue Siedlungskomplexe
mit Blockrandbebauung entstanden. Vereinzelt entstanden auch Gartenstädte als
Gegenmodell zu den vorherrschenden Mietskasernen[24]. In dieser Zeit wurden
erste detaillierte Bebauungspläne aufgestellt und eine Rechtsgrundlage für die
Bauleitplanung geschaffen. Hierdurch wurde das unkontrollierte Wachstum der
Städte eingedämmt und die funktionale Trennung von Wohn- und Gewerbegebieten eingeleitet.

3.2.2 Urbanisierung und Landnutzungswandel in NRW seit 1950 und aktuelle Tendenzen

Durch die starken Zerstörungen während des Zweiten Weltkrieges hatten die
deutschen Großstädte die Hälfte, die Mittelstädte ein drittel und die Kleinstädte
ein viertel aller Wohnungen eingebüßt (HEINEBERG, 2006). Stark in Mitleiden-
schaft gezogen wurden vor allem die innenstadtnahen Bereiche. In der Folge
hatte bis Mitte der 1950er Jahre die Wohnraumbeschaffung oberste Priorität,
wozu neben dem Wiederaufbau und Umbau vor allem der Neubau von Sozial-
wohnungen gehörte. Diese entstanden meist als einfache Mietshäuser in offener
Zeilenbauweise (HEINEBERG, 2006) und folgten damit dem Leitbild der „geglie-
derten und aufgelockerten Stadt". Seit Mitte der 1950er Jahre wurde vermehrt
der Neubau von Eigenheimen gefördert.

1960 trat das Bundesbaugesetz in Kraft und damit erstmals ein einheitlicher
rechtlicher Rahmen der Stadtplanung. Mit der Einführung der Bauleitplanung
standen nun zwei Planungskategorien zur Verfügung: der Flächennutzungsplan,
der die beabsichtigte städtebauliche Entwicklung der Gemeinden regelt und der
Bebauungsplan, der die konkrete Bebauung und Nutzung der parzellierten
Grundstücke rechtsverbindlich festsetzt. Seit 1960 gewann auch die Entwick-

---

24 Z.B. Margarethenhöhe in Essen, Teutoburgia in Herne.

lung der Bodenpreise deutlich an Dynamik (vgl. HEINEBERG (2006)). Vor allem in den Innenstädten kam es dadurch zur Verdrängung von Wohnnutzung und kleinen Gewerbebetrieben zugunsten profitabler Geschäfts- und Büronutzung[25]. In diesem Zusammenhang stieg der Bebauungsdruck auf die Randzonen der Städte und mehr und mehr landwirtschaftlich genutzte Flächen wurden in Wohn- und Gewerbegebiete umgewandelt. Dieser Suburbanisierungsprozess wurde durch die sich schnell entwickelnde private Motorisierung beschleunigt. Als Gegenbewegung zur flächenhaften Wohnbebauung im suburbanen Raum wurden Ende der 1960er bis Ende der 70er Jahre zahlreiche Großwohnsied- lungen in den Randbereichen der größeren Städte angelegt[26]. Mit der Zeit wurde die Bauweise dieser Siedlungen immer dichter und höher. In vielen Fällen entwickelten sich diese Großwohnsiedlungen in der Folge zu sozialen Brenn- punkten. Der suburbane Raum setzte sich nun sowohl aus kompakten Stadter- weiterungen als auch aus aufgelockerten Einfamilienhausgebieten zusammen. Die stark gewachsenen Umlandgemeinden der Kernstädte waren wirtschaftlich eng mit diesen verflochten und fungierten in der Folge oft als reine „Schlaf- städte".

Die Abwanderung von Bevölkerung und Gewerbe in die Stadtrandgebiete und die daraus resultierende Vernachlässigung der Innenstädte führte zusammen mit den steigenden Pendlerkosten aufgrund gestiegener Kraftstoffpreise in den 1970er Jahren zu einem Umdenken und zur Rückbesinnung auf städtische Qualitäten (BBR, 2000). Dem folgte einerseits die Revitalisierung von Altbau- quartieren und andererseits die „Kahlschlagsanierung" mit dem gänzlichen Abriss historischer Stadtstrukturen und flächenhafter Modernisierung. Der Stadterweiterung der 1960er Jahre folgte in den 70er Jahren eine Phase der Stadterneuerung. Zusätzlich sollte die kommunale Gebietsreform der 70er Jahre die bestehende Siedlungshierarchie erhalten, doch stattdessen ging die Suburba- nisierung unvermindert weiter (MAINZ, 2005).

In den 1980er Jahren änderte sich im Zusammenhang mit dem tiefgreifenden Strukturwandel und der stagnierenden Bevölkerungsentwicklung die Wohnungs- politik. Neben erhaltender Stadterneuerung wurde vor allem die Errichtung neuer Eigenheime gefördert, meist in Form zwei- bis dreigeschossiger Reihen- häuser auf kleinen Parzellen.

---

25 Prozess der Cityentwicklung (vgl. HEINEBERG (2006)).
26 Z.B. Düsseldorf-Garath, Köln-Chorweiler, Dortmund-Scharnhorst-Ost, etc.

Abbildung 3.8: Beispiele aktueller Neubaugebiete (2010).
A: neue Eigenheimsiedlung in Rheinbach-Flerzheim; B:
Erweiterung eines Gewerbegebietes in Meckenheim

Die dominierende Leitorientierungen im Städtebau seit den 1990er Jahre sind die nachhaltige Stadtentwicklung (BBR, 2000) und das Leitbild der kompakten Stadt. Damit wird noch mehr Wert auf den Stadtumbau gelegt, wozu vor allem auch die Umnutzung brachgefallener Flächen anderer Nutzung in den Innenstadtgebieten zählt. Nichtsdestotrotz schritt auch in den 1990er und 2000er Jahren die Zersiedelung des Stadtumlandes fort, insbesondere durch flächenintensive Eigenheime und den Neubau von Gewerbegebieten auf der „grünen Wiese" (siehe Abbildung 3.8).

Der Zuwachs an Siedlungsfläche ist mittlerweile entkoppelt von der Bevölkerungsentwicklung (vgl. Abbildung 3.9), welche in vielen Gemeinden NRWs mit Siedlungsflächenzuwachs rückläufig ist (MUNLV NRW, 2009). Die Ausweitung der Siedlungs- und Verkehrsflächen erfolgt zum allergrößten Teil auf Kosten landwirtschaftlich genutzter Flächen (UBA, 2003). In NRW werden derzeit täglich 15ha Freiraum für Siedlungs- und Verkehrszwecke neu in Anspruch genommen (MUNLV NRW, 2009). Hiervon können etwa 50% als versiegelt angenommen werden. Die Flächeninanspruchnahme durch Siedlungs- und Verkehrsflächen ist konjunkturellen Schwankungen unterworfen. So lag sie im Jahr 2000 deutschlandweit bei 129ha/Tag, 2003 bei 99ha/Tag, 2004 bei 131ha/Tag und 2008 bei 95ha/Tag.

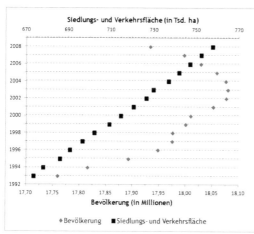

Abbildung 3.9: Verhältnis der Bevölkerungsentwicklung zum Anteil der Siedlungs- und Verkehrsflächen in NRW 1993-2008

Die Gründe für die unverminderte Ausdehnung der Siedlungsflächen trotz stagnierender Bevölkerungszahlen sind vielfältig, sind aber zum einen am vorherrschenden „Lifestyle" festzumachen, der sich konkret im Eigenheim im Grünen, dem Arbeiten in der Stadt und einer PKW-orientierten Mobilität manifestiert. Dieses häufig verwendete Bild sollte jedoch differenziert betrachtet werden, da durchaus innenstadtnahe Wohnstandorte interessant sein können, wenn Faktoren wie Verfügbarkeit, Kosten und nahräumliche Ausstattungsqualitäten stimmen (BMVBS & BBSR, 2009). Zum anderen ist die aufgrund schwieriger Haushaltslagen der Kommunen zunehmende Konkurrenz um Arbeitsplätze und damit Steuereinnahmen zu nennen, die zur Ausweisung flächenintensiver Gewerbegebiete führt.

Neue Gewerbegebiete entstehen sowohl im suburbanen Raum, als auch an den Rändern von Klein- und Mittelstädten sowie auf Freiflächen in innerstädtischen Gebieten. Für ihre Entstehung bzw. ihren Ausbau ist eine gute Verkehrsanbindung wichtig, weshalb zahlreiche neue Gewerbegebiete in unmittelbarer Nähe von Autobahnkreuzen entstehen und zudem teilweise an das Schienennetz angebunden werden. Vor allem verkehrstechnisch gut erschlossene Gebiete am Rand der Metropolregion Rhein-Ruhr zeigen gute Voraussetzungen für die Ansiedlung von Firmen in neuen Gewerbegebieten (RAMME & WEHLING, 2006).

In einigen Regionen finden neben Wachstums- auch Schrumpfungsprozesse statt. Hiermit ist nicht der Rückgang der Einwohnerzahlen oder der Arbeitsplätze, sondern der Rückgang versiegelter Fläche gemeint. Vor allem im Ruhrgebiet sind es vormals stark versiegelte alte Industrieflächen, die brach fallen. Der Aufgabe einer Industrieanlage folgt meist ein jahrelanger Leerstand, bis mit dem gezielten Abbau der Anlagen begonnen wird. Entsprechend erfolgt eine Entsiegelung der Fläche erst mit großer zeitlicher Verzögerung zur eigentlichen Aufgabe der Nutzung. Zwei Beispiele für Industriebrachen im Ruhrgebiet sind anhand von Orthophotos in Abbildung 3.10 dargestellt.

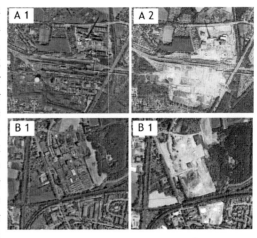

Abbildung 3.10: Beispiele für die Umwandlung einer Industrieanlage in eine Industriebrache im Ruhrgebiet anhand von Orthophotos.
A 1: Kokerei Hassel in Gelsenkirchen 1988; A 2: gleiche Fläche 2009 (Stillegung 2000, Abbruch 2002);
B 1: Zeche Blumenthal/Haard in Recklinghausen 1988, B 2: gleiche Fläche 2009 (Stillegung 2001).
Quelle: © GEOBasis NRW.

Trotz dieser Schrumpfungstendenzen gab es in NRW zwischen 1993 und 2008 mit Ausnahme der Gemeinden im Rheinischen Braunkohlerevier keine Netto-Schrumpfung der Siedlungs und Verkehrsfläche[27] (IT.NRW, 2009). In einigen Gemeinden finden hingegen Wachstum und Schrumpfung parallel statt. Betrachtet man die bestehenden Siedlungskörper, findet innerhalb dieser Flächen einerseits eine Nachverdichtung statt, bei der es sich um das Schließen von Baulücken und Freiflächen sowie um Flächenrecycling handelt (MUNLV NRW, 2006a) und andererseits eine Ausdünnung, bzw. Perforation (SIEDENTOP & FINA, 2008). Abbildung 3.11 illustriert die unterschiedlichen Veränderungen innerhalb städtischer Siedlungskörper am Beispiel des Kölner Stadtteils Bilderstöckchen.

---

27 Diese Aussage bezieht sich auf die ATKIS-Kategorie Siedlungs- und Verkehrsfläche, nicht auf den tatsächlichen Grad der Bodenversiegelung.

Abbildung 3.11: Veränderung innerstädtischer Siedlungsstruktur am Beispiel Kölns.
Dargestellt sind Veränderungen, die sich in dem Kölner Stadtteil Bilderstöckchen seit
1994 vollzogen haben. Gelb: Neubauten im Zuge einer Nachverdichtung; Blau: Abriss;
Rot: Flächenrecycling durch Neubau von Wohnbebauung auf ehemaligem
Gewerbegrundstück. Quelle: GEOBasis NRW.

MAINZ (2005) identifiziert für NRW fünf aktuelle Siedlungsentwicklungstrends, die sich häufig nebeneinander beobachten lassen, so dass eine gemeindescharfe Zuordnung schwer möglich ist:

- *Klassische Suburbanisierung*: Bevölkerungszunahme, Zunahme Siedlungsflächenanteil, hoher Anteil Ein- und Zweifamilienhäuser, geringe Beschäftigungsentwicklung, hoher Auspendleranteil. Vor allem im Umland stark wachsender, aber auch stagnierender Kernstädte (z.B. Münster, Paderborn, Außenbereiche der Metropolregion Rhein-Ruhr).

- *Polyzentrische Ausbreitungstendenzen*: überdurchschnittliche Beschäftigungsentwicklung, geringe Bevölkerungsentwicklung, Zunahme Siedlungsflächenanteil. Im Umfeld wachsender Kernstädte (z.B. Dortmund, Münster, Rheinschiene).

- *Disperse Ausbreitungstendenzen*: unterdurchschnittliche Beschäftigungs- und Bevölkerungsentwicklung, geringe Zuwanderung und Siedlungsflächenentwicklung, hoher Selbstversorgungsgrad und starke interdependente Verflechtung mit Kernstädten. Im Umfeld stagnierender und schrumpfender Kernstädte (z.B. Ruhrgebiet, Wuppertal, Hagen).

- *Monozentrisches Wachstum*: Bevölkerungs- und Beschäftigungs-wachstum konzentriert sich auf zentrale Städte, Funktionale Abhängig-keit der Umlandgemeinden (z.B. Siegen, Kleve, Minden).
- *Verländlichung*: unterdurchschnittliche Bevölkerungs-, Beschäftigungs- und Flächenentwicklung. Im dezentralen ländlichen Raum ohne Anschluss an Stadtregion (z.B. Bereiche von Eifel, Sauerland und Ostwestfalen)

Abgesehen von den genannten Siedlungsentwicklungstrends sieht MAINZ (2005) Anzeichen für eine sich verstärkende Ausbreitungsorientierung, was sich in einer anhaltenden Dekonzentration der Bevölkerung, der dezentralen Konzentra-tion von Arbeitsplätzen, der Bildung polyzentrischer Stadtlandschaften und einer anhaltenden sozialen Entmischung manifestiert.

Ein besonderes Thema im Problemfeld der Flächeninanspruchnahme in NRW ist der Braunkohletagebau. Auch wenn der Braunkohletagebau im Verhältnis zur Gesamtfläche NRWs eine vergleichsweise geringe Fläche einnimmt, so hat er doch enorme landschaftliche, ökologische und soziale Umwälzungen in der unmittelbaren Umgebung zur Folge[28]. Die Eingriffe des Braunkohletagebaus ins Landschaftsbild des Rheinischen Braunkohlereviers, dem größten Braunkohlere-vier Europas, sind massiv. Vor allem landwirtschaftliche Nutzflächen fallen dem Tagebau zum Opfer, aber auch Wälder[29] und ganze Ortschaften. Insgesamt mussten bzw. müssen fast 50 Ortschaften dem Braunkohletagebau weichen.

In Teilen ist dieser Eingriff reversibel, da auf den Abbau Rekultivierungsmaß-nahmen folgen. Vielfach ist die Landschaft nach erfolgter Rekultivierung aber eine andere als zuvor. So werden ehemaligen Tagebaugebiete häufig in Erho-lungsgebiete mit Wäldern und Tagebaurestseen umgestaltet. Mit den Abraum-halden entstehen künstliche Erhebungen, die wie die Sophienhöhe am Tagebau Hambach (302 m) weithin sichtbar sind. Durch das Auffüllen der Tagebaurestlö-cher durch Abraummaterial lässt sich das Abbaugebiet in der Folge vielfach wieder landwirtschaftlich nutzen. Dort wo die Tagebaurestlöcher zu groß sind, ist die Flutung durch Grundwasser oder durch Wasser aus nahegelegenen Flüssen oft die einfachste Möglichkeit der Folgenutzung. Im Tagebau Inden wird ab 2035 der größte See NRW's entstehen. Sollte der Tagebau Hambach

---

28 In kleinerem Umfang verhält sich dies ähnlich bei anderen im Tagebau abgebauten Rohstoffen wie dem Quarz- oder Erzabbau.

29 Der Hambacher Forst im Rhein-Erft Kreis und Kreis Düren mit einer Fläche von 5.500 ha wurde seit 1978 fast vollständig gerodet.

ebenfalls geflutet werden wie es derzeit laut Gebietsentwicklungsplan vorgesehen ist, wird dort nach dem Bodensee der zweitgrößte See Deutschlands entstehen. Insgesamt sind die landschaftlichen Umwälzungen in dieser Region NRWs gewaltig und nicht mit anderen Landnutzungsänderungen zu vergleichen.

Neben der Ausdehnung der Siedlungsflächen ist eine Ausweitung der Waldflächen zu beobachten (IT.NRW, 2009). Die beiden Landnutzungstypen Siedlung und Wald wachsen vor allem zu Lasten landwirtschaftlicher Fläche, wobei das Grünland stärker betroffen ist als die Ackerflächen. So beschreibt PARRIS (2004), dass das Grünland in der EU im Verhältnis zu Feldfrüchten bis 2020 weiter abnehmen wird und führt dies unter anderem auf die Reduzierung des EU-weiten Rinderbestandes zurück. Zudem werden im Zuge der Förderung erneuerbarer Energien vermehrt Grünlandflächen zugunsten von Mais umgebrochen, der vor allem als Substrat in Biogasanlagen Verwendung findet (BfN, 2008b). Der Rückgang von Grünland zu Gunsten von Wald ist einerseits auf die Wiederbewaldung in Form ungelenkter Sukzession auf Grenzstandorten in den Mittelgebirgen zurückzuführen (BfN, 2008b). Zum anderen handelt es sich um Wiederaufforstungen, für die die EU gezielt Investitionsbeihilfen gewährt. Innerhalb der Wälder ist zudem vielerorts ein gezielter Umbau von gleichaltrigen Fichtenreinbeständen in laubholzreiche Mischwälder zu beobachten (vgl. MUNLV NRW (2009)).

4 Fernerkundungsgestütztes Monitoring von Landnutzungsänderungen in NRW

Um Landnutzungsänderungen modellieren zu können, ist es notwendig die räumliche Verteilung der Landnutzung flächendeckend zu mindestens zwei Zeitpunkten zu kennen. Diese Zeitpunkte müssen in ausreichendem zeitlichen Abstand zueinander liegen. Da in dieser Arbeit räumlich explizite Landnutzungsmodelle verwendet werden (siehe Kapitel 2.5), sind aggregierte Daten (z.B. auf Kreis- oder Gemeindeebene) nicht ausreichend. Die Landnutzungsdaten müssen in einer kontinuierlichen Repräsentation wie einem Raster in Form diskreter Landnutzungsklassen vorliegen. Wie in Kapitel 2.3 beschrieben, bietet die Fernerkundung in diesem Zusammenhang die beste Möglichkeit zur Datenerfassung. In dieser Arbeit wurden die im Rahmen des Projektes „Visualisierung von Landnutzung und Flächenverbrauch in Nordrhein-Westfalen mittels Satelliten- und Luftbildern" (NRWPro) erstellten Klassifikationsprodukte genutzt und weiterverarbeitet. Diese umfassen Landnutzungsklassifikationen der Jahre 1975, 1984, 2001 und 2005. Im folgenden Kapitel werden zunächst die zugrundeliegenden Satellitendaten vorgestellt. Im Anschluss folgt die Beschreibung der Vorverarbeitungsschritte dieser Daten, die für die Zeitschnitte 1975, 1984 und 2001 im Rahmen des NRWPro-Projektes und für den Zeitschnitt 2005 im Rahmen dieser Arbeit durchgeführt wurden. Daraufhin wird die Klassifikation der Daten, die Anpassung des Klassifikationsschemas für den Zeitschnitt 2005 und die Verbesserung der Klassifikationsprodukte für die Jahre 1975, 1984 und 2001 beschrieben.

4.1 Verwendete Fernerkundungsdaten

Als Grundlage für die Klassifikation der Landbedeckung/-nutzung in NRW dienten Aufnahmen der amerikanischen LANDSAT-Satelliten (siehe (NASA, 2010)). Für die vier Zeitschnitte 1975, 1984, 2001 und 2005 waren komplett wolkenfreie Aufnahmen für ganz NRW verfügbar. Um das gesamte Bundesland mit LANDSAT-Daten zu erfassen, waren für jeden Zeitschnitt 4-6 Szenen notwendig (siehe Abbildung 4.1). Entsprechend setzt sich ein Zeitschnitt aus mehreren zu unterschiedlichen Zeitpunkten im Jahr aufgenommenen Einzelszenen zusammen. Diese Tatsache, sowie die unterschiedliche Lagegenauigkeit und Radiometrie der vom Datenprovider gelieferten Daten machten eine umfangreiche Vorverarbeitung der Satellitenbilder notwendig. Eine Übersicht der verwendet Szenen findet sich in Tabelle 4.2.

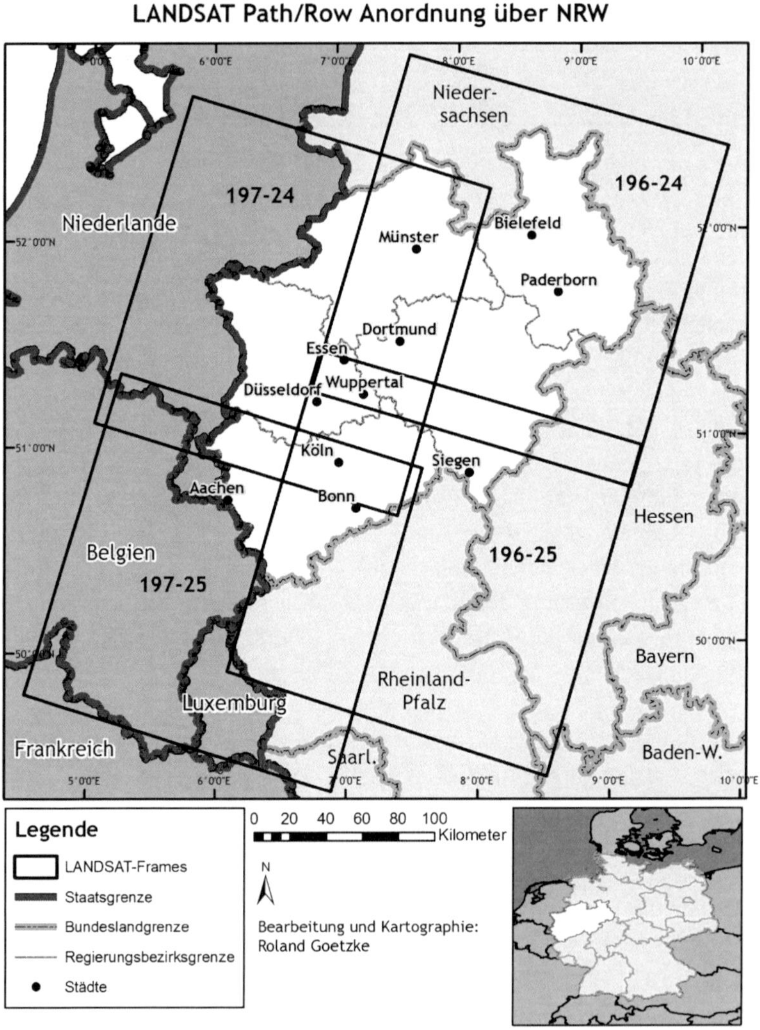

Abbildung 4.1: LANDSAT Path/Row Anordnung über NRW.

Tabelle 4.1: Verwendete Landsat-Daten

Sensor, Path/Row	196-23	196-24	196-25	197-24	197-25
1975: Landsat MSS	10.08.1975[a]	10.08.1975[b]	10.08.1975[b]	29.08.1975[c] 30.08.1975[d]	29.08.1975[e]
1984: Landsat-5 TM	25.04.1984	25.04.1984	25.04.1984	22.08.1984	22.08.1984
2001: Landsat-7 ETM+	05.07.2001	05.07.2001	05.07.2001	25.05.2001	26.06.2001
2005: Landsat-5 TM	03.04.2005[f]	03.04.2005	03.04.2005	28.05.2005	28.05.2005

[a] MSS Path/Row 211-23; [b] MSS Path/Row 211-24; [c] MSS Path/Row 212-24; [d] MSS Path/Row 213-24;
[e] MSS Path/Row 212-25; [f] keine eigene Szene, 196-24 wurde so weit nach Norden verschoben, dass die Abdeckung gewährleistet werden konnte.

Neben den LANDSAT-Daten wurden für bestimmte Verarbeitungsschritte, die in Kapitel 4.3.3 näher erläutert werden, eine Quickbird-Szene mit einer Auflösung von 2,4 m in den multispektralen Kanälen und 60 cm im panchromatischen Kanal sowie Orthofotos mit einer räumlichen Auflösung von 31 cm verwendet.

4.2 Datenvorverarbeitung

Die Datenvorverarbeitung beinhaltete die geometrische und radiometrische Korrektur der Satellitendaten. Für die Datensätze 1975 bis 2001 wurde dies im NRWPro-Projekt durchgeführt, der 2005er Datensatz wurde im Rahmen dieser Arbeit bearbeitet.

Die **geometrische Korrektur** der Daten erfolgte, indem für jeden Path/Row (vgl. Abbildung 4.1) eine Masterszene auf das ATKIS Straßennetz mit einem polynomischen Verfahren georeferenziert wurde. Alle weiteren Aufnahmen wurden auf diese Szene koregistriert. Dabei wurde eine Genauigkeit von ca. 0,5 RMS (*Root Mean Square Error*) gewährleistet. Als Referenzsystem für alle in dieser Arbeit verwendeten Daten wurde eine Transverse Mercator Projektion gewählt, die derzeit noch der amtlich in Deutschland verwendeten Gauß-Krüger Projektion entspricht[30] (vgl. Tabelle 6.1). Beim Resampling der Daten auf einheitlich 30m wurde das *Nearest Neighbor Verfahren* eingesetzt[31]. Die niedrige Auflösung der MSS-Daten musste bei der Vorverarbeitung und natürlich bei

---

30 Zurzeit stellen die Vermessungs- und Katasterverwaltungen ihr Bezugssystem auf das europaweit einheitliche ERTS89 um.

31 Beim Nearest-Neighbor-Verfahren bleibt die spektrale Information der Pixel nicht unverändert. Es kommt jedoch zu einem leichten Lage-Versatz, der bei anderen Resampling-Verfahren geringer ausfällt, bei denen jedoch die spektrale Information der Pixel verändert wird (siehe RICHARDS & JIA (2006)).

79

der folgenden Klassifikation berücksichtigt werden, da sie zu einer Unterschätzung fragmentierter Klassen[32] im 1975er Datensatz führt. Das Problem der unterschiedlichen geometrischen Auflösungen in längeren Zeitreihen aus Satellitendaten wird auch in anderen Arbeiten beschrieben (vgl. HAACK ET AL. (1987); YANG & LO (2002)).

Tabelle 4.2: Verwendete Projektion

Projektion	Transverse Mercator
Spheroid	Bessel
Datum	Potsdam
Maßstabsfaktor	1
Länge des Zentralmeridians	6:00:00.000 E
Breite der Ursprungsprojektion	0:00:00.000 N
Abweichung Richtung Osten	2500000.000 m
Abweichung Richtung Norden	0.000 m

Da die Satellitendaten nicht nur in unterschiedlichen Jahren, sondern auch innerhalb eines Jahres an unterschiedlichen Daten aufgenommen wurden, war eine **radiometrische Korrektur** notwendig, um atmosphärische Störungen und die Auswirkungen unterschiedlicher Sonnenstände zu eliminieren. Hierfür wurde zunächst mit dem im Softwarepaket ERDAS Imagine implementierten ATCOR-2 (RICHTER, 1996) für eine „Master"-Szene (2001) der Einfluss der Atmosphäre und des Sonnenstandes korrigiert. Für alle anderen Szenen wurde anhand dieser „Master"-Szene eine relative radiometrische Normalisierung durchgeführt (YANG & LO, 2000; SONG ET AL., 2001). Die Daten der Zeitschnitte 1975, 1984 und 2001 wurden im NRWPro-Projekt mit einem einfachen Regressionsverfahren korrigiert (SCHÖTTKER ET AL., 2004; OVER ET AL., 2006). Für die radiometrische Korrektur der Landsat-TM-Daten von 2005 wurde die *Iteratively Reweighted Multivariate Alteration Detection* (IR-MAD) Transformation verwendet, die automatisiert nach pseudoinvarianten Features in Bildern unterschiedlicher Aufnahmezeitpunkte sucht und die Daten mit einer linearen Regression angleicht (NIELSEN ET AL., 1998; CANTY ET AL., 2004; CANTY & NIELSEN, 2006; CANTY, 2007).

Aufbauend auf den geometrisch und radiometrisch korrigierten Daten wurden für die folgende Klassifikation künstliche Kanäle generiert, wie der *Normalized*

---

32 z.B. kleine Siedlungskörper, Straßen

Difference Vegetation Index (NDVI), die ersten drei Hauptkomponenten (PC), sowie der *Tasseled Cap Index* (TC) (siehe CRIST & KAUTH (1986)).

4.3 Klassifikation der LANDSAT-Daten

4.3.1 Klassifikation der Zeitschnitte von 1975, 1984 und 2001

Zur Extraktion der thematischen Informationen aus den multispektralen LAND-SAT-Daten wurde im Rahmen des NRWPro-Projektes ein Verfahren aus wissensbasierten Ansätzen mit der in der digitalen Bildverarbeitung häufig verwendeten *Maximum-Likelihood-Klassifikation* (MLK) kombiniert. Jeder der drei Zeitschnitte wurde separat klassifiziert. Für die Klassifikation des 2001er Datensatzes standen umfangreiche Trainingsdaten zur Verfügung, die in einer Feldkampagne im Rahmen des NRWPro-Projektes im Sommer 2002 erhoben wurden (vgl. OVER ET AL. (2006)). Die Klassifikationen von 1975 und 1984 wurden ohne Referenzdaten aus dem Gelände durchgeführt. Die Trainingsdaten für diese beiden Klassifikationen wurden durch Interpretation aus den Satellitendaten ermittelt. Bekannten Schwierigkeiten bei der Klassifikation von multispektralen Satellitendaten, wie die Trennung von trockenem offenen Boden und versiegelten Flächen (vgl. WARD ET AL. (2000a)), wurde mit der Hinzunahme von Zusatzinformationen aus einer objektbasierten Klassifikation eines Mineral-Indexes und ATKIS-Daten begegnet. Eine ausführliche Beschreibung des Klassifikationsschemas findet sich bei SCHÖTTKER ET AL. (2004).

Es zeigte sich, dass trotz eines aufwändigen Klassifikationsverfahrens noch eine manuelle Überprüfung und Nachbearbeitung der Ergebnisse vorgenommen werden musste, um die geforderte Klassifikationsgenauigkeit von > 90% zu erreichen. Weitere Informationen über die Anzahl der Trainingsdaten zur Klassifikation der LANDSAT-Daten, sowie über die Genauigkeit der Klassifikation finden sich bei SCHÖTTKER ET AL. (2004) und OVER ET AL. (2006).

Tabelle 4.3: Klassifikationsschlüssel

	Klasse	Farbe	Beschreibung
	Landbedeckung mit Bezug zur Flächeninanspruchnahme		
	Bebaute Flächen		
1	Hoher Versiegelungsgrad		Flächenversiegelung > 80%
2	Mittlerer Versiegelungsgrad		Flächenversiegelung 40-80%
3	Geringer Versiegelungsgrad		Flächenversiegelung < 40%
	Besondere Nutzung		
4	Tagebau		Braunkohletagebau
5	Abbauflächen, Kiesgruben & Baustellen		Abbauflächen, Kiesgruben & Baustellen (auch Deponien und Abraumhalden)
6	Truppenübungsplätze		Gemischte Landbedeckung, meist bestehend aus Wald, Grünland und unbewachsenem Boden
	Vegetationsflächen		
	Landwirtschaftliche Nutzflächen		
7	Ackerflächen		Landwirtschaftliche Nutzflächen (Ackerbau)
8	Wiesen und Weiden		Grünland (aber auch Heide, Moor, Brachland, Parks und andere grüne baumfreie Siedlungsfreiflächen)
	Wald		
9	Nadelwald		Wald ab ca. ¾ Nadelbaumanteil
10	Mischwald		Wald mit > ¼ Beimischung von Nadel- bzw. Laubbäumen
11	Laubwald		Wald ab ca. ¾ Laubbaumanteil
	Wasser		
12	Wasserflächen		Flüsse, natürliche Seen, Stauseen, Baggerseen

Der im Rahmen des NRWPro-Projektes aufgestellte Klassifikationsschlüssel (Tabelle 4.3) orientiert sich an den Projektzielen, die auf die Bestimmung des Versiegelungsgrades bei gleichzeitiger Vergleichbarkeit mit ATKIS-Daten abzielten. Das Klassifikationsschema lässt sich hierarchisch in die Hauptklassen Siedlungsflächen[33], Vegetationsflächen, Wasserflächen und Landnutzung mit besonderer Rolle im Problemfeld der Flächeninanspruchnahme unterteilen. Die Siedlungsflächen sind in drei Klassen untergliedert, die dem Grad der Bodenversiegelung entsprechen. Die Vegetationsflächen unterteilen sich in drei Waldklassen, Grünland und Ackerflächen. Als Flächen mit besonderem Bezug zur

---

33 Zur Vereinfachung werden im Folgenden alle bebauten Flächen mit dem Begriff „Siedlungsflächen" umschrieben, auch wenn es sich dabei nicht nur um reine Wohnbebauung handelt, sondern auch um Industrie- und Gewerbeflächen, sowie Verkehrsinfrastruktur. Letztlich sind alle unter diesem Begriff zusammengefassten Flächen zu einem gewissen Grad versiegelt.

Flächeninanspruchnahme wurden die Klassen „Tagebauflächen", „Kiesgruben, Abbauflächen und Baustellen" und „Truppenübungsplätze" ausgewiesen. Eine Kurzbeschreibung der Landnutzungs-/ Landbedeckungsklassen im Untersuchungsgebiet mit ausgewählten Bildbeispielen findet sich in Tabelle 4.4.

Tabelle 4.4: Bildbeispiele und Kurzbeschreibungen der einzelnen Landnutzungs-/ Landbedeckungsklassen in NRW

Beschreibung	Beispiel-Fotos
Hoher Versiegelungsgrad: Nahezu vollständige Abdichtung des Bodens durch künstliche Materialien. Vor allem in Innenstädten, in Industrie- und Gewerbegebieten und durch Verkehrsinfrastruktur. Links oben: Essen Rechts oben: Düsseldorf Rechts unten: Flughafen Köln-Bonn Links unten: Autobahn bei Köln *Fotos: G. Block-Künzler*	
Mittlerer Versiegelungsgrad: teilweise Abdichtung des Bodens durch künstliche Materialien. Meist in Siedlungsgebieten im urbanen und suburbanen Raum. Links: Düren, Rechts: Unna *Fotos: G. Block-Künzler*	
Geringer Versiegelungsgrad: unter 40% Abdichtung des Bodens durch künstliche Materialien. Meist durch Wohnbebauung im suburbanen und ländlichen Raum. Links: Vlotho, Rechts: Düren *Fotos: G. Block-Künzler*	

Braunkohletagebau

reine Abbaufläche, ohne
Rekultivierungsflächen

Tagebau Hambach

Foto: G. Block-Künzler

Abbauflächen, Kiesgruben & Baustellen

Abbau von Rohstoffen wie Kies, Quarz, Kalk, Basalt, etc., sowie
Großbaustellen

Kalktagebau im Kreis Soest

Foto: G. Block-Künzler

Truppenübungsplätze

beinhaltet alle im Übungsplatzgelände vorkommenden
Oberflächen, v.a. Wald, Wiesen und offener Boden

Truppenübungsplatz Vogelsang

Foto: G. Block-Künzler

Ackerflächen

verschiedene Getreidearten,
Hackfrüchte und
Sonderkulturen in ihren
unterschiedlichen
phänologischen Zuständen

Oben links: Krefeld
Oben rechts: Viersen
Unten: Bonn

Fotos oben: G. Block-Künzler
Fotos unten: R. Goetzke

Wiesen & Weiden (Grünland)

unterschiedliches Grünland:
Wiesen, Weiden, Brachflächen,
Heide, Lichtungen, etc.

Links: Hochsauerlandkreis
Rechts: Köln

Foto links: R. Goetzke
Foto rechts: G. Block-Künzler

Nadelwald

vor allem Forste bestehend aus Fichten und Kiefern, aber auch Lärchen, Douglasien und Tannen

Nationalpark Eifel

Foto: R. Goetzke

Mischwald

Laubwald mit Nadelbeimischung und Nadelwald mit Laubbeimischung

Bonn

Foto: R. Goetzke

Laubwald

Nutzwälder und naturnahe Wälder bestehend aus Laubbäumen. Vorherrschend sind Buche und Eiche.

Nationalpark Eifel

Foto: R. Goetzke

Wasserflächen

Flüsse und Seen, wobei die meisten Seen in NRW künstlich angelegt sind, meist in Form von Talsperren oder in ehemaligen Abbauflächen

Links: Rhein bei Neuss
Rechts: Rurtalsperre im Nationalpark Eifel

Fotos: G. Block-Künzler

4.3.2 Anpassung des Klassifikationsschemas für den Zeitschnitt 2005 und Korrekturen der Klassifikationen von 1975, 1984 und 2001

Die LANDSAT-Daten der Zeitschnitte 1975, 1984 und 2001 wurden jeweils separat klassifiziert. Eine in gleicher Weise durchgeführte unabhängige Klassifikation der Daten für das Jahr 2005 erschien nicht sinnvoll, da bei der geringen Zeitspanne zum vorangegangenen Zeitschnitt von 2001 der zu erwartende

85

Fehler, der jeder Landnutzungsklassifikation anhaftet, voraussichtlich größer gewesen wäre, als die tatsächlich aufgetretenen Landnutzungsänderungen. PONTIUS JR ET AL. (2004) und PONTIUS JR & LIPPITT (2006) weisen darauf hin, dass sich bei Studien dieser Art die Landschaft zwischen zwei Zeitpunkten um höchstens 5 bis 25% verändert, während der Rest persistent bleibt. Die Gesamtgenauigkeit von Klassifikationsprodukten aus Fernerkundungsdaten liegt hingegen meist zwischen 85 und 90% und häufig auch darunter. Es musste also ein Weg gefunden werden, nicht den Fehler, sondern die tatsächlichen Änderungen zu messen.

Daher wurde eine Form der **Change Detection** angewendet, bei der die Klassen aus dem Jahr 2001 auf den Zeitschnitt 2005 übertragen wurden. Für jede Klasse wurde einzeln betrachtet, ob innerhalb der Klassengrenzen des Jahres 2001 gewisse spektrale Schwellenwerte im Jahr 2005 über- oder unterschritten wurden. Bei Klassen mit einfachem und charakteristischem Wellenlängenspektrum wie Wald oder Wasser konnte mit einem unüberwachten Clustering-Algorithmus (ISODATA) so recht einfach festgestellt werden, welche Pixel, die im Jahr 2001 noch zu dieser Klasse zählten, im Jahr 2005 in eine andere Klasse fielen. Um bei heterogenen Klassen festzustellen, ob eine Änderung gegenüber 2001 stattgefunden hat, wurde ein wissensbasierter Entscheidungsbaum aufgestellt. Die Entscheidungen innerhalb dieses Entscheidungsbaums orientieren sich an Schwellenwerten, die aus den Bilddaten empirisch ermittelt wurden. Hierfür wurden nicht die ursprünglichen LANDSAT-Kanäle, sondern aus diesen generierte künstliche Kanäle verwendet wie der NDVI, die Tasseled-Cap-Kanäle *Greenness*, *Wetness* und *Brightness* sowie die ersten drei Kanäle einer Hauptkomponententransformation. Als Referenz zur Ermittlung der korrekten Schwellenwerte dienten Farbluftbilder des Landesvermessungsamtes NRW, die per Web Map Service (WMS) in ein GIS eingebunden wurden. Über- oder unterschritt ein Pixel gewisse Schwellenwerte, fiel es nicht mehr in die Klasse, der es 2001 angehörte und floss in einen neuen Entscheidungsbaum ein. In diesem wurde das Pixel anhand spezifischer spektraler Eigenschaften einer neuen Klasse zugeordnet. In Abbildung A.1 (Anhang, S. 264) befindet sich beispielhaft ein Ausschnitt eines solchen Entscheidungsbaums.

Ein großer Teil der Landnutzungsänderungen konnte mit dieser Change-Detection-Methode auf halbautomatischem Wege erkannt werden. Vor allem wurden die unveränderten Bereiche ausgewiesen, die somit keiner Fehlklassifikation mehr unterliegen konnten. Jedoch bei Pixeln, die spektral nahezu identisch sind, aber unterschiedlichen Landnutzungsklassen angehören, konnten viele Pixel nicht korrekt zugewiesen werden. Dies war vor allem bei stark versiegelten Flächen, Kiesgruben & Baustellen und unbewachsenen Ackerflächen der Fall. Eine Änderung von unbewachsenem Acker oder einer Baustelle im Jahr 2001 zu einer stark versiegelten Fläche im Jahr 2005 konnte mit dieser Methode nicht erkannt werden. Ähnliche Schwierigkeiten ergaben sich auch bei der Unterscheidung der Klasse Wiesen & Weiden von Ackerflächen mit Getreide in einem gewissen phänologischen Stadium[34]. Zur Erkennung solcher Flächen war entsprechend eine visuelle Überprüfung und manuelle Nachbearbeitung notwendig.

Im Zuge der Anpassung des Klassifikationsschemas hin zu einem Change-De-tection-Verfahren mit wissensbasierten Entscheidungsbäumen wurden auch einige Klassen der Zeitschnitte von 1975, 1984 und 2001 korrigiert. Vor allem innerhalb der Unterkategorien von Landnutzungsklassen, die anhand ihrer Land-bedeckung tiefer hierarchisch untergliedert wurden – also Siedlungsflächen und Wälder – wurden zwischen den Klassifikationen der Jahre 1975, 1984 und 2001 Änderungen gemessen, die höher als erwartet ausfielen. Hier gab es einen „*swap*" von Pixeln zwischen den Unterklassen. Das Zusammenfassen der Unter-klassen zu einer hierarchisch höheren Stufe (Siedlungsflächen, Wald) führte dementsprechend zu einer deutlichen Verbesserung der Gesamtgenauigkeit (siehe OVER ET AL. (2006)). Die Unterklassen wurden ursprünglich mit der MLK getrennt, also einem überwachten Klassifikationsverfahren, das mit Hilfe von Trainingsdaten spektral ähnliche Pixel zu Klassen zusammenfasst. Die Trennung der Klassen hängt also maßgeblich von der Auswahl der Trainingsdaten ab. CONGALTON & GREEN (1999, S. 123) sprechen die daraus resultierenden Schwie-rigkeiten mit der „*sensitivity of the classification scheme to observer variability*" an, nach der fast 30% der Unterschiede zwischen einer Karte und den Referenz-informationen durch Variationen in der Interpretation hervorgerufen werden können. Bei der Trennung von Klassen, die auf Anteilen beruhen (z.B. Anteil versiegelter Fläche, Nadelbaumanteil, etc.), kann die „*fuzziness*" bei der Auswahl der Trainingsdaten zu Unschärfen in der Klassentrennung führen.

Die Wald-Klassen wurden für die Jahre 1975 bis 2001 mit einem unüber-wachten Clustering-Verfahren (ISODATA) neu klassifiziert. Dies war möglich, da die drei Wald-Klassen im spektralen Merkmalsraum sehr charakteristische Eigenschaften aufweisen, die ein automatisiertes Erkennen leicht möglich

---

34 Vgl. Abbildungen von Ackerflächen und Wiesen & Weiden in Tabelle 4.4.

machen. Die Inkonsistenzen in den Versiegelungsklassen der Daten von 1975 bis 2001 mussten mit einem aufwändigeren Verfahren behoben werden, das im folgenden Kapitel 4.3.3 beschrieben wird. Dasselbe Verfahren wurde auf die Klassifikation für das Jahr 2005 angewendet.

4.3.3 Bestimmung des Versiegelungsgrades aus hochauflösenden Fernerkundungsdaten und dem NDVI

Im Zusammenhang mit der Bearbeitung des Zeitschnittes 2005 und der Anpassung der Landnutzungsklassifikationen von 1975, 1984 und 2001 wurde die Vorgehensweise zur Trennung der drei Versiegelungsklassen so umgestellt, dass sich die Bestimmung des Versiegelungsgrades nicht mehr an subjektiv gewählten Trainingsdaten orientiert, sondern am tatsächlichen Grad der Versiegelung pro Pixel, also dem Anteil an künstlichen, bzw. wasserundurchlässigen Materialien (vgl. Kapitel 2.2.3). Gleichzeitig sollte diese Methode so beschaffen sein, dass eine einfache und nachvollziehbare Implementierung für ganz NRW und eine Übertragbarkeit auf mögliche zukünftige Klassifikationen gewährleistet ist. Entsprechend wurden die Siedlungsflächen der Zeitschnitte 1975 bis 2001 sowie die 2005 neu hinzugekommen Siedlungsflächen überarbeitet.

Es wurde ein Ansatz gewählt, der einen linearen Zusammenhang zwischen dem *Normalized Difference Vegetation Index* (NDVI) und dem Anteil der Versiegelung pro Pixel annimmt (vgl. Kapitel 2.3.2). Hierfür wurde der NDVI aus den LANDSAT-Daten berechnet und der Anteil der Versiegelung pro Pixel für Trainingsgebiete aus hochauflösenden Fernerkundungsdaten generiert. Über eine lineare Regression konnte so anhand des NDVI für ein ganzes LANDSAT-Bild der Versiegelungsanteil der als Siedlung klassifizierten Pixel bestimmt werden. Diese Methode wurde zunächst zur Überarbeitung der Versiegelungsklassen der 2001er Klassifikation durchgeführt, da die zur Verfügung stehenden hochauflösenden Fernerkundungsdaten aus dem gleichen Zeitraum stammten.

Der NDVI ist ein Vegetationsindex, der auf der Tatsache beruht, dass gesunde Vegetation im sichtbaren roten Spektralbereich (R_{red}) wenig und im nahen Infrarot (R_{NIR}) viel Strahlung reflektiert:

$$NDVI = \frac{R_{NIR} - R_{red}}{R_{NIR} + R_{red}} \tag{1}$$

Der NDVI nimmt Werte von -1 bis 1 an, wobei positive Werte auf einen Vegetationsanteil hindeuten, während negative Werte immer ein vollständiges Fehlen von Vegetation bedeuten, wie es bei Wasser, Wolken oder Schnee der Fall ist.

Um den Anteil versiegelter Fläche pro Pixel zu erhalten, wurden zunächst die versiegelten und nicht versiegelten Flächen ausgewählter Testgebiete ermittelt. Hierfür wurden zwei Ausschnitte einer Quickbird-Szene von Bonn sowie zwei Luftbilder aus einem städtischen Raum (Essen) und einem ländlichen Raum (Eifel) verwendet. Einer der beiden Ausschnitte der Quickbird-Szene von Bonn wurde zurückgehalten, um die Ergebnisse später zu validieren. Während die versiegelten Flächen in den Luftbildern aufgrund mangelnder spektraler Informationen manuell kartiert werden mussten, wurde für die Quickbird-Szene ein objektbasiertes Klassifikationsverfahren angewendet.

Die Quickbird-Daten wurden auf eine räumliche Auflösung von 1m *resampled*. Dabei wurde für die multispektralen Kanäle ein *Pansharpening*[35] durchgeführt. Das daraus resultierende Multispektralbild mit einer Auflösung von 1m wurde mit der Software *eCognition* segmentiert[36]. Im segmentierten Bild wurden Vegetation, Schatten und vier Klassen an Materialien klassifiziert, aus denen die versiegelten Flächen zusammengesetzt sind. Eine weitere Unterteilung von Vegetationstypen wurde nicht vorgenommen. Pixel mit einem Vegetationsanteil (geringe Reflexion im roten und starke Reflexion im infraroten Kanal) wurden als nicht versiegelt angesehen. Die partielle Überdeckung versiegelter Flächen durch Baumkronen wurde dementsprechend nicht berücksichtigt. Die Bedeutung von Bäumen in der städtischen Umwelt hinsichtlich Evapotranspiration, Luftqualität und positiver Wahrnehmung durch die Menschen wurde über den Einfluss der versiegelten Fläche unterhalb der Baumkronen gestellt (LUTTIK, 2000; JAMES ET AL., 2009).

In einem nächsten Schritt wurden die als Schatten klassifizierten Flächen den Klassen Vegetation und Versiegelung zugewiesen. Hierfür wurde auf einem feineren Segmentierungslevel die Klassenzugehörigkeit der benachbarten Segmente berücksichtigt. Die Grundannahme hierfür war, dass eine beschattete Fläche zu der Klasse gehört, mit der sie die längste Grenze teilt. Im letzten Schritt wurden alle vier Versiegelungsklassen zu einer aggregiert, so dass ein

---

35 *Principal Component Resolution Merge* in der Software ERDAS Imagine. Mit dem Resampling auf 1m wird gewährleistet, dass die Pixel des hochauflösenden Bildes genau in ein 30m-LANDSAT-Pixel passen. Ein LANDSAT-Pixel setzt sich somit aus 90 Quickbird-Pixeln zusammen.

36 Gewichtung bei der Segmentierung: Farbe 0,9; Form 0,1; Kompaktheit 0,5; Glätte 0,5

binäres Bild mit der Information versiegelt / nicht-versiegelt entstand. Die Genauigkeit dieser Klassifikation für die beiden Ausschnitte der Quickbird-Szene betrug 93,2% und 91,6% und ist ausführlich in Tabelle A.1 (Anhang, S. 264) dargestellt.

Anschließend wurde ein Raster aus 30m-Zellen über die binären Versiegelungs-bilder gelegt und für jede Rasterzelle der mittlere Versiegelungsgrad berechnet. Nach dem Zufallsprinzip wurden 200 Zellen aus diesem so erzeugten Versiege-lungsbild und aus dem NDVI des LANDSAT-Bildes ausgewählt. Eine lineare Regression mit dem NDVI als abhängiger und dem Versiegelungsgrad als erklä-render Variable ergab einen Zusammenhang von $R^2 = 0,82$. In Abbildung 4.2 ist der hier beschriebene Ablauf grafisch dargestellt.

Die Einteilung in drei Versiegelungsgrade erfolgte mit einem wissensbasierten Entscheidungsbaum, wobei als Schwellenwert zur Klasseneinteilung die NDVI-Werte herangezogen wurden, die mit dem vorgestellten Regressionsverfahren einem Versiegelungsgrad von 80% (starker Versiegelungsgrad), 40% (mittlerer Versiegelungsgrad) und 10% (geringer Versiegelungsgrad) entsprachen. Pixel, die einen sehr hohen NDVI aufwiesen, der auf einen Versiegelungsgrad von <10% hindeutete, wurden als Fehlklassifikation aus den versiegelten Flächen entfernt und der Klasse Vegetation zugeordnet. Insgesamt wurde die Überarbei-tung der Versiegelungsklassen nur für die Pixel vorgenommen, die mit dem ursprünglich verwendeten Klassifikationsschema als bebaute Flächen klassifi-ziert wurden.

Die Klassifizierung der versiegelten Flächen nach dem oben beschriebenen Prinzip wurde anhand des Quickbird-Ausschnittes[37] validiert, der nicht in die Regression mit einfloss. Diese Überprüfung ergab eine Gesamtgenauigkeit von 80,67% (Kappa: 0,71). Die Klassifikation des hohen Versiegelungsgrades erzielte hierbei die besten Ergebnisse, während es einige Verwechslungen zwischen dem mittleren und geringen Versiegelungsgrad gab.

---

37 Dieses Bild wurde nach dem in Abbildung 4.2 dargestellten Prinzip in ein Versiegelungsbild überführt und in drei Klassen entsprechend der Versiegelungsgrade von >80%, 40-80% und 10-40% eingeteilt.

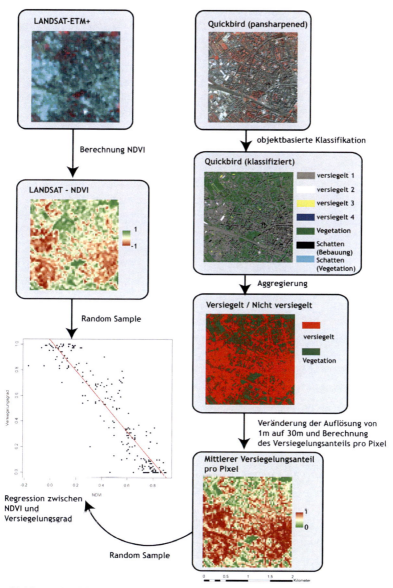

Abbildung 4.2: Ablauf der Bestimmung des Versiegelungsgrades in LANDSAT-Daten aus dem NDVI und hochaufgelösten Quickbird-Daten.

91

Die hier vorgestellte Einteilung der Versiegelungsklassen mit Hilfe des NDVI aus LANDSAT-Daten wurde für die Daten vom 05.07.2001 durchgeführt, da sowohl der Quickbird-Datensatz, als auch die Luftbilder aus diesem Zeitraum stammten. Um nicht für jedes Aufnahmedatum innerhalb eines Zeitschnittes und für die anderen Zeitschnitte ein eigenes NDVI-Regressionsmodell aufstellen zu müssen, wurde ein einfaches Verfahren genutzt, um das Regressionsmodell auf die anderen LANDSAT-Szenen zu übertragen und dabei den bestimmten Versiegelungsgrad möglichst homogen zu halten. Zur Übertragung auf andere Szenen und Zeitschnitte wurden Gebiete ausgewählt, in denen sich innerhalb eines Zeitschnittes Szenen überlappen bzw. in denen keine Veränderungen der Siedlungsflächen zwischen 2001 und anderen Zeitschnitten stattgefunden haben. Für diese Gebiete wurden die NDVI-Schwellenwerte so weit angepasst, dass eine Übereinstimmung von > 95% zu den klassifizierten Versiegelungsgraden der Aufnahme von 2001 erreicht wurde.

In Abbildung 4.3 sind anhand eines Ausschnittes aus Gelsenkirchen-Buir beispielhaft die Unterschiede zwischen der ursprünglichen aus dem NRWPro-Projekt übernommenen Klassifikation (B) und der hier beschriebenen Überarbeitung (C) dargestellt. An den voll versiegelten Gewerbeflächen unterhalb der Bahnlinie (A-1) wird die korrekte Zuweisung zum hohen Versiegelungsgrad in der Überarbeitung deutlich sichtbar. Der Sportplatz am rechten oberen Bildrand (A-2) wurde in der ursprünglichen Klassifikation dem starken Versiegelungsgrad zugeordnet[38]. Hier ist der zum Aufnahmezeitpunkt (05.07.2001) vorhandene Rasen sehr trocken und wurde auch in der Überarbeitung als versiegelte Fläche identifiziert – wenn auch zu geringerem Grad. Die Ergebnisse der Landnutzungsklassifikation sowie Analysen der daraus resultierenden Veränderungsanalyse werden detailliert in Kapitel 6.1 vorgestellt.

---

38 Das obere Fußballfeld (A 3) besteht aus Kunstrasen und wurde dementsprechend in der
   überarbeiteten Klassifikation mit der NDVI-Regression (C) als stark versiegelt
   klassifiziert. Mit der MLK wird dieser Bereich als mittel versiegelt gekennzeichnet. Dieser
   Umstand verdeutlicht noch einmal die Schwierigkeiten bei der Fernerkundung heterogener
   urbaner Räume.

Abbildung 4.3: Ausschnitt aus Gelsenkirchen-Buir mit unterschiedlichen Klassifikationsansätzen.
A: Orthofoto (Quelle: GEOBasis NRW); B: ursprüngliche Klassifikation und Unterscheidung der Versiegelungsklassen mit MLK; C: Überarbeitete Klassifikation und Unterscheidung der Versiegelungsklassen mit NDVI-Regression. Legende siehe Tabelle 4.3.

5 Modellverbund zur räumlich expliziten Modellierung von urban-ruralen Landnutzungsänderungen

Ausgehend von den Erkenntnissen aus dem fernerkundungsgestützten Monitoring der Landnutzung in NRW zwischen 1975 und 2005 sollen Zusammenhänge zu Antriebskräften des Landnutzungswandels hergestellt werden. Daneben sollen Mechanismen der Urbanisierung untersucht werden, welche die treibende Kraft des Landnutzungswandels in NRW darstellt. Um darauf aufbauend die zukünftige Entwicklung der Landnutzung in NRW zu simulieren und dabei sowohl urbane als auch rurale Landnutzungsänderungen zu berücksichtigen, wird ein Modellverbund aufgestellt, der ein Landnutzungsmodell (CLUE-s), ein Modell urbanen Wachstums (SLEUTH) und eine Komponente zur Überprüfung der Modellgenauigkeit und damit zur Kalibrierung und Validierung der Modelle enthält. Dies wird in einer gemeinsamen Modellierungsplattform (XULU) realisiert. Zudem wird innerhalb dieser Modellierungsumgebung eine Kopplung der beiden Modelle durchgeführt.

Auf die Modellierungsplattform XULU sowie das darin implementierte Landnutzungsmodell CLUE-s konnte im Rahmen dieser Arbeit zurückgegriffen werden. XULU wurde von SCHMITZ (2005) an der Universität Bonn entwickelt und das CLUE-s Modell ebenfalls von SCHMITZ (2005) innerhalb dieser Software als Plugin implementiert. Im folgenden Abschnitt wird zunächst die Modellierungsplattform XULU vorgestellt (Kapitel 5.1). Es folgt eine Beschreibung des CLUE-s Modells (Kapitel 5.2). Die Implementierung des urbanen Wachstumsmodells SLEUTH sowie der Komponenten zur Modellbewertung und Modellkopplung in XULU waren Bestandteil dieser Arbeit. In den Kapiteln 5.3 bis 5.5 erfolgt eine Beschreibung der methodischen Hintergründe dieser drei Komponenten.

5.1 XULU – eine einheitliche Modellierungsplattform

Landnutzungsmodelle sind hochspezialisierte Anwendungen und Ergebnisse langjähriger Forschung. Dementsprechend stehen sie inhaltlich und technisch in der Tradition der jeweiligen Forschungsdisziplin. Sie sind in unterschiedlichen Programmiersprachen verfasst, benutzen spezifische Datenformate und besitzen

oft keine eigene Visualisierungskomponente, so dass ein Datenaustausch mit
einem GIS hergestellt werden muss. Dies gilt auch für die beiden in dieser
Arbeit verwendeten Modelle CLUE-s und SLEUTH. Tabelle 5.1 zeigt eine
Gegenüberstellung der Eigenschaften einiger verbreiteter Landnutzungsmodelle
(vgl. Kapitel 2.4.3 bis 2.4.7).

Tabelle 5.1: Eigenschaften ausgewählter Landnutzungsmodelle.

Modell	CLUE-s	SLEUTH	Geomod	Land-Transformation Model
Programmiersprache	C++	C++	Teil der IDRISI Software	C, Avenue
Betriebssystem	Windows	Unix	Windows	Windows
Datenformat	ASCII ArcGrid	GIF	RST (Idrisi Raster Format)	ASCII ArcGrid
Visualisierung	Nein	Ja	Ja (in IDRISI)	Nein
Namenskonventionen	z.B. Cov1_0.0 Sc1gr0.fil	z.B. *location*.urban.*year*.gif	-	-
User-Interface	Ja	Nein	Ja (Idrisi)	Nein

Nach einem Modelllauf müssen aus CLUE-s alle Ergebnisdaten wieder in ein
GIS importiert werden, um einer Begutachtung unterzogen werden zu können.
SLEUTH erzeugt teils animierte GIF-Bilder, die zwar die visuelle Begutachtung
der Daten erleichtern, allerdings keine Geoinformation besitzen, so dass sich das
Importieren in ein GIS zur weiteren Analyse der Daten schwierig gestaltet.

Aufbauend auf Erfahrungen mit dem CLUE-s Modell wurde an der Universität
Bonn die Modellierungsplattform XULU (e**X**tendable **U**nified **L**and **U**se modelling
platform)[39] entwickelt. Diese in JAVA programmierte generische Modellierungsplattform entstand auf Initiative von Dr. Hans-Peter Thamm in Zusammen-
arbeit zwischen dem Geographischen Institut / ZFL und dem Institut für Infor-
matik III der Universität Bonn mit dem Ziel, Datenhandling und Interoperabi-
lität von Modellen zu vereinfachen. Auch wenn XULU im Namen die Abkürzung für *Land Use* trägt, ist die Plattform von Anfang an offen konzipiert
worden und kann damit in ganz anderen Bereichen (z.B. Wirtschaftssimula-

---

39 XULU ist ein OpenSource-Projekt und abrufbar unter
   http://wald.intevation.org/projects/xulu/

tionen) eingesetzt werden. Das CLUE-s Modell wurde von SCHMITZ (2005) in JAVA übersetzt und in XULU implementiert.

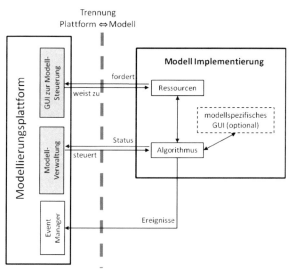

Abbildung 5.1: Trennung zwischen der XULU-Modellplattform und einer Modell-Implementierung.
(verändert nach JUDEX (2008)).

Die Modellierungsplattform wurde auf eine Weise realisiert, die eine klare Trennung zwischen Modellverwaltung und dem eigentlichen Modellalgorithmus ermöglicht, indem zwischen *Applikation* und *Plugin* unterschieden wird (Abbildung 5.1). Dabei ist die Applikation das statische Grundgerüst und umfasst alle Verwaltungsaufgaben, wie Daten-Verwaltung, Visualisierungstools, Modell-Verwaltung, Modell-Steuerung, Event-Verwaltung, Plugin-Verwaltung und die Benutzeroberfläche. Alle dynamischen und anwenderspezifischen Erweiterungen können als Plugins eingebunden werden, die von der sog. „*Registry*" verwaltet und auf Konsistenz überprüft werden. Die Plugins können die eigentlichen Modelle, aber auch Datentypen, Datenaustausch-Module (Import/Export), Tools zur Manipulation von Daten-Objekten, Visualisierungstools für verschiedene Datentypen sowie Tools zur Modellsynchronisation sein. In einer einfachen ASCII-Steuerungsdatei wird beim Start von XULU angegeben, welche Plugins geladen werden sollen.

Die Beschreibung der XULU-Funktionalitäten in den folgenden Unterkapiteln soll in die technischen Voraussetzungen einführen, die dieser Arbeit zu Grunde lagen. Die hier beschriebenen Funktionen sind nicht als Teil dieser Arbeit entstanden, sondern wurden von SCHMITZ (2005) und APPL (2007) implementiert.

5.1.1 XULU-Datenhandling

XULU verfügt mit dem Datenpool über ein zentrales Modul, das sämtliche Daten verwaltet, auf die innerhalb der Plattform zugegriffen wird (Abbildung 5.2(1)). Jedes der als Plugin geladenen Modelle greift somit auf eine gemeinsame Datenbasis zurück. Im Datenpool findet ein Großteil der Anwenderinterak-

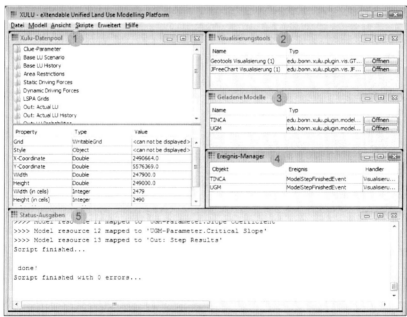

Abbildung 5.2: Die XULU Modellierungsplattform
(1) Datenpool mit Eigenschaften der Datenobjekte, (2) Verwaltung der Visualisierungstools,
(3) Modellverwaltung, (4) Ereignis-Manager, (5) Status-Ausgaben

tion statt[40]. Die Objektbezeichnungen der Daten können vom Nutzer frei gewählt werden[41]. Der Zugriff eines Modells auf die Daten erfolgt im Datenpool und nicht im Dateisystem. Ein Modell ist somit nicht mehr auf bestimmte Datentypen beschränkt. Stattdessen wird die „Übersetzung" eines bestimmten Datentyps als Plugin geladen. In der Folge stehen alle mit diesem Plugin geladenen Daten jedem Modell im Datenpool zur Verfügung. Als Rasterformate lassen sich bislang ASCII ArcGrid und GeoTIFF-Daten importieren und als Vektorformat Shapefiles. Außerdem lassen sich Steuerungs-(Text-)Dateien einlesen, die Modellparameter enthalten, den Import von Daten automatisieren und Daten des Datenpools bestimmten Modellressourcen zuordnen.

5.1.2 XULU-Modelleinbettung

Die eigentlichen Modellalgorithmen werden getrennt von der Plattform implementiert. Dabei wird innerhalb der Modelle definiert, welche Modellressourcen benötigt werden. Über ein Steuerungsskript werden die Daten aus dem Datenpool mit diesen Modellressourcen verknüpft. Es können gleichzeitig verschiedene Modelle in den *Modell-Manager* geladen werden, die auf den Datenpool zugreifen. Genauso können beliebig viele Instanzen des selben Modells geladen werden (Abbildung 5.2(3)). So wie ein Modell-Plugin nur auf Ressourcen

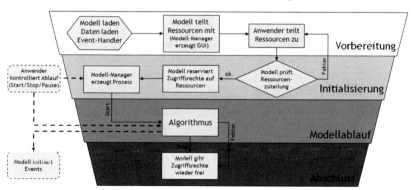

Abbildung 5.3: Phasen des Verlaufs von Modellstart bis zum Modellergebnis in XULU (verändert nach Sᴄʜᴍɪᴛᴢ (2005)).

---

40 Importieren, Exportieren, Löschen, Visualisieren, usw.
41 Anders als in CLUE-s oder SLEUTH, wo Daten eine Namenskonvention befolgen müssen und in einer bestimmten Verzeichnisstruktur hinterlegt werden.

Zugriff hat, die mit Objekten im Datenpool verknüpft sind, kann es auch nicht selbstständig Objekte im Datenpool erzeugen. Daher müssen im Modell-Plugin Ressourcen definiert werden, die „leere" Objekte aus dem Datenpool anfordern, in denen dann die Ergebnisse abgelegt werden. Somit bleibt die gesamte Daten- und Speicherverwaltung vollständig in der Verantwortung der Plattform (SCHMITZ, 2005).

Den Modellen steht seitens der Plattform ein Steuerungsmechanismus zur Verfügung, der gewährleistet, dass jede Modellinstanz ihren eigenen Prozess ausführt und es keine unerlaubten Zugriffe auf gerade verwendete Objekte gibt. Die zugrundeliegenden Mechanismen hierfür sind *Init* (verknüpft Modellres-sourcen mit Objekten aus dem Datenpool), *Start* (startet Modelllauf), *Stop* (beendet Modelllauf) und *Pause* (hält Modelllauf an). Somit ist eine einheitliche Struktur des Modellablaufs gewährleistet (Abbildung 5.3).

In ein Modell-Plugin können auch zusätzliche modellspezifische Benutzerober-flächen eingebaut werden. Somit ist die Möglichkeit gegeben, während eines Modelllaufs interaktiv (z.B. über Schieberegler) auf das Modell Einfluss zu nehmen.

5.1.3 XULU-Eventmanager

Der Event-Manager (Abbildung 5.2(4)) ist ein hilfreiches Tool für den Modellanwender und beruht auf dem Konzept eines *Event-Listeners*. Nach diesem Konzept bekommt ein Objekt (Listener) mitgeteilt, wenn ein bestimmtes Ereignis (Event) ausgelöst wurde und reagiert auf vordefinierte Weise. Am konkreten Beispiel eines Landnutzungsmodells könnte dies bedeuten, dass das Event ein beendeter Modellschritt ist. Der Listener erkennt dieses Ereignis und gibt an das Visualisierungstool den Befehl ab, die aktuelle Karte der Landnut-zung anzuzeigen. Somit kann der Nutzer den Fortschritt des Modells flexibel beobachten. Das originale CLUE-s Modell berechnet beispielsweise den gesamten Modellablauf zu Ende; das Endergebnis kann man sich dann in einem GIS anschauen.

5.1.4 XULU-Visualisierung

Die Datenvisualisierung erfolgt in XULU mit Hilfe einer einfachen Visualisierungskomponente auf Basis der freien GeoTools-Bibliothek[42]. Hierbei wurde darauf geachtet eine klare Trennung zwischen dem Datentyp und der Art der Darstellung zu ziehen. So lässt sich ein und der selbe Datensatz auf verschiedene Weisen darstellen. Die Visualisierungskomponenten werden ebenfalls als Plugins mit Hilfe des Visualisierungsmanagers (Abbildung 5.13(2)) eingebunden. Die Daten selbst, wie auch End- und Zwischenergebnisse, können so jederzeit betrachtet werden, ohne den Umweg über ein GIS beschreiten zu müssen. XULU bietet zudem die Möglichkeit über den Event-Manager diese Daten direkt ins Dateisystem schreiben zu lassen.

5.1.5 XULU / V

Da in Landnutzungsmodellen sehr große Mengen an (Raster-)Daten verarbeitet werden, ist der entsprechende Rechenaufwand sehr groß und stellt trotz der enormen Entwicklungen auf dem Gebiet der Computerleistung der letzten Jahre immer noch ein limitierendes Problem dar. Daher wurden immer wieder Landnutzungsmodelle so angepasst, dass sie mehrere Prozessoren parallel ansprechen können oder ihre Algorithmen auf mehrere Computer verteilt werden können (COSTANZA & MAXWELL, 1991; CLARKE, 2003; XIAN ET AL., 2005). Diese Anwendungen wurden für die Nutzung auf Hochleistungsrechnern oder großen Rechenclustern entwickelt.

Unter dem Namen „XULU / V" wurde eine Erweiterung für XULU entwickelt, die es ermöglicht, Modelle auf verschiedenen Rechnern eines normalen Netzwerkes zu verteilen und dabei die Prozessorleistung aller Prozessorkerne der einzelnen Rechner auszuschöpfen (APPL, 2007). Eine aufwändige Installation oder Administration, wie bei großen Rechenclustern, ist dabei nicht nötig. Bisher wurde der CLUE-s Modellalgorithmus vollständig parallelisiert und auf unterschiedlichen Rechenarchitekturen getestet (APPL, 2007).

---

42 http://www.geotools.org

5.1.6 Modellsynchronisation

In XULU ist eine einfache Modellsynchronisation implementiert. Diese Modell-synchronisation ermöglicht es dem Benutzer, mehrere Modelle hintereinander auszuführen, wobei jedes Modell auf die Ergebnisse eines anderen Modells zurückgreifen kann. Die Konfiguration eines solchen verschachtelten Modell-laufs erfolgt bislang noch durch den Benutzer. Eine generische Modellsynchro-nisation ist in XULU noch nicht implementiert, welche es ermöglichen würde, Modelle synchron zueinander laufen zu lassen (APPL, 2007).

5.2 Das CLUE-s Modell zur Simulation von Landnutzungsänderungen

CLUE-s (**C**onversion of **L**and **U**se and its **E**ffect at **s**mall regional extent) ist ein in der Land-System-Forschung (Kapitel 2.1) häufig eingesetztes Modell. Bei ihm handelt es sich um einen integrativen systemorientierten Ansatz, der das gesamte Land-System des Untersuchungsgebietes berücksichtigt und damit einen hohen Grad an Dynamik beinhaltet. Die Landnutzungsdynamik wird dahingehend berücksichtigt, dass zeitliche Dynamik, Konkurrenz zwischen Landnutzungsklassen und pfadabhängige Entwicklungen mit möglichen irrever-siblen Veränderungen abgebildet werden können. Das CLUE-s Modell wurde an der Universität Wageningen, NL, unter der Leitung von Peter Verburg für regio-nale Anwendungen entwickelt (VERBURG ET AL., 2002) und basiert auf dem CLUE Modellansatz (Conversion of Land Use and its Effect), der für die nationale bis kontinentale Skala entwickelt wurde (VELDKAMP & FRESCO, 1996). Während das CLUE Modell für Rasterzellen mit einer Größe von mehreren Quadratkilome-tern den Anteil der Landnutzung innerhalb dieser Zellen modelliert, repräsentiert im CLUE-s Ansatz eine Rasterzelle genau eine Landnutzungsklasse. Daher sollten bei diesem Ansatz die Rasterzellen nicht größer als 1 km² sein, da sie sonst die natürliche Landschaft nicht adäquat repräsentieren können. Das Modell benötigt demnach diskrete Landnutzungsinformationen. Diese werden in vielen Anwendungen aus Satellitendaten erhoben (VERBURG ET AL., 2002).

CLUE-s basiert auf der System-Theorie und erlaubt die integrierte Analyse von Landnutzungsveränderungen im Verhältnis zu sozioökonomischen und biophysikalischen Antriebskräften. Der Kern des CLUE-s Modells besteht in der modellhaften Allokation von Landnutzungsänderungen. Die Quantität dieser Änderungen wird in Form eines Landnutzungsszenarios vorgegeben. Das Szenario gibt dem Modell für jeden Zeitschritt, also für jedes Jahr, den Bedarf („*Demand*") der Landnutzung vor. Anhand dieses Bedarfs erfolgt die räumliche Zuweisung der Landnutzung im Modell durch einen iterativen Algorithmus, basierend auf Wahrscheinlichkeitskarten der einzelnen Landnutzungen bzw. Landnutzungsänderungen. Diese Wahrscheinlichkeitskarten werden anhand der Ergebnisse einer logistischen Regression erzeugt, mit welcher der Zusammenhang zwischen der Landnutzung und bestimmten Antriebskräften des Landnutzungswandels hergestellt wird. Darüber hinaus fließen zusätzliche Informationen in das Modell ein, wie die Elastizität der einzelnen Landnutzungsklassen, Konversionsbeschränkungen und der Einfluss von Nachbarschaften. Die Gesamtwahrscheinlichkeit für die Verteilung von Landnutzungsänderungen ergibt sich aus der Summe der im Modell errechneten Wahrscheinlichkeiten. Das Zusammenspiel der einzelnen Komponenten des CLUE-s Modellkonzeptes wird in Abbildung 5.4 verdeutlicht. Die detaillierte Beschreibung der Modellkomponenten erfolgt in den Kapiteln 5.2.1 bis 5.2.7. In der hier vorgestellten Form wurde CLUE-s von Schmitz (2005) in XULU implementiert.

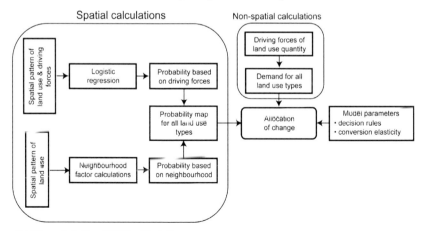

Abbildung 5.4: Das CLUE-s Modellkonzept
Quelle: Verburg et al. (2002), erweitert und verändert nach Judex (2008).

Das CLUE-s Modell wurde bereits in zahlreichen Arbeiten eingesetzt. Bisherige Anwendungsgebiete konzentrierten sich unter anderem auf die Zukunft landwirtschaftlicher Nutzflächen in Europa (VERBURG ET AL., 2006, 2008; GROOT ET AL., 2009) und Landnutzungsänderungen in tropischen Regionen. Hier stand vor allem die Ausweitung landwirtschaftlicher Flächen zu Lasten von Wald- und Savannenökosystemen im Zentrum des Interesses. Beispiele für den Einsatz von CLUE-s in den Tropen finden sich bei VERBURG & VELDKAMP (2004) für Südostasien, bei OREKAN (2007) und JUDEX (2008) für das subsaharische Afrika, sowie bei WASSENAAR ET AL. (2007) für Südamerika. BATISANI & YARNAL (2009) modellieren mit CLUE-s die Veränderung urbaner Gebiete in Nordamerika. Eine Modellierung der Ausweitung landwirtschaftlicher Flächen in China wird von LIU ET AL. (2009) vorgestellt. In den letzten Jahren wird das CLUE-s Modell verstärkt im Verbund mit anderen Modellen eingesetzt. Die mit dem Modell simulierten Landnutzungsänderungen finden beispielsweise Eingang in hydrologische Modelle (DAMS ET AL., 2008; LIN ET AL., 2008).

5.2.1 Nicht-räumliche Berechnungen: der Landnutzungsbedarf

Um die räumliche Verteilung von Landnutzungsänderungen berechnen zu können, benötigt das CLUE-s Modell Informationen über die Größenordnung der zu erwartenden Veränderungen: den Landnutzungsbedarf oder **Demand**. Daher müssen für jeden Zeitschritt die jeweiligen Größen der Landnutzungsklassen angegeben werden. Dieser Demand wird außerhalb des Modells berechnet. Hierfür muss ein Szenario auf Basis der zugrundeliegenden Antriebskräfte definiert werden (vgl. Kapitel 7). Im einfachsten Fall kann ein solches Szenario so aussehen, dass die Größe historischer Landnutzungsänderungen linear fortgeschrieben wird. Meist orientiert man sich an politischen Absichtserklärungen oder möglichen ökonomischen Entwicklungen in Form von Szenarien, die mit einer spezifischen Änderung der Landnutzung einhergehen. JUDEX (2008) beschreibt detailliert den Prozess der Szenarienbildung für Landnutzungsänderungen in Benin.

An der Schnittstelle zwischen Szenario und tatsächlicher Landnutzungszuweisung durch das CLUE-s Modell begegnen sich verschiedene Skalen. Während CLUE-s die Landnutzung auf Pixelebene zuweist, hängen Szenarien von

Entwicklungen auf regionaler, Landes- oder globaler Ebene ab (siehe Kapitel 2.2.1). Diese Entwicklungen können mit anderen (z.B. ökonomischen) Modellen berechnet werden. So zeigen VERBURG ET AL. (2008) am Beispiel der Entwicklung der europäischen Landwirtschaft, wie ein globales ökonomisches Modell (GTAP) und ein globales prozess-dynamisches Modell (IMAGE) genutzt werden, um den Demand für das CLUE-s Modell zu berechnen.

Zusätzlich zu dem Landnutzungsbedarf wird die erlaubte Abweichung hiervon definiert. Eine Abweichung vom Bedarf ist notwendig, da bei zu strikter Vorgabe der zu ändernden Pixelanzahl das Modell nicht in der Lage ist, alle Pixel zu verteilen. Der Demand und dessen Abweichung werden in der Modellierungsplattform XULU an das Modell CLUE-s als Modellressourcen übergeben.

5.2.2 Räumliche Berechnungen: logistisches Regressionsmodell zur Bestimmung von räumlich expliziten Wahrscheinlichkeitskarten

Logistische Regression

Die Zuweisung von Landnutzung durch das CLUE-s Modell erfolgt anhand von Wahrscheinlichkeiten. Die Wahrscheinlichkeit, mit der eine bestimmte Landnutzung an einem Pixel auftritt wird dabei maßgeblich mit Hilfe einer **logistischen Regression** bestimmt, in der die Landnutzung mit einem Set an Antriebskräften erklärt wird. Die logistische Regression ist eine Form der Regression, die verwendet wird, wenn die zu erklärende Variable binär kodiert ist, also nur zwei Zustände aufweisen kann. Dies ist bei Landnutzungsklassen der Fall, denn ein Pixel gehört immer nur einer Klasse an (z.B. Klasse Ackerflächen: ja / nein). Die Methode der logistischen Regression wird genutzt, um für jedes Pixel die Wahrscheinlichkeit der Zugehörigkeit zu jeder Klasse zu berechnen. Entsprechend muss für jede Landnutzungsklasse ein eigenes Regressionsmodell aufgestellt werden. Ein gewöhnlicher linearer Regressionsansatz hat die Form:

$$Y = \beta_0 + \beta_n X_n \tag{2}$$

Dabei ist Y die zu erklärende Variable, β_0 die Regressionskonstante, β_n die Regressionsgewichte und X_n umfasst die unabhängigen Variablen. Eine lineare

Regression ließe sich mit den vorhandenen Landnutzungsdaten zwar durch-führen, wäre aber nicht interpretierbar, da Y nur die Werte 0 und 1 annehmen kann. Mit einer linearen Regression könnten für Y aber sowohl alle Werte zwischen 0 und 1, als auch Werte kleiner 0 und größer 1 geschätzt werden (vgl. Abbildung 5.5 (A)). Die Werte, die für Y zwischen 0 und 1 geschätzt würden, können nicht als Variablenwert, sondern nur als Wahrscheinlichkeit interpretiert werden. Die Wahrscheinlichkeit P, dass Y bei gegebenen Einflussvariablen (X) 1 ist, lautet $P_i = Prob(Y_i = 1 \mid X_n)$ und kann sinnvoll mit einem sigmoidalen (logis-tischen) Kurvenverlauf beschrieben werden. Dieser schließt aus, dass als Wahr-scheinlichkeit Werte kleiner 0 oder größer 1 geschätzt werden können (Abbil-dung 5.5(B)). Ein solcher Verlauf wird mit der Form

$$Prob\left(Y_i = 1 \mid X_n\right) = P_i = \frac{e^{\beta_0 + \beta_1 X_n}}{1 + e^{\beta_0 + \beta_1 X_n}} \tag{3}$$

beschrieben, wobei wie bei der linearen Regression wieder β_0 die Regressions-konstante, β_n die Regressionsgewichte und X_n die erklärenden Variablen darstellen.

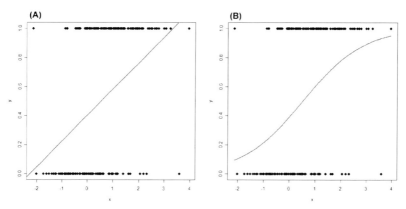

Abbildung 5.5: Beispiel der Schätzung einer dichotomen Verteilung mit einem linearen Regressionsansatz (A) und einem logistischen Regressionsansatz (B).

Die Schwierigkeit bei einer logistischen Regression der Form von Gleichung 3 liegt darin, dass sie sich in dieser Form nicht schätzen lässt, sondern einer linearen Form ähnlich der in Gleichung 2 genügen muss. Der Grund für die Umformung des Regressionsproblems in Gleichung 3 liegt darin, dass auf Basis der unabhängigen Variablen geschätzt werden soll, ob sich ein Wert in eine der beiden Kategorien, also 0 oder 1, einsortieren lässt. Es soll also die Wahrscheinlichkeit der Einordnung eines Wertes in die eine Kategorie, *Prob(Y = 0)*, im Verhältnis zur Gegenwahrscheinlichkeit, *Prob(Y = 1)*, geschätzt werden. Daher ist die Wahrscheinlichkeit, dass ein Wert in die Kategorie 1 fällt gleich 1 minus der Wahrscheinlichkeit, dass er in die Kategorie 0 fällt. Das hier geschilderte Verhältnis von Wahrscheinlichkeit zu Gegenwahrscheinlichkeit nennt man **Odds** (oder auch „*Chance*"):

$$\frac{P_i}{1-P_i} = e^{\beta_0 + \beta_n X_n}$$

(4)

Die Odds können Werte zwischen 0 und $+\infty$ annehmen. Mit einer weiteren Transformation dieser Odds erhält man eine Variable, die prinzipiell zwischen $-\infty$ und $+\infty$ variieren kann. Der natürliche Logarithmus der Odds, oder auch **Logit** *(Y)*, wird zunehmend negativ, wenn die Odds von 1 nach 0 sinken und zunehmend positiv, wenn die Odds von 1 bis $+\infty$ steigen. Somit erhält man eine lineare Abhängigkeit der logarithmierten Odds von X_n:

$$\ln\left(\frac{P_i}{1-P_i}\right) = logit(Y) = \beta_0 + \beta_n X_n$$

(5)

Die lineare Regression, die man auf diese Weise erhält, führt zu sinnvollen Ergebnissen, nur dass man nicht *Y* direkt, sondern *Logit (Y)* schätzt. Nach Schätzung der Parameter b_0 und b_n kann Gleichung 5 rücktransformiert werden, so dass sie der Form

$$\hat{P}_i = \frac{e^{\beta_0 + \beta_n X_n}}{1 + e^{\beta_0 + \beta_n X_n}}$$

(6)

entspricht und damit die Wahrscheinlichkeitswerte einen sigmoidalen Kurvenverlauf aufweisen, der sich den Grenzwerten 0 und 1 annähert. Bei der Wahrscheinlichkeit, den Odds und dem Logit handelt es sich um drei unterschiedliche Wege, die genau das Gleiche beschreiben (MENARD, 2001).

In ein logistisches Regressionsmodell können als erklärende Variablen nur metrische oder binäre Werte einfließen. Oft hat man es in der Landnutzungsmodellierung aber mit ordinal- oder nominalskalierten Daten zu tun, wie beispielsweise Klassen von Bodentypen. Solche Daten müssen in eine „*Dummy*"-Kodierung überführt werden (LESSCHEN ET AL., 2005). Hierbei wird jede Kategorie binär umkodiert. Bei *n* nominalskalierten Kategorien, müssen *n* Binärkategorien als erklärende Variablen in das Regressionsmodell einfließen, wobei für die erste Kategorie keine Schätzung des Regressionsgewichtes β_n vorgenommen wird und sie somit einen Effekt von 0 auf die Erklärung der abhängigen Variable hat. Alle anderen binären Variablen der entsprechenden Kategorie werden im Regressionsmodell mit der ersten verglichen, so dass sie durch ihr Verhältnis zur ersten Kategorie einen Effekt auf die Erklärung der abhängigen Variablen haben. Würde auch die erste Kategorie in das Modell mit einfließen, könnten alle kategoriellen Variablen durch Hinzunahme der anderen perfekt erklärt werden[43], wodurch sich eine perfekte Kollinearität der Dummy-Variablen ergeben würde.

Die Schätzung des logistischen Regressionsmodells wird außerhalb des CLUE-s Modellalgorithmus durchgeführt. Hierfür wurde ein sog. Generalized Linear Model (**GLM**) in der Software R[44] verwendet. Ein GLM ist eine Verallgemeinerung des klassischen linearen Modells (Formel 2), das neben normalverteilten Daten auch solche einer Binomial-, Poisson- oder inversen Gaußverteilung mit Hilfe der Maximum-Likelihood-Methode schätzen kann (MCCULLAGH & NELDER, 1989). Dem CLUE-s Modell werden schließlich die geschätzten Regressionsparameter als Modellressourcen übergeben. Der Modellalgorithmus berechnet aus diesen Informationen und den in Raster-Form vorliegenden Antriebskräften Wahrscheinlichkeitskarten für die Allokation der im Demand vorgegebenen Landnutzung.

Für die Schätzung des logistischen Regressionsmodells wurde nur eine Stichprobe von 10% der Pixel jeder Landnutzungsklasse genommen. Dies verringerte nicht nur die notwendige Rechenleistung[45] erheblich, sondern sorgte zudem dafür, dass räumliche Autokorrelation vermieden wird. Autokorrelation wird in den vorliegenden Daten dadurch verursacht, dass Landnutzung in der Regel in Clustern auftritt und damit das Vorhandensein eines Pixels zum Teil schon durch das Vorkommen seiner Nachbarpixel erklärt werden kann. Dies kann zu einer Überschätzung der Regressionsparameter und damit des Einflusses der Antriebskräfte führen (OVERMARS ET AL., 2003). Die Stichproben wurden ausgeglichen genommen, was bedeutet, dass die gleiche Anzahl an Pixeln ausgewählt wurde, die einer Klasse angehören, wie ihr nicht angehören.

---

43 Z.B. Bodentyp 1 ist immer genau dort, wo alle anderen Bodentypen nicht auftreten.
44 http://www.r-project.org/
45 Reduziert bei den vorliegenden Daten beispielsweise die Anzahl von 1,2 Mio. Werten für die Klasse *Ackerflächen* auf 120.000.

Bevor die eigentlichen logistischen Regressionsmodelle aufgestellt wurden, fand für alle Variablen ein Test auf Multikollinearität statt. Hierfür wurde zunächst der Korrelationskoeffizient R für alle Variablenpaare berechnet. Waren Variablenpaare mit R > 0,8 korreliert, wurde eine der beiden Variablen von der weiteren Analyse ausgeschlossen (vgl. MENARD (2001)). Dieses Verfahren konnte nur auf rational-, bzw. intervallskalierte Variablen angewendet werden. Daher wurde zusätzlich die logistische Regression mit einer schrittweisen Variablenselektion durchgeführt. Als Evaluationskriterium diente hierbei das *„Akaike Information Criterion"* (AIC) (LESSCHEN ET AL., 2005). Die automatische Variablenselektion wird von einigen Autoren kritisch gesehen, da hierdurch nicht nur kollineare Variablen ausgeschlossen werden, sondern auch solche, die anscheinend keinen zusätzlichen Beitrag zum Modell liefern (HARRELL, 2001). Daher wurden Variablen, die ausgeschlossen wurden, noch einmal auf logische Zusammenhänge überprüft und schließlich die Genauigkeit des Regressionsmodells mit und ohne diese Variablen betrachtet. Alle verfügbaren Variablen für die Modellierung aller Landnutzungsklassen zu nutzen, war aus Gründen der Rechenleistung nicht möglich. Dies machte eine Reduzierung der Variablen notwendig.

Bewertung der logistischen Regression

Eine logistische Regression kann nicht wie eine lineare Regression mit dem Bestimmtheitsmaß R^2 bewertet werden, welches den erklärenden Anteil der Varianz der abhängigen Variable von dem Regressionsmodell beschreibt. Bei einer Variable mit binärer Ausprägung kann eine Varianz nicht sinnvoll berechnet werden.

Im Bereich der Landnutzungsmodellierung wird häufig die Methode der *„Receiver (Relative) Operating Characteristic"* (**ROC**) angewendet (PONTIUS JR & SCHNEIDER, 2001;

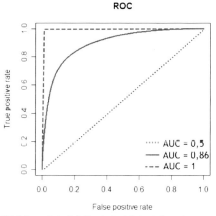

Abbildung 5.6: *ROC mit drei Beispielen einer Area Under Curve (AUC)*

Pontius Jr & Batchu, 2003) und explizit für die Validierung der logistischen Regression des CLUE-s Modells vorgeschlagen (Verburg et al., 2004b). Hierbei werden die *True-Positive-* den *False-Positive*-Werten[46] einer bestimmten Anzahl an Wahrscheinlichkeitsklassen gegenübergestellt, woraus sich eine Kurve ergibt. Die Fläche unter dieser Kurve, also deren Integral, nimmt als sog. **AUC** (*„Area Under Curve"*) Werte zwischen 0,5 (Vorhersage rein zufällig) und 1 (perfekte Vorhersage) an (siehe Abbildung 5.6). Die Bewertung der logistischen Regression mit der ROC-Methode erfolgte wie die logistische Regression in der Statistik-Software R.

Interpretation der erklärenden Variablen der logistischen Regression

Die Interpretation der gemäß Gleichung 3 (S. 106) bestimmten Regressionsgewichte ist nicht unmittelbar möglich, da sich diese sog. Logits auf die logarithmierten Odds und nicht auf die Variablen selbst beziehen. Die einzige Aussage, die sich direkt anhand der Regressionsgewichte treffen lässt ist, ob die entsprechenden Variablen positiv ($b_n > 0$) oder negativ ($b_n < 0$) korreliert sind. Der Effektkoeffizient (e^{b_n}) lässt hingegen eine Interpretation zu. Diese besagt, dass sich mit der Änderung von einer Einheit der Variable X_n die Odds um den Faktor e^{b_n} ändern. Werte des Effektkoeffizienten zwischen 1 und 0 verringern die Odds und Werte zwischen 1 und $+\infty$ erhöhen die Odds. Ein Effektkoeffizient von 1 hat keine Auswirkung auf die Odds.

Bei der Interpretation eines multiplen logistischen Regressionsmodells ist es darüber hinaus interessant zu erfahren, wie der Einfluss unterschiedlicher erklärender Variablen im Verhältnis zueinander aussieht, bzw. wie unterschiedliche Ausprägungen einer Variablen die abhängige Variable beeinflussen. Hierfür setzt man die jeweiligen Odds, also die Chancen, dass ein Ereignis eintritt, in ein Verhältnis zueinander: das sogenannte Chancenverhältnis oder **Odds Ratio** *(OR):*

---

46 Bestandteile einer Wahrheitsmatrix (Modell = ja & Referenz = ja: True positive; Modell = ja & Referenz = nein: False positive; Modell = nein & Referenz = nein: False negative; Modell = nein & Referenz = ja: True negative)

$$OR = \frac{\dfrac{P_A}{1-P_A}}{\dfrac{P_B}{1-P_B}} \qquad (7)$$

Hätte in einem einfachen Beispiel die Variable X_n nur zwei Merkmalsausprägungen, würde die Wahrscheinlichkeit, dass an einem Pixel eine bestimmte Landnutzungsklasse auftritt, durch die Chance von Variablenausprägung A im Verhältnis zur Chance von Variablenausprägung B bestimmt. A und B stellen in Gleichung 7 unterschiedliche Werte oder Ausprägungen von X_n dar. Ist das OR nahe 1, weist dies darauf hin, dass die entsprechende Variable keine große Auswirkung auf die Erklärung der abhängigen Variablen hat, da das Auftreten und das Nicht-Auftreten der erklärenden Variable in einem ähnlichen Verhältnis zueinander stehen.

Um die Effektstärken verschiedener Variablen miteinander vergleichen zu können, müssen diese vereinheitlicht werden. Statt die Koeffizienten zu standardisieren, empfiehlt HARRELL (2001), als Merkmalsausprägungen zur Berechnung der OR die unteren (Q.$_{25}$) und oberen (Q.$_{75}$) Quartile der metrischen Variablen zu nutzen. Bei ordinal- oder nominalskalierten Daten werden die einzelnen Ausprägungen der Klassen mit der Ausprägung einer Referenzklasse verglichen.

In Anlehnung an die Arbeit von JUDEX (2008) erfolgt die Visualisierung der OR mit „*Inter-Quartil-Range-Plots*". Je weiter das OR in dem Plot von 1 entfernt ist, desto stärker ist der Effekt der erklärenden auf die abhängige Variable, wobei Werte zwischen 1 und 0 einen negativen und Werte zwischen 1 und $+\infty$ einen positiven Effekt haben (vgl. Abbildung 5.7). Zusätzlich sind in dem Inter-Quartil-Range-Plot die Konfidenzintervalle der OR angegeben. Diese weisen darauf hin, wie stark die Streuung der erklärenden Variable ist. Dies hilft bei der Interpretation der Ergebnisse, da Variablen mit hohem Effekt bei gleichzeitig sehr großer Streuung schwer zu interpretieren sind. Das Verhältnis der OR zueinander kann sich bei einem anderen Wertebereich der erklärenden Variablen verändern, weshalb die Interpretation der Effektstärken nicht vergleichbar mit der eines gewöhnlichen linearen Regressionsmodells ist. Eine tiefergehende Erläuterung der OR findet sich bei HARRELL (2001). Ebenso wie die Schätzung der Regressionsparameter und die Bewertung mit der ROC-Methode ist auch die Methode der Odds Ratios kein Bestandteil von CLUE-s und wurde in R durchgeführt.

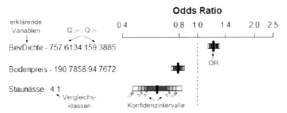

Abbildung 5.7: Inter-Quartil-Range-Plot zum Vergleich der Effektstärke erklärender Variablen.
Bei metrisch skalierten Variablen werden die Quartile Q25 : Q75 miteinander verglichen, kategoriale Werte werden mit einer Refernzklasse verglichen. Die Farbabstufungen entsprechen den Vertrauensintervallen (verändert nach JUDEX (2008)).

Statische und dynamische Antriebskräfte

Bei den erklärenden Variablen der logistischen Regression handelt es sich um Daten einer Stichprobe von geo-biophysikalischen, sozioökonomischen und demographischen Antriebskräften des Landnutzungswandels (vgl. Kapitel 6.2.2). In vielen Fällen sind diese Antriebskräfte statisch, insbesondere im Bereich der geo-biophysikalischen Antriebskräfte. Weder Geländehöhe, noch die Hangneigung oder die Bodentypen werden sich im zu modellierenden Zeitraum ändern. Anders kann dies jedoch bei sozioökonomischen oder demographischen Variablen der Fall sein. Wenn ein enger Zusammenhang zwischen der Bevölkerungsdichte und einer Landnutzungsklasse besteht, kann es durchaus sinnvoll sein, die Entwicklung dieser Variablen mit zu berücksichtigen. Das gleiche gilt für Distanzvariablen als Maß für die Erreichbarkeit von Märkten. Innerhalb des Modellzeitraums können sich Distanzen ändern, beispielsweise durch den Neubau von Verkehrsinfrastruktur. Daher bietet das CLUE-s Modell die Möglichkeit Antriebskräfte auch dynamisch einzubinden. Für diesen Fall muss für jeden Zeitschritt eine räumlich explizite Karte der entsprechenden Antriebskräfte bereitgestellt werden. Die statistischen Beziehungen zwischen Landnutzung und diesen Antriebskräften verändern sich während des Modelllaufs nicht. Sie werden genau wie bei den dynamischen Antriebskräften mit der logistischen Regression errechnet. Es verändert sich nur die räumliche Ausprägung der Antriebskräfte. Die Antriebskräfte werden CLUE-s als Modellressourcen übergeben. Mit den oben beschriebenen Regressionsparametern berechnet der Modellalgorithmus daraus Wahrscheinlichkeitskarten.

5.2.3 Räumliche Berechnungen: Nachbarschaftswahrscheinlichkeiten

Ob sich die Landnutzung an einem bestimmten Ort ändert, ist nicht allein von den auf diesen Ort wirkenden Antriebskräften abhängig. Eine Landnutzung tritt in der Regel nicht isoliert auf, sondern ist in hohem Maße abhängig von der sie umgebenden Landnutzung. Meist bedingt das Vorhandensein einer Landnutzungsklasse das Vorkommen der selben Landnutzungsklasse in der direkten Umgebung. Dies ist vor allem bei Siedlungsflächen zu beobachten, die stark geclustert auftreten, da sie von dem Vorhandensein bestimmter Infrastruktur abhängig sind. Genau diese Eigenschaft bildet die Grundlage vieler Modellansätze, die auf urbanes Wachstum spezialisiert sind, wie z.B. zelluläre Automaten (vgl. Kapitel 2.4.5).

Solche durch die Nachbarschaft wirkenden Kräfte werden auch im CLUE-s Modell berücksichtigt. Hierfür wird für jedes Pixel *i* in Bezug auf jede Landnutzungsklasse *k* ein sogenannter **neighborhood enrichment factor** *F* berechnet (VERBURG ET AL., 2004a):

$$F_{i,k,d} = \frac{n_{i,k,d}/n_{i,d}}{N_k/N}$$

(8)

Mit einem *„moving window"* wird für jede Rasterzelle $n_{k,d,i}$ die Anzahl der Zellen *k* in einer definierten Umgebung *d* im Verhältnis zur Gesamtzahl der Zellen $n_{d,i}$ der Umgebung berechnet. Dieser Wert wird wiederum durch die Anzahl aller Pixel N_k im Bild im Verhältnis zur Gesamtzahl aller Bildpixel *N* geteilt. Die Umgebung *d* kann hierbei für jede Landnutzungsklasse unterschiedlich gewählt werden, da die „Reichweite" einer Klasse durchaus verschieden sein kann. Entspricht das Auftreten der Klasse dem Gesamtvorkommen, so ist der Nachbarschaftseffekt an dieser Stelle 1. Ist die Klasse unterrepräsentiert, liegt er zwischen 0 und 1, ist sie überrepräsentiert, ist der Nachbarschaftsfaktor > 1. Die Berechnung des Nachbarschaftsfaktors erfolgte in Anlehnung an die Arbeit von JUDEX (2008) mit der *Spatial Modeler Language* von ERDAS Imagine.

Der mittlere Nachbarschaftsfaktor der Landnutzungsklasse l ($\bar{F}_{l,k,d}$) ergibt sich aus dem Mittelwert der Nachbarschaftsfaktoren aller Pixel, die Klasse l angehören (VERBURG ET AL., 2004a):

$$\bar{F}_{l,k,d} = \frac{1}{N} \sum_{i \in L} F_{i,k,d} \qquad (9)$$

Dabei beschreibt L alle Pixel der Landnutzung l und N die Summe aller Pixel im Raster. Aus den Karten der Nachbarschaftsfaktoren für jede Landnutzungsklasse berechnet CLUE-s Wahrscheinlichkeitskarten der Nachbarschaft einer Landnutzungsklasse. Um dies zu erreichen, wird die in Kapitel 5.2.2 geschilderte Vorgehensweise gewählt. Stichproben aus den Karten der Nachbarschaftsfaktoren fließen als erklärende Variablen in eine logistische Regression ein. Die geschätzten Regressionsgewichte werden an CLUE-s als Modellressourcen übergeben. Da sich die Landnutzung in jedem Modellschritt ändert, werden anhand der Regressionsgewichte und der definierten Nachbarschaften in jedem Schritt neue Wahrscheinlichkeitskarten der Nachbarschaften erzeugt.

Die Größe der Umgebung d wurde für jede Landnutzungsklasse ermittelt, indem zunächst Nachbarschaftskarten mit einer 3x3, 5x5 und 11x11 Pixel-Umgebung erstellt wurden und für jede Kombination aus Nachbarschaftskarten ein eigenes Regressionsmodell aufgestellt wurde. Nach der Evaluierung der Ergebnisse mit der ROC (Kapitel 5.2.2) wurde für jede Landnutzungsklasse die Nachbarschaft gewählt, mit der der höchste AUC-Wert erreicht wurde.

5.2.4 Zeitliche Beschränkungen: die „Conversion Matrix"

Mit den bisher vorgestellten Komponenten lassen sich mit dem CLUE-s Modell Wahrscheinlichkeiten für das Vorkommen von Landnutzung, bzw. Landnutzungsänderungen berechnen. Sie vermögen jedoch nicht die komplexen Interaktionen zu beschreiben, die bei Landnutzungsänderungen auftreten. Hierfür sieht das CLUE-s Modell zusätzliche Komponenten vor. Diese beziehen sich auf spezifische Eigenschaften von Landnutzungsklassen, auf den zeitlichen Rahmen von Landnutzungsänderungen und auf räumliche Besonderheiten, die allein durch Wahrscheinlichkeiten nicht abgebildet werden können, wie z.B. politische

Beschränkungen oder Planungsziele für gewisse Regionen des Untersuchungsgebietes.

Die **Conversion Matrix** beschreibt die landnutzungsspezifischen Änderungsmöglichkeiten. In Form einer Matrix wird zusammengetragen, welche Landnutzung sich in welche ändern darf und ob es hierfür zeitliche Beschränkungen gibt (Tabelle 5.2).

Tabelle 5.2: Veranschaulichung der Conversion Matrix.

von nach	k_i	k_j	k_k	...
k_i	1	110	1	...
k_j	0	1	-110	...
...	...	...	...	...

In der Conversion Matrix zeigt der Wert 1 an, dass sich eine Landnutzungsklasse k_i jederzeit in eine Landnutzungsklasse k_j ändern kann. Der Wert 0 bedeutet, dass keine Änderung von k_i nach k_j stattfinden kann. Zeitliche Beschränkungen werden mit der Zahl 100 angezeigt, wobei „100 + Anzahl der Zeitschritte" bedeutet, dass eine Landnutzung k_i die genannte Anzahl an Zeitschritten bestehen bleiben muss, bis sie sich in k_j ändern kann. Hingegen bedeutet die Zahl „-100 - Anzahl der Zeitschritte", dass eine Landnutzung k_i sich nach der genannten Anzahl an Zeitschritten nicht mehr in k_j ändern kann.

Mit der Conversion Matrix kann in gewissem Maße eine Pfadabhängigkeit der Landnutzung (MANSON, 2001) gesteuert werden, da hiermit festgelegt werden kann, dass sich eine Klasse zunächst in eine bestimmte Klasse ändern muss, bevor sie in eine weitere Klasse umgewandelt werden kann. Bei der Umsetzung der Werte in der Conversion Matrix werden die Werte einer Karte der **Land Use History** berücksichtigt, die als Raster-Datensatz in CLUE-s geladen wird und das Alter der Landnutzung für jedes Pixel beinhaltet. Bei jedem Modellschritt wird die Land Use History aktualisiert.

Zusätzlich zur Conversion Matrix kann noch eine Abweichungsmatrix definiert werden. Eine Abweichung von den Werten in der Conversion Matrix ist vor allem dann sinnvoll, wenn eine zeitliche Beschränkung für eine Landnutzungsklasse besteht und gleichzeitig der Landnutzungsbedarf an dieser Klasse hoch ist. Nach Ablauf der zeitlichen Beschränkung durch die Conversion Matrix würden ohne die Abweichungsmatrix auf einen Schlag große Teile dieser Klasse umgewandelt. In der Abweichungsmatrix wird in Zeitschritten angegeben, um

115

welchen Zeitraum der Wert in der Conversion Matrix variieren kann. Dies bringt einen gewissen Zufallsfaktor in die Modellberechnung.

5.2.5 Klassenspezifische Beschränkungen: die „Conversion Elasticity"

Verschiedene Landnutzungstypen sind unterschiedlich beständig. Die Beständigkeit richtet sich in der Regel nach ökonomischen Kriterien. Neues Bauland auszuweisen und darauf Wohnhäuser zu bauen bedarf einer sehr hohen finanziellen Investition. Dementsprechend wird es viele Jahrzehnte dauern, bis ein Wohngebiet so stark an Wert verliert, dass es sich lohnen würde es abzureißen, um an gleicher Stelle eine Grünfläche anzulegen oder Getreide anzubauen. Andersherum kann es bei sich ändernden Marktpreisen oder technischen Weiterentwicklungen zeitlich schnell ökonomisch sinnvoll sein, Weideland in eine Ackerfläche oder in Bauland umzuwidmen. Diese ungefähre Nutzungsdauer von Landnutzungsklassen kann in CLUE-s mit der **Conversion Elasticity** parametrisiert werden. Dieser Faktor kann Werte zwischen 0 und 1 annehmen, wobei 0 bedeutet, dass sich eine Landnutzungsklasse bei gegebenem Bedarf jederzeit ändern kann und 1, dass eine Umwandlung in diese Klasse irreversibel ist. Der Wert 1 ist allerdings nur für wenige Landnutzungsklassen sinnvoll.

5.2.6 Regionale Beschränkungen: Area Restrictions und „Location Specific Preference Additions" (LSPA)

Oft haben politische Einflussnahmen Auswirkungen auf die Landnutzung. Ein klassisches Beispiel in diesem Zusammenhang sind Schutzgebiete. In ihnen ist eine Änderung der bestehenden Landnutzung ausgeschlossen. Diese Nutzungsrestriktionen können als zusätzlicher Rasterdatensatz als **Area Restrictions** in das Modell einfließen.

Eine weitere politische Einflussnahme ist die Bevorzugung einer gewissen Landnutzung in einer bestimmten Region zur Erfüllung von Planungszielen. Ein in der Literatur oft zitiertes Beispiel hierfür ist das „*Groene Hart*" in den Niederlanden, das als „grünes Herz" ein Gegengewicht zu dem es umgebenden Städtering der Randstad[47] darstellen soll (Verburg et al., 2004b). Dementsprechend kann in CLUE-s für jede Landnutzungsklasse ein Rasterdatensatz einfließen, in dem Fördergebiete oder auch regionale Beschränkungen angegeben sind, die sog. **Location Specific Preference Additions** (LSPA). Die LSPA werden mit Gewichten versehen, die den Einfluss dieser Informationen auf die Gesamtwahrscheinlichkeit steuern.

5.2.7 Berechnung der Gesamtwahrscheinlichkeit

Die bisher vorgestellten Parameter fließen in die Berechnung der Gesamtwahrscheinlichkeit ein, die für jeden Zeitschritt bestimmt, an welchen Pixeln im Eingaberaster Änderungen der Landnutzung stattfinden können. Da jedes Pixel die Information über die Wahrscheinlichkeit jeder einzelnen Landnutzungsklasse enthält, basiert die Verteilung der Änderungen auf der Konkurrenz der Landnutzungsklassen, die an jedem Pixel herrscht.

Es kann vorkommen, dass für eine Landnutzungsklasse in großen Teilen des Untersuchungsgebietes eine höhere Wahrscheinlichkeit herrscht, als für andere Klassen, obwohl der Bedarf an dieser Klasse eher gering ist. Andersherum kann eine Klasse einen hohen Bedarf aufweisen, ihr Auftreten ist aber nur an wenigen Orten im Vergleich zu anderen Klassen wahrscheinlich. Das CLUE-s Modell löst diesen Konflikt zwischen global definiertem Bedarf und lokal bestimmter Konkurrenz durch einen iterativen Algorithmus. Die Gesamtwahrscheinlichkeit wird für jedes Pixel iterativ angepasst, bis die räumlich simulierten Landnutzungsänderungen mit dem Bedarf innerhalb eines gewissen Toleranzbereichs übereinstimmen:

$$PT_{i,k} = PA_{i,k} + PN_{i,k} + E_k + L_k + I_k + r \tag{10}$$

Für jeden Iterationsschritt wird also die Gesamtwahrscheinlichkeit PT aus der Summe der Wahrscheinlichkeit der Antriebskräfte PA und der Nachbarschaftswahrscheinlichkeit PN an jedem Pixel i für jede Landnutzung k, der Conversion Elasticity E_k und optional den LSPA L_k berechnet. Hinzu kommt eine Iterationsvariable I_k und ein Zufallswert r. Werden bei einem Iterationsschritt gemäß der Wahrscheinlichkeiten weniger Pixel der Landnutzung k verteilt, als durch den Bedarf vorgegeben, wird I_k vergrößert, wodurch auch PT für jedes Pixel wächst.

---

47 Rotterdam, Den Haag, Leiden, Haarlem, Amsterdam und Utrecht.

Werden andererseits mehr Pixel der Klasse k verteilt, als der Toleranzbereich des Bedarfs vorsieht, so wird I_k verringert, wodurch die Gesamtwahrscheinlichkeit PT für k an jedem Pixel sinkt. Diese Iteration wird so lange durchgeführt, bis alle Landnutzungsklassen innerhalb des Toleranzbereiches verteilt worden sind. Die Änderung von I_k orientiert sich prozentual am Bedarf von k:

$$I_{k(t+1)} = I_{k(t)} + \frac{D_{k(t+1)} - LC_{k(t)}}{LC_{k(t)}} + r \qquad (11)$$

D entspricht dem Bedarf der Klasse k zum Zeitpunkt t und LC der verteilten Landnutzungsklasse zum Zeitpunkt t nach Iterationsschritt I_t. Der Zufallswert r verhindert, dass die Iteration unendlich läuft, falls das Modell zwischen zwei stabilen Zuständen um den gleichen Wert schwankt.

5.2.8 Merkmale von CLUE-s

Der Modellalgorithmus von CLUE-s basiert auf der Konkurrenz zwischen Landnutzungsklassen. Die Konkurrenz ergibt sich maßgeblich aus statistischen Zusammenhängen zwischen der Landnutzung und den auf sie wirkenden Antriebskräften, sowie einer Reihe zusätzlicher Konversionsregeln. Damit ist das Modell nicht auf bestimmte Landnutzungsänderungsprozesse festgelegt, sondern ist universell einsetzbar, was ein großer Vorteil gegenüber spezialisierteren Modellen ist.

Aus der Konkurrenz der Landnutzungsklassen können dann Schwierigkeiten bei der Modellierung entstehen, wenn der Demand für eine Landnutzungsklasse hoch ist, aber bereits nach wenigen Zeitschritten die „wahrscheinlichsten" Flächen durch diese Klasse belegt sind. Durch die Anpassung der Iterationsvariablen wird eine weitere Verteilung dieser Klasse erzwungen, wodurch auch weniger wahrscheinliche Flächen in diese Landnutzungsklasse umgewandelt werden.

5.3 Ein zellulärer Automat (SLEUTH / UGM) zur Simulation des Siedlungswachstums

SLEUTH ist im Kern ein urbanes Wachstumsmodell. Damit ist dieses Modell im Gegensatz zu CLUE-s auf einen ganz bestimmten Prozess des Landnutzungs-wandels fokussiert, nämlich auf die Umwandlung natürlicher oder landwirt-schaftlich genutzter Fläche in bebaute Fläche. Der Name steht als Akronym für die wichtigsten Inputdaten des Modells: Slope, Land Use, Exclusion, Urban Extent, Transportation, Hillshade. Die Funktionen für urbanes Wachstum basieren auf der Technologie der zellulären Automaten (Kapitel 2.4.5). SLEUTH und sein Vorgänger, das *„Clarke Urban Growth Model"*, wurden unter Leitung von Keith Clarke an der University of California in Santa Barbara im Rahmen des USGS-geförderten Gigalopolis-Projektes entwickelt (CLARKE ET AL., 1997). Das Modell besteht aus zwei lose gekoppelten Komponenten: dem **Urban Growth Model** (UGM), einem zellulären Automat, der das Wachstum von Städten simuliert, und dem **Land Cover Deltatron Model** (LCD)[48], welches die Landnutzungsdynamik berücksichtigt. Das UGM kann auch separat genutzt werden, was bei einem Großteil der Anwendungen, in denen das SLEUTH Modell genutzt wurde, auch der Fall war.

SLEUTH wurde in zahlreichen Studien weltweit eingesetzt, wobei der Schwer-punkt auf den USA lag, da das Modell anhand des Wachstumsverhaltens nord-amerikanischer Städte entwickelt wurde. Mit SLEUTH wurde u.a. das Wachstum folgender nordamerikanischer Städte und Regionen simuliert: San Francisco (CLARKE ET AL., 1997), Washington/Baltimore (CLARKE & GAYDOS, 1998; JANTZ ET AL., 2003), Santa Barbara (HEROLD ET AL., 2001, 2003; GOLDSTEIN ET AL., 2004), Atlanta (LO & YANG, 2002; YANG & LO, 2003), das kalifornische Central Valley (DIETZEL ET AL., 2005) und die Tampa Bay Region in Florida (XIAN & CRANE, 2005). Des weiteren wurde auch urbanes Wachstum außerhalb der USA simuliert, wie beispielsweise für Porto und Lissabon / Portugal (SILVA & CLARKE, 2002, 2005), Padova-Mestre und Palermo / Italien (CAGLIONI ET AL., 2006), Porto Alegre / Brasilien (LEÃO ET AL., 2004), Chiang Mai / Thailand

---

48 Ein Deltatron initiiert Landnutzungswandel in der Nähe von neuen Siedlungspixeln, die mit dem UGM erzeugt wurden. Als Einflussgröße fließt hierbei die Landnutzungsänderung der Vergangenheit ein. Eine ausführliche Beschreibung des LCD Modells findet sich bei CANDAU & CLARKE (2000) und YANG & LO (2003).

(SANGAWONGSE, 2006; LEBEL ET AL., 2007), Paochiao / Taiwan (LIN ET AL., 2008), und Mashad / Iran (RAFIEE ET AL., 2009).

Der Quellcode von SLEUTH ist *public domain* und konnte dementsprechend für eine Implementierung des Modells in XULU verwendet werden. Im Rahmen dieser Arbeit wurde der Quellcode von SLEUTH in die Programmiersprache JAVA übertragen, wobei ausschließlich die UGM-Komponente verwendet wurde [49]. Das LCD wurde nicht übertragen, da die Landnutzungszusammensetzung bereits mit dem CLUE-s Modell modelliert wird und verschiedene Modellläufe mit dem LCD keine zufriedenstellenden Ergebnisse für NRW lieferten.

Alle Wachstumsregeln und Modellressourcen, die für das UGM relevant sind, wurden in XULU übertragen und werden in den folgenden Unterkapiteln vorgestellt. Da die LCD-Modellressourcen hier keine Rolle mehr spielen, werden sie nicht aufgeführt. Daher unterscheidet sich die Beschreibung in einigen Punkten von den Modellbeschreibungen bei CLARKE ET AL. (1997), CLARKE & GAYDOS (1998), JANTZ ET AL. (2003) oder UCSB (2005). Im Zusammenhang mit der Modellkalibrierung hat sich eine grundlegende Änderung gegenüber dem original SLEUTH ergeben. Dies wird im Detail in Unterkapitel 5.3.4 erläutert.

5.3.1 Eingangsdaten und Modellparameter

Das UGM benötigt 4 der ursprünglich 6 SLEUTH-Eingangsdaten:

1. Hangneigung (**Slope**): Abgeleitet aus einem DGM (Angaben in Prozent). Der Wertebereich liegt zwischen 0 und 100.
2. Ausschlussflächen (**Excluded**): Enthält Gebiete, in denen keine Urbanisierung stattfinden kann, z.B. Wasserflächen oder Naturschutzgebiete. Diese Bereiche haben den Wert 1. Pixel mit dem Wert 0 können verändert werden. Es können zudem Gebiete ausgewiesen werden, in denen urbanes Wachstum unwahrscheinlicher ist. Diese Gebiete liegen im Wertebereich zwischen 0 (wahrscheinlich) und 1 (unwahrscheinlich). Hiermit ist ein Instrument vorhanden, mit dem beispielsweise Planungsvorgaben mit in

---

[49] Daher wird im weiteren Verlauf des Textes die Abkürzung UGM verwendet, wenn das in XULU implementierte Modell gemeint ist. Der Begriff SLEUTH schließt auch das ursprüngliche Modell mit ein.

das Modell einfließen können. Diese Einstellung ähnelt dem LSPA-Layer in CLUE-s.

3. Siedlungen (**Urban**): Umfang der Siedlungsflächen als binäre Klassifikation (0 = keine Siedlung, 1 = Siedlung) und damit Ausgangsinformation für den zellulären Automaten.

4. Straßennetz (**Transportation**): Das Modell beinhaltet eine Wachstumsregel, die Siedlungswachstum entlang von Straßen vorsieht. Hierfür kann entweder ein binäres Raster (Straße = 0 / keine Straße = 100) oder ein Raster mit einer Gewichtung nach Art der Straßen in das Modell einfließen (beispielhaft in Tabelle 5.3 dargestellt).

Tabelle 5.3: Beispiel für Gewichtung des Straßennetzes im SLEUTH Modell.

Straßengewichtung 1	Straßengewichtung 2	Bedeutung der Straße
4	100	Hoch
2	50	Mittel
1	25	Gering
0	0	Keine

In einer Parameterdatei werden dem Modell neben der Anzahl der zu berechnenden Zeitschritte fünf Koeffizienten übergeben, die das Wachstumsverhalten der Siedlungsflächen bestimmen:

1. **Dispersion** (oder **Diffusion**): Dieser Koeffizient kontrolliert die Anzahl der Pixel, die per Zufall für mögliches Siedlungswachstum ausgewählt werden. Jede Zelle des Rasters, die keine Siedlungsfläche ist und nicht in einem Ausschlussgebiet liegt, hat eine bestimmte Wahrscheinlichkeit für eine Veränderung.

2. **Breed**: Der Breed-Koeffizient bestimmt die Wahrscheinlichkeit, mit der ein spontan neu entstandenes Siedlungspixel (Dispersion) als neues Wachstumszentrum fungieren kann.

3. **Spread**: Der Spread-Koeffizient kontrolliert das nach außen gerichtete Wachstum von Siedlungskörpern, das auch das Auffüllen von Siedlungslücken beinhaltet.

4. **Slope**: Neue Siedlungsflächen sind auf flachen Hängen wahrscheinlicher als auf steilen. Ab einem bestimmten kritischen Wert[50] ist das Entstehen

---

50 Dieser Wert wird ebenfalls in der Parameterdatei definiert.

neuer Siedlungsflächen ausgeschlossen. Für jedes neue Siedlungspixel wird diese Hangneigung berücksichtigt. Dabei wird kein linearer Zusammenhang zwischen Hangneigung und Wahrscheinlichkeit der Umwandlung hergestellt. Vielmehr wirkt der Slope-Koeffizient als Multiplikator (Abbildung 5.8). Hierfür wird zunächst der Slope-Koeffizient (*Slope-Coeff*) in ein Hangneigungsgewicht *exp* umgerechnet,

$$\exp = \frac{SlopeCoeff}{(MaxSlopeRes \ / \ 2)} \tag{12}$$

wobei *MaxSlopeRes* der maximal mögliche kritische Hangneigungswert ist. Mit Hilfe des Hangneigungsgewichtes kann ein Lookup-Table aufgebaut werden, in dem jeder Hangneigung (%) ein Hangneigungsgewicht zugewiesen wird (Gleichung 13). So bewirkt ein hoher Wert, dass schon bei moderaten Hängen die Wahrscheinlichkeit für ein neues Siedlungspixel sinkt und ein kleiner Wert, dass auch auf steilen Hängen noch eine hohe Wahrscheinlichkeit für neue Siedlungspixel herrscht.

$$LT[i] = 1 - \left(\frac{(CritSlope - i)}{CritSlope} \right)^{\exp} \tag{13}$$

Anhand Gleichung 13 wird für jede Hangneigung *i*, die kleiner als die kritische Hangneigung *CritSlope* ist, ein entsprechendes Hangneigungsgewicht in den Lookup-Table *LT* eingetragen.

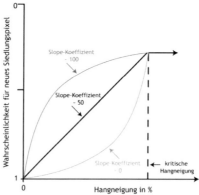

Abbildung 5.8: Zusammenhang zwischen Hangneigung und Wahrscheinlichkeit für neue Siedlungspixel im SLEUTH Modell
(verändert nach UCSB (2005))

5. **RoadGravity**: Dieser Koeffizient beeinflusst die Distanz, innerhalb der der zelluläre Automat in der Umgebung eines neu entstandenen Pixels nach einer Straße sucht. Entlang dieser Straße wird das Pixel an eine andere Position verschoben.

5.3.2 Wachstumsregeln

Die oben vorgestellten Modellparameter steuern vier Wachstumsregeln, nach denen der zelluläre Automat neue Siedlungspixel verteilt.

Spontanes Wachstum

Das Spontane Wachstum beschreibt das zufällige Entstehen neuer Siedlungspixel im Raster. Ob und wo solche Pixel entstehen können, ergibt sich aus der Hangneigung an dieser Stelle, einem Zufallswert, möglichen Beschränkungen im „Excluded"-Raster sowie dem Dispersion-Wert *DispValue*, der sich wie folgt berechnet:

$$DispValue = ((DispCoeff * 0{,}005) * \sqrt{(NumR^2 + NumC^2)}) \qquad (14)$$

Hierbei ist *DispCoeff* der Dispersion-Koeffizient, *NumR* die Anzahl der Bildspalten und *NumC* die Anzahl der Bildzeilen. Bei einem Höchstwert des Dispersion-Koeffizienten von 100 kann die Anzahl der Pixel, die spontan für neue Siedlungszellen selektiert werden, maximal 50% der Bilddiagonalen betragen. Jede selektierte Zelle wird mit einer Zufallszahl und dem Hangneigungswert an dieser Position abgeglichen. Dieser Vorgang wird in Abbildung 5.9 verdeutlicht.

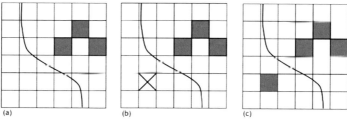

Abbildung 5.9: Spontanes Wachstum.
(a) Initialzustand, (b) temporär ausgewählte Zelle wird mit Zufallswert und Hangneigung abgeglichen, (c) Endzustand (verändert nach UCSB (2005))

Neue Wachstumszentren

Neu entstandene Zellen können sich zu neuen Wachstumszentren entwickeln. Der hierfür maßgeblich verantwortliche Parameter ist der Breed-Koeffizient, der die Wahrscheinlichkeit bestimmt, ob sich eine neu entstandene Zelle zu einem größeren Zellenverbund entwickelt (Abbildung 5.10). Auch hier werden die Hangneigung und ein Zufallswert berücksichtigt.

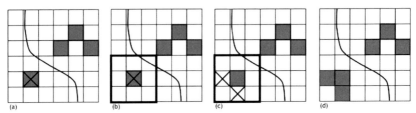

Abbildung 5.10: Neue Wachstumszentren.
(a) spontan entstandene Zelle, (b) Betrachtung der Nachbarschaft, (c) Auswahl von zwei Nachbarzellen, (d) Endzustand (verändert nach UCSB (2005))

Edge-(Rand-)Wachstum

Das Edge-Wachstum ist das nach außen gerichtete Wachstum von Siedlungen, das zudem auch Lücken innerhalb der Siedlungskörper auffüllt. Nicht-Siedlungs-Zellen mit mindestens drei Siedlungszellen in der Nachbarschaft haben eine gewisse Wahrscheinlichkeit, in eine Siedlungszelle umgewandelt zu werden (Abbildung 5.11). Dieser Prozess wird von dem Spread-Koeffizienten angetrieben.

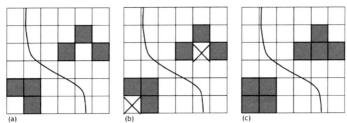

Abbildung 5.11: Edge Wachstum
(a) Initialzustand, (b) temporär ausgewählte Zellen werden mit Hangneigung und Zufallswert abgeglichen, (c) Endzustand (verändert nach USCB (2005))

Straßen-beeinflusstes Wachstum

Die letzte Wachstumsregel wird vom vorhandenen Straßennetz beeinflusst. Dabei werden, gesteuert durch den Breed-Koeffizienten, Zellen ausgewählt, die im aktuellen Zeitschritt neue Siedlungszellen geworden sind. In ihrer Nachbarschaft wird nach einer Straße gesucht. Wie groß diese Nachbarschaft ist, bestimmt der RoadGravity-Koeffizient. Ist in der Nachbarschaft eine Straße gefunden worden, so wird dort eine temporäre Zelle platziert, die dann entlang der Straße verschoben wird. Wie weit diese Zelle sich von ihrer Ursprungsposition entfernt, wird durch den Dispersion-Koeffizienten bestimmt. Ist diese Zelle an ihrer Endposition angekommen, wird in ihrer Nachbarschaft nach einer freien Zelle gesucht. Sobald eine freie Zelle gefunden wurde, wird an dieser Stelle die neue Siedlungszelle platziert und in ihrer Umgebung nach weiteren freien Zellen gesucht, so dass sie direkt als neues Wachstumszentrum fungieren kann.

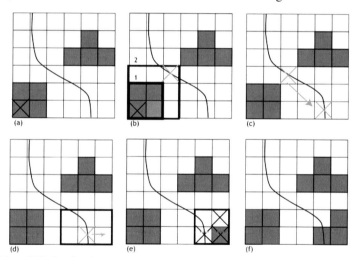

Abbildung 5.12: Straßen-beeinflusstes Wachstum
(a) Initialzustand mit einer ausgewählten Zelle, (b) Suche in der Nachbarschaft nach
Straße in größer werdenden Radien, (c) Verschieben eines temporären Pixels entlang der
Straße, (d) Suche nach freien Pixeln, (e) neues Wachstumszentrum, (f) Endzustand
(verändert nach UCSB (2005))

5.3.3 Selbstmodifikation

Die Koeffizienten, die für die Steuerung der einzelnen Wachstumsphasen verantwortlich sind, werden in der Kalibrierungsphase empirisch ermittelt (siehe Kapitel 5.3.4). Diese Koeffizienten müssen nicht über den ganzen Modelllauf konstant bleiben. Mit einer Erweiterung des Modells hat man die Option, dem System mehr Dynamik zu verleihen. Dies geschieht durch die Selbstmodifikation der Koeffizienten. Dadurch verläuft das Wachstum nicht linear, sondern vollzieht eine für viele Städte typische S-Kurve (CLARKE & GAYDOS, 1998).

Hierfür wird nach jedem Zeitschritt die aktuelle Wachstumsrate berechnet und mit „**Boom**"- und „**Bust**"-Parametern verglichen. Überschreitet die Wachstumsrate einen kritischen Wert, beginnt eine Boom-Phase, in der die Dispersion-, Spread- und Breed-Koeffizienten schrittweise erhöht werden. Sinkt die Wachstumsrate unter einen kritischen Wert, was zum Beispiel passiert, wenn nicht mehr genügend „freie" Pixel zur Verfügung stehen, so beginnt eine Bust-Phase. In dieser Phase werden die Koeffizienten schrittweise gesenkt, so dass das Wachstum dem eines gesättigten Systems entspricht. Bewegt sich das System zwischen den beiden kritischen Werten, wird der Slope-Koeffizient leicht angehoben, um Wachstum an steilen Hängen zu ermöglichen, da sich sonst das Wachstum vor allem auf die Ebenen beschränken würde.

5.3.4 Kalibrierung

Die Kalibrierung eines Modells ist der wichtigste Schritt der Modellierung, da in dieser Phase die Parameter bestimmt werden, die das zu modellierende System beschreiben (DIETZEL & CLARKE, 2007). Da es sich bei SLEUTH und damit auch beim UGM um ein klassisches „*bottom-up*"-Modell handelt, sind Informationen über die einzelnen Wachstumsparameter vor der Modellkalibrierung nicht bekannt[51]. Die Wachstumsparameter müssen während der Kalibrierung induktiv ermittelt werden. Hierfür lässt sich das Modell im Kalibrierungsmodus ausführen. Ausgehend von der vergangenen Ausdehnung der Siedlungsflächen

---

51 Anders als im CLUE-s Modell, wo der Landnutzungsbedarf, der statistische Zusammenhang zu Antriebskräften, etc. bereits vor dem eigentlichen Modelllauf berechnet wurden und „*top down*" in das Modell einfließen. Auch die Konversionsregeln basieren im CLUE-s Modell maßgeblich auf Expertenwissen.

wird das Modell bis zu einem Referenzzeitpunkt laufen gelassen. Dabei werden die Modellparameterwerte mehrfach kombiniert und die Ergebnisbilder mit einem Referenzbild verglichen.

Die Bewertung einzelner Modellläufe erfolgt im originalen SLEUTH Modell über verschiedene Landschaftsmaße, die anhand ihres Bestimmtheitsmaßes (r^2) Auskunft über die Übereinstimmung zwischen Modellergebnis und Referenzdaten liefern. Damit SLEUTH die hierfür notwendigen Regressionen rechnen kann, sind neben einer Karte des Startzeitpunktes mindestens drei Kontroll-Datensätze notwendig, sowie idealerweise ein weiterer, um eine Validierung außerhalb des Kalibrierungszeitraumes durchzuführen. In vielen Studien wurde bislang eine Kombination aus verschiedenen Maßen gewählt, um SLEUTH zu kalibrieren (SILVA & CLARKE, 2002; YANG & LO, 2003; JANTZ ET AL., 2003). Eine Übersicht über alle Maße findet sich bei DIETZEL & CLARKE (2007), die verschiedene Kombinationen eingehend untersucht haben und daraus ein „optimales Maß" berechnen konnten.

Vier bis fünf Landnutzungsdatensätze für ein großes Untersuchungsgebiet wie NRW zusammenzustellen, ist in vielen Arbeiten eine Herausforderung. Obwohl für NRW die notwendigen Datensätze (1975, 1984, 2001 und 2005) verfügbar waren, wurde die oben beschriebene Kalibrierungsmethode für die Implementierung des UGM in XULU verworfen. Stattdessen wurde als Kalibrierungsmethode die Multiple Resolution Comparison (Kapitel 5.4.1) eingeführt. Entsprechend dieser Methode sind nur noch die Karten eines Start- und Zielzeitpunktes notwendig. Dadurch konnte das UGM über den gleichen Zeitraum kalibriert werden wie das CLUE-s Modell (1984 bis 2001). Zudem sind die Bewertungsergebnisse beider Modelle unmittelbar vergleichbar.

Die Ermittlung der Modellparameter erfolgt sowohl im ursprünglichen SLEUTH, als auch im hier genutzten UGM mit der **„brute force"** Methode, d.h. alle möglichen Parameterkombinationen werden ausprobiert. Da dies bei einem jeweiligen Wertebereich von 1 bis 100 für jeden der 5 Parameter niemals in einer akzeptablen Rechenzeit zu bewältigen wäre, wird der Kalibrierungsprozess in mehrere Phasen unterteilt. Dabei wird zunächst eine grobe, dann eine feinere und schließlich eine endgültige Iteration zwischen Parameterwerten vorgenommen (SILVA & CLARKE, 2002). Da bei der räumlichen Auswahl der Zellen, die vom zellulären Automaten verändert werden, der Zufall eine große Rolle spielt (vgl. Kapitel 5.3.2), werden **Monte- Carlo**-Iterationen[52] genutzt, um den Ergebnissen jeder Parameterkombination größere Robustheit zu verleihen. Die Simulation des Siedlungswachstums erfolgt also mit jeder Parameterkombination mehrere Male, wobei in der groben Kalibrierungsphase weniger Iterationen benötigt werden, als bei der feinen und finalen.

Jede Modelliteration wird mit der Methode der Multiple Resolution Comparison (Kapitel 5.4) mit einem Referenzdatensatz verglichen. Bei mehreren Monte-Carlo-Iterationen einer Parameterkombination werden die einzelnen Ergebnisse gemittelt. Die Unterschiede zwischen den einzelnen Monte-Carlo-Iterationen sind gemessen mit der Multiple Resolution Comparison geringer, als es bei den Landschaftsmaßen im originalen SLEUTH Modell der Fall ist[53]. Daher genügen im verwendeten UGM deutlich weniger Monte-Carlo-Iterationen, als im originalen SLEUTH[54].

5.3.5 Merkmale von SLEUTH (UGM) und Implementierung in XULU

Das in XULU implementierte UGM basiert auf dem Algorithmus des „*Clarke Urban Growth Model*", das die Komponente für urbanes Wachstum innerhalb des SLEUTH Modells darstellt. Ausgehend von festgelegten Wachstumsmechanismen orientiert sich das UGM an generellen Mechanismen urbanen Wachstums. Als „bottom-up"-Modell erfolgt die Parametrisierung ausschließlich anhand des beobachteten Siedlungswachstums.

Das UGM kann nur das Wachstum von Siedlungen modellieren. Schrumpfungsprozesse werden nicht abgebildet. Zudem orientiert es sich in erster Linie am Wachstum amerikanischer Städte.

Für die Implementierung des UGM in die Modellierungsplattform XULU war eine Übersetzung des Quellcodes der UGM-Komponente von SLEUTH in die Programmiersprache JAVA erforderlich. Da es sich bei JAVA um eine objektorientierte Programmiersprache handelt, bot sich auch für die Implementierung des

---

52 Stochastisches Verfahren, in dem der gleiche Algorithmus mehrfach mit verschiedenen Zufallswerten durchgeführt wird.
53 Dies hängt mit dem Algorithmus der Multiple Resolution Comparison zusammen und nicht damit, dass sich die modellierten Ergebnisse weniger unterscheiden.
54 CLARKE & GAYDOS (1998) schlagen für die finale Kalibrierungsphase mindestens 100 Monte-Carlo-Iterationen vor.

UGM eine objektorientierte Vorgehensweise an. Dies geschah in der Weise, dass zunächst eine Klasse mit der Kernkomponente („*UrbanGrowthModel*") erzeugt wurde, welche die in den Abschnitten 5.3.1 bis 5.3.2 beschriebenen Eigenschaften des UGM aufwies. Diese Eigenschaften konnten nun an erweiterte Klassen vererbt werden, die jeweils zusätzliche Aufgaben ausführen. So wurde eine Klasse erzeugt, die zusätzlich in der Lage ist das Modell in einer bestimmten Anzahl an Monte-Carlo-Iterationen ablaufen zu lassen („*Urban-GrowthModel_MC*"). Damit liefert das Modell als Ergebnis statt einer Karte der simulierten Siedlungsflächen eine Karte mit Wahrscheinlichkeiten der Entstehung neuer Siedlungspixel: Je öfter ein Pixel während der Monte-Carlo-Iterationen ausgewählt wurde, desto höher ist an dieser Stelle die Wahrscheinlichkeit für ein neues Siedlungspixel. Des weiteren wurde aus der Ursprungsklasse eine Klasse zur Kalibrierung des Modells abgeleitet („*UrbanGrowthModelCalibration*"). Mit dieser Modellklasse wird die in Abschnitt 5.3.4 beschriebene Kalibrierung durchgeführt. Die in Abschnitt 5.3.3 beschriebene Selbstmodifikation ist in der Klasse „*UrbanGrowthModelSelfModification*" implementiert. Um das Modell mit Selbstmodifikation zu kalibrieren, wird die Modellklasse „*UrbanGrowthModelCalibrationSelfModification*" verwendet.

5.4 Implementierung einer Bewertung der Modellgüte

In Kapitel 2.4.10 wurde bereits die Notwendigkeit erörtert, die Performance von Modellen zu messen. Zudem wurden Schwierigkeiten diskutiert, die vielfach dazu führen, dass Landnutzungsmodelle zwar kalibriert, nicht aber ausreichend validiert werden. Die methodischen Ansätze, die zur Kalibrierung und Validierung von Modellen zur Verfügung stehen sind so mannigfaltig wie die Modelle selbst, wie bereits aus der Beschreibung des CLUE-s und SLEUTH Modells deutlich wurde. Zum Vergleich der mit CLUE-s modellierten Landnutzungskarten mit Referenzkarten setzt JUDEX (2008) einen *Fuzzy-Kappa*-Index ein und OREKAN (2007) die *Multiple Resolution Comparison*.

Es gibt mehrere Methoden, um Karten mit kategorialen Werten zu vergleichen. Im einfachsten Fall berechnet man den Anteil an Pixeln, der zwischen einer modellierten Karte und einer Referenzkarte übereinstimmen. Doch liefert dies ein Ergebnis, das nicht leicht zu interpretieren ist, da ein gewisser Teil der

Rasterzellen allein durch Zufall schon übereinstimmen wird. Daher nutzt man häufig den *Kappa*-Index, der diese allein durch den Zufall zu erwartende Übereinstimmung mit berücksichtigt (CONGALTON & GREEN, 1999).

Da in der Landnutzungsmodellierung selten der tatsächliche Ort einer Änderung perfekt vorhergesagt wird, sondern eher Muster der Änderung erkennbar werden, ist der Kappa-Index nur begrenzt geeignet, da bei ihm ein Pixel, das nicht übereinstimmt, als „falsch" in die Berechnung einfließt, auch wenn es nur ganz knapp neben einer tatsächlich aufgetretenen Änderung liegt. Daher schlägt HAGEN (2003) eine *Fuzzy-Kappa*-Statistik vor, die auch die Umgebung der Pixel in die Berechnung mit einbezieht. Diese Methode wurde von JUDEX (2008) zur Validierung des CLUE-s Modells verwendet.

Eine weitere Alternative wird von PONTIUS JR (2000) vorgeschlagen, der drei Kappa-Werte zur Einschätzung der Übereinstimmung liefert. *Kno* entspricht dabei einem Kappa-Index, bei dem keine Information über Menge und Verteilung der zufälligen Übereinstimmung vorhanden ist. *Klocation* ist ein Index, der sich allein auf die Übereinstimmung in Bezug auf die Lage der Pixel bezieht. *Kquantity* misst dagegen nur die Übereinstimmung in Bezug auf die Menge der Pixel. Vor allem die getrennte Messung des Fehlers in Bezug auf die Lage und auf die Quantität ermöglicht eine deutlich detailliertere Evaluierung eines Modellergebnisses, als es mit dem Standard-Kappa möglich wäre.

Im Rahmen dieser Arbeit wurde eine Methode zur Bewertung von Landnutzungsmodellen in XULU implementiert, bei der sowohl die Lage, als auch die Quantität der modellierten Landnutzungsänderungen berücksichtigt wird. Diese Methode wird für alle Modellläufe im Rahmen der Kalibrierung und Validierung von CLUE-s, dem UGM sowie gekoppelten Modellversionen eingesetzt. Auf diese Weise entstehen vergleichbare Werte der Performance unterschiedlicher Modelle. Einerseits wurde diese Bewertungsmethode als eigene Klasse in XULU implementiert und ist andererseits Bestandteil der Kalibrierungskomponente des UGM. Diese Bewertungsmethode wird in den beiden folgenden Unterkapiteln vorgestellt.

5.4.1 Multiple Resolution Comparison

Eine Pixel-genaue Überprüfung von Modellierungsergebnissen mit Validierungsdaten bringt konzeptionelle Probleme mit sich. Gut abgebildete räumliche Muster bleiben unberücksichtigt, wenn die jeweiligen Pixel nicht exakt übereinstimmen. Daher schlagen PONTIUS JR (2002), PONTIUS JR ET AL. (2004) und PONTIUS JR ET AL. (2008) die **Multiple Resolution Comparison**[55] (MRC) zum Vergleich kategorialer Landnutzungskarten im Bereich der Landnutzungsmodellierung vor. Die MRC wurde von VERBURG ET AL. (2002) und OREKAN (2007) zur Validierung des CLUE-s Modells verwendet und von PONTIUS JR ET AL. (2008) explizit zum Vergleich von Landnutzungsmodellen vorgeschlagen. Die MRC wurde erstmals von COSTANZA (1989) beschrieben und berücksichtigt sowohl die Lage, als auch die Quantität von Fehlern. Bei der MRC werden schrittweise vier benachbarte Pixel gemittelt. Bei jedem Schritt wächst die Seitenlänge eines Pixels um den Faktor 2. Dabei entstehen gröbere Pixel, die den prozentualen Anteil pro Landnutzungsklasse enthalten. Somit steigt der Anteil korrekter Pixel schrittweise an, da der Lage-Fehler immer weiter reduziert wird. Zuletzt befindet sich das gesamte abgebildete Untersuchungsgebiet in einem extrem großen Pixel, in dem der Lage-Fehler 0 beträgt. Alle Unterschiede zwischen Modell- und Validierungsdaten beruhen dann ausschließlich auf der Quantität der Fehler.

Da das Untersuchungsgebiet in der Regel nicht perfekt quadratisch ist, muss jede Rasterzelle gemäß ihrem Anteil im Gesamtzusammenhang gewichtet werden. Das Gewicht *Wn* ergibt sich aus der Anzahl kleinerer Zellen, die sich zu einer größeren Zelle zusammensetzen. Formel 15 zeigt die Übereinstimmung *Fg* zwischen einer Referenzkarte (*R*) und einer simulierten Karte (*S*) bei Auflösung *g*, wobei jede Zelle *n* das Gewicht *Wn* hat. *Rnj* (bzw. *Snj*) beschreibt den Anteil der Klasse *j* in Rasterzelle *n* der Karte *R* (bzw. *S*) und *Ng* die Anzahl der Rasterzellen in der gegebenen Kartenauflösung. Mit dieser Formel kann die Übereinstimmung für jede Auflösungsstufe berechnet werden (nach PONTIUS JR (2002)):

---

[55] Meist wird diese Methode *Multiple Resolution Validation* genannt. Da sie aber auch zur Kalibrierung von Modellen genutzt werden kann, wird im weiteren Verlauf der Begriff *Validation* vermieden, um Missverständnissen vorzubeugen.

$$Fg = \frac{\sum_{n=1}^{Ng} \left[Wn \sum_{j=1}^{J} MIN \left(Rnj , Snj \right) \right]}{\sum_{n=1}^{Ng} Wn} \tag{15}$$

Neben der Übereinstimmung für jede Auflösungsstufe g lässt sich noch ein Gesamtmaß (Ft) berechnen, das die Übereinstimmung auf allen Auflösungsstufen G mit einbezieht. Hierfür wird das gewichtete Mittel jeder Auflösungsebene (Vg) herangezogen. Höhere Auflösungen erhalten so gemäß Formel 16 eine größere Gewichtung als gröbere, ohne diese aber völlig zu ignorieren (Pontius Jr, 2002):

$$Ft = \frac{\sum_{g=1}^{G} Vg \left\{ Fg \right\}}{\sum_{g=1}^{G} Vg} \tag{16}$$

5.4.2 Vergleich mit einem „Null"-Modell

Ob die Performance eines Modells gut oder schlecht ist, lässt sich nicht alleine aus den Validierungsergebnissen ablesen. Es lassen sich erst dann Aussagen über die Vorhersagekraft eines Modells machen, wenn es mit einem Modell verglichen wird, dessen Güte bekannt ist. Um die Übereinstimmung von Validierungsdaten und Vorhersagedaten besser bewerten zu können, schlagen Pontius Jr et al. (2004) und Pontius Jr & Malanson (2005) den Vergleich mit einem Null-Modell vor. Das Null-Modell entspricht der vereinfachten Annahme, dass zwischen den Zeitpunkten t1 und t2 keine Änderungen stattgefunden haben. Vergleicht man das Null-Modell mit den Validierungsdaten, so erhält man einen Richtwert, mit dem sich die Performanz des Modells messen lässt. Der Vergleich der Modellperformance mit einem Referenzmodell, dessen Güte bekannt ist, wird in vielen Modellanwendungen vernachlässigt (Pontius Jr et al., 2004). Bei dem Vergleich modellierter Karten mit Referenzkarten wird zusätzlich die Karte des zugehörigen Null-Modells, also der Ausgangssituation vor dem Modelllauf, in die Analyse mit einbezogen. So erhält man für jede Auflösungsstufe der MRC einen Vergleichswert, an dem die modellierten Ergebnisse gemessen werden können.

Ein direkter Vergleich zwischen Landnutzungs- und Null-Model ist in einer grafischen Darstellung möglich, in der für jede Auflösungsstufe der Anteil der korrekt zugewiesenen Pixel abgebildet ist (Abbildung 5.13). Häufig hat das Null-Modell bei hoher räumlicher Auflösung eine bessere Erklärungskraft als das eigentliche Landnutzungsmodell. Ab einer bestimmten Auflösung ändert sich dies meist und das Landnutzungsmodell hat die bessere Erklärungskraft. Der Punkt, an dem die Auflösung des Landnutzungs- und des Null-Modells identisch sind, nennt man **Null-Auflösung**. Ab dieser Auflösung kann dem Landnutzungsmodell eine gute Vorhersagekraft zugesprochen werden (PONTIUS JR ET AL., 2004).

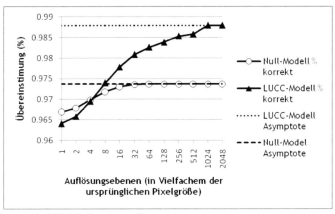

Abbildung 5.13: Multiple Resolution Comparison.

5.5 Implementierung einer Strategie der Modellkopplung

Aufbauend auf der Kalibrierung des CLUE-s Modells und des UGM wird eine Kopplung der beiden Modelle in zwei Varianten durchgeführt. Zum einen findet eine „lose" Kopplung statt, bei der die Ergebnisse eines kompletten Modelllaufs des UGM als Input in CLUE-s einfließen. Hierzu wird mit dem kalibrierten UGM in mehreren Monte-Carlo-Iterationen das Siedlungswachstum in NRW modelliert[56]. Dabei entsteht eine Karte, in der Pixel, die in mehreren Iterationen für eine Urbanisierung ausgewählt wurden, hohe Werte aufweisen und Pixel, die nur in wenigen Iterationen ausgewählt wurden, kleine Werte aufweisen. Schließlich wird eine Karte mit Pixelwerten von 0 (Pixel wurde nie urbanisiert) bis 1 (Pixel wurde in jeder Iteration urbanisiert) an CLUE-s übergeben. Dort fließt diese Information in Form einer zusätzlichen Wahrscheinlichkeitskarte für die Klasse Siedlung als *Location Specific Preference Addition* (LSPA) (Kapitel 5.2.6) ein.

In einer zweiten Modellkopplung findet eine „enge" Kopplung statt, bei der die Modelle in jedem einzelnen Zeitschritt Daten austauschen. Zu diesem Zweck wurde in XULU eine Funktion implementiert, die es erlaubt, den Inhalt eines Rasterdatensatzes in einen anderen zu kopieren („*COPY*"). Dabei modelliert zuerst das UGM das Siedlungswachstum; diese Daten werden in die Landnutzungskarte des CLUE-s Modells kopiert. Auf der Basis dieser erweiterten Siedlungsflächen modelliert CLUE-s für den gleichen Zeitschritt die restliche Landnutzung. Dabei wird eine weitere Verteilung von Siedlungspixeln durch CLUE-s aufgrund einer Modifizierung in der Conversion Matrix verhindert. Nach Beendigung eines CLUE-s Zeitschrittes beginnt das UGM mit dem nächsten Zeitschritt.

Mit Hilfe der in XULU implementierten einfachen sequenziellen Modellsynchronisation (Kapitel 5.1.6) lässt sich die hier beschriebene Modellabfolge automatisieren, indem das UGM, die COPY-Funktion und CLUE-s schrittweise hintereinandergeschaltet werden. Als letzter Schritt in dieser Kette erfolgt dann die Modellbewertung mit der MRC.

Abbildung 5.14 zeigt die Modellkopplung innerhalb der Phase der Kalibrierung. Die Modelle lassen sich sowohl jeweils einzeln, als auch im gekoppelten Verbund kalibrieren.

---

56 Mit der Modellklasse „*UrbanGrowthModel_MC*" (siehe Kapitel 5.3.5).

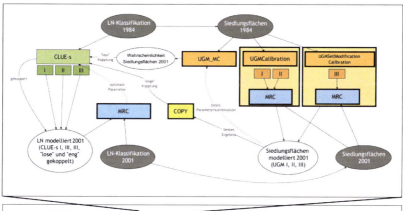

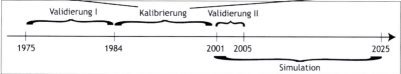

Abbildung 5.14: Flussdiagramm des Modellverbundes und Phasen von Kalibrierung und Validierung.

Das Flussdiagramm zeigt den Ablauf der Modellkalibrierung. In Grün: Varianten des CLUE-s Modells; Orange: Varianten des UGM; Blau: Multiple Resolution Comparison; Gelb: Kopplungsmechanismus. Die Kästen symbolisieren in XULU implementierte Modelle und die ovalen Formen symbolisieren Daten (Dunkelgrau: Referenzdaten; Hellgrau: modellierte Daten). Die Modelle in dick umrandeten Kästen wurden im Rahmen dieser Arbeit programmiert. Durchgehende Pfeile stehen für erzeugte Daten und gestrichelte Pfeile für den Austausch von Informationen.

In den Phasen von Validierung und Simulation werden die UGM-Komponenten zur Kalibrierung (UGMCalibration, UGMSelfModificationCalibration) nicht mehr verwendet. Stattdessen wird das UGM, bzw. UGMSelfModification für die „enge" Kopplung und UGM_MC für die „lose" Kopplung verwendet (siehe Kapitel 5.3.5). Die Unterschiede der Modellvarianten I-III von CLUE-s und UGM werden in den Kapiteln 6.2.6 bzw. 6.3.1 vorgestellt.

6 Ergebnisse von Landnutzungsmonitoring, Modellparametrisierung und Modellbewertungen

Mit Fernerkundungsmethoden wurden die Landnutzungsänderungen in NRW seit 1975 beobachtet. Die Ergebnisse dieses fernerkundungsgestützten Monitorings werden in Kapitel 6.1 präsentiert und analysiert. Aufbauend auf den so gewonnenen Daten und daraus abgeleiteten Erkenntnissen wird das räumlich explizite Landnutzungsmodell CLUE-s parametrisiert (Kapitel 6.2) und kalibriert (Kapitel 6.2.6). Hierfür werden drei Modellvarianten erzeugt, die das Landnutzungssystem in unterschiedlich komplexer Art und Weise abbilden. Ein Modell für urbanes Wachstum (SLEUTH / UGM) wird ebenfalls parametrisiert und kalibriert (Kapitel 6.3). Auch dieses Modell wird in drei Varianten getestet, die sich in der Komplexität, mit der sie urbanes Wachstum modellieren, unterscheiden. Es folgt in Kapitel 6.4 ein Vergleich der Modellergebnisse sowie regionale Analysen. In Kapitel 6.5 werden die Ergebnisse der Modellkopplungen präsentiert und den Ergebnissen der zuvor beschriebenen Modellläufe gegenübergestellt. Die Kalibrierung der Modelle erfolgt anhand der beobachteten Landnutzungsänderungen zwischen 1984 und 2001. Anhand der Änderungen zwischen 1975 und 1984 kann eine Validierung der Ergebnisse durchgeführt werden (Kapitel 6.6). Aufbauend auf den Erkenntnissen des Landnutzungsmonitorings und der Modellkalibrierung erfolgt in Kapitel 7 die Definition zukünftiger Entwicklungsszenarien und die Simulation der Landnutzungsentwicklung bis 2025 mit den einzelnen und gekoppelten Landnutzungsmodellen. Dabei erfolgt eine erneute Validierung anhand der vorhandenen Landnutzungsdaten des Jahres 2005.

6.1 Landnutzung und Landbedeckung in Nordrhein-Westfalen auf Basis der Satellitenbildklassifikation

6.1.1 Klassifikationsergebnisse

Die Landnutzung NRWs wurde für die Jahre 1975, 1984 und 2001 im Rahmen des NRWPro-Projektes mit der in Kapitel 4.3.1 skizzierten Methode klassifiziert. Mit den in den Kapiteln 4.3.2 und 4.3.3 beschriebenen Schritten wurde diese Landnutzungsklassifikation nachträglich überarbeitet. Das Jahr 2005 wurde möglichst homogen an die Klassifikation des Jahres 2001 angepasst, indem der Fokus auf die Veränderungen zwischen 2001 und 2005 gelegt wurde (vgl. Kapitel 4.3.2). Insgesamt sind somit die Veränderungen der Landbedeckung / -nutzung in NRW für die letzten 30 Jahre mit Hilfe der Fernerkundung quantifizierbar gemacht worden. Tabelle 6.1 zeigt die gemessenen Landnutzungsänderungen in NRW. Insgesamt wurden in den letzten 30 Jahren rund 5% der Landesfläche in bebaute Fläche unterschiedlichen Versiegelungsgrades umgewandelt. Im gleichen Zeitraum gingen 8,7% der landwirtschaftlichen Nutzfläche[57] in eine andere Nutzungsform über. Die beiden Klassen mit den größten Flächenanteilen (Ackerflächen, Wiesen & Weiden) verzeichneten einen deutlichen Rückgang gegenüber Klassen mit kleineren Flächenanteilen. Hier sind vor allem bebaute Flächen und Wald zu nennen. Die Klassen Tagebau, Abbauflächen, Truppenübungsplätze und Wasserflächen haben insgesamt einen nur sehr kleinen Anteil an der Gesamtfläche NRWs von zusammengerechnet rund 2%. Doch haben Veränderungen dieser Flächen meist einen gravierenden Einfluss auf Umwelt und Landschaftsbild der näheren Umgebung (vgl. Kapitel 3.2.2).

Die klassifizierten Daten zeigen deutlich die räumliche Struktur der Landnutzungszusammensetzung in NRW (Abbildung 6.1) mit dem dicht besiedelten Agglomerationsraum Ruhrgebiet im Zentrum und der südlich angrenzenden Rheinschiene, den landwirtschaftlich intensiv genutzten Gebieten der niederrheinischen und westfälischen Bucht sowie den stark bewaldeten Mittelgebirgen von Eifel, Bergischem Land, Sieger- und Sauerland. Hier wird im klassifizierten Bild das Relief allein durch die Art der Landbedeckung sichtbar. Die Braunkohletagebaugebiete in der Niederrheinischen Bucht sind außerdem deutlich zu erkennen.

---

57 Ackerflächen und Grünland. Zu beachten ist hierbei, dass die Klasse Grünland auch innerstädtische Grünflächen, Gärten oder Brachland mit einbezieht (vgl. Tabelle 4.3).

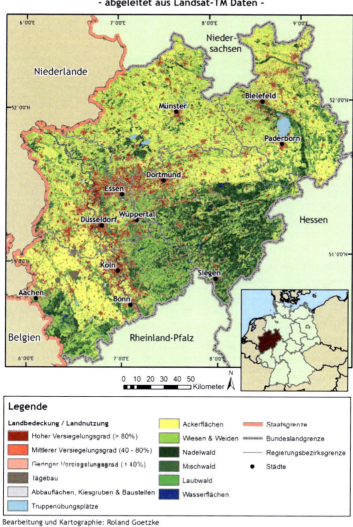

Landnutzung und Landbedeckung in NRW 2005
- abgeleitet aus Landsat-TM Daten -

Bearbeitung und Kartographie: Roland Goetzke

Abbildung 6.1: Karte der Landnutzung/-bedeckung in NRW für das Jahr 2005, abgeleitet
aus LANDSAT-TM Daten.

Tabelle 6.1: Ergebnisse der Landbedeckungs- / Landnutzungsklassifikation für NRW.

Klassifikation	1975		1984		2001		2005	
	Fläche (ha)	Anteil (%)	Fläche (ha)	Anteil (%)	Fläche (ha)	Anteil (%)	Fläche (ha)	Anteil (%)
Hoher Versiegelungsgrad	66.399	1,94	80.834	2,37	103.636	3,03	110.208	3,23
Mittlerer Versiegelungsgrad	122.797	3,59	179.518	5,26	224.742	6,58	212.277	6,22
Geringer Versiegelungsgrad	107.159	3,13	125.270	3,67	152.127	4,45	160.675	4,70
Tagebau	5.848	0,17	8.007	0,23	8.857	0,26	8.801	0,26
Abbauflächen, Kiesgruben & Baustellen	5.480	0,16	7.791	0,23	8.389	0,25	11.186	0,33
Truppenübungsplätze	28.367	0,83	28.373	0,83	28.240	0,83	20.306	0,59
Ackerflächen	1.299.558	38,01	1.273.492	37,29	1.189.000	34,82	1.181.816	34,61
Wiesen und Weiden	982.598	28,70	913.660	26,75	808.916	23,69	801.943	23,48
Nadelwald	331.282	9,67	326.592	9,56	375.446	10,99	363.539	10,65
Mischwald	206.000	6,02	152.967	4,48	179.142	5,25	207.456	6,07
Laubwald	241.938	7,07	293.189	8,59	304.703	8,92	304.825	8,93
Wasser	17.632	0,51	25.366	0,74	31.867	0,93	32.027	0,94

6.1.2 Genauigkeit der Klassifikation

Die Klassifikation des Jahres 2005 wurde intensiv mit unabhängigen Referenzpunkten anhand hochauflösender Luftbilder überprüft. 1750 Referenzpunkte wurden zufällig verteilt, wobei hierbei die jeweilige Klassengröße berücksichtigt wurde. In den flächenmäßig kleinen Klassen Tagebau, Abbauflächen und Truppenübungsplätze wurden nur wenige Punkte verteilt, um die Statistik der Fehlermatrix nicht zu beeinflussen, da diese Klassen größtenteils manuell erfasst wurden und daher von vornherein korrekt klassifiziert wurden. In den anderen Klassen wurden entsprechend ihrer Größe unterschiedlich viele Referenzpunkte verteilt (vgl. CONGALTON & GREEN (1999)), aber aufgrund der Größe des Untersuchungsgebietes mindestens 100 Punkte[58].

---

58 Die Klasse Wasser erhielt nur 20 Referenzpunkte, da es sich hierbei auch um eine kleine Klasse handelt, die zudem durch das Klassifikationsverfahren sehr deutlich von den anderen Klassen zu trennen war.

In Tabelle A.2 (Anhang, S. 265) befindet sich eine detaillierte Fehlermatrix. Die Gesamtgenauigkeit der Klassifikation des Jahres 2005 beträgt 85% (Kappa 0,80). Die Überprüfung der Klassifikationen von 1975, 1984 und 2001 wurde im Rahmen des NRWPro-Projektes durchgeführt und war nicht Teil dieser Arbeit. Für die Überarbeitungen dieser Klassifikationen, die in dieser Arbeit durchgeführt wurden, konnten für die Klassifikation 2001 Referenzdaten aus Feldmessungen aus dem Jahr 2002 zur Überprüfung der Genauigkeit verwendet werden. Die Überarbeitung der Klassifikationen von 1975 und 1984 konnten mangels historischer Referenzinformationen nur visuell begutachtet werden.

6.1.3 Change Detection und Analyse der Landnutzungsänderungen

Das Monitoring der Landnutzung über einen Zeitraum von 30 Jahren zeigt zum einen den Zustand der Landnutzung zu bestimmten Zeitpunkten, aber vor allem auch die Änderungen, die sich in diesem Zeitraum ergeben haben. Bei Betrachtung ganz NRWs mit Hilfe der *Post-Classification Change Detection* (JENSEN, 1996) lässt sich feststellen, dass die bebauten und damit bis zu einem gewissen Grad versiegelten Flächen zwischen 1984 und 2005 um 2,85% der Landesfläche gewachsen sind. Die Landsat-MSS-Daten von 1975 besaßen eine geringere räumliche Auflösung, als die späteren Zeitschnitte. Die Daten von 1975 wurden auf die gemeinsame 30m-Basis skaliert. Dennoch konnten kleine Landschaftselemente wie beispielsweise kleine Dörfer in diesen Daten nicht erkannt werden, so dass davon auszugehen ist, dass stark fragmentierte Klassen wie Siedlungsflächen unterschätzt wurden. Daher werden die Daten von 1975 in die folgende Analyse nicht einbezogen.

Die Ackerflächen gingen im Zeitraum von 1984 bis 2005 um 2,68% der Landesfläche zurück und die Wiesen und Weiden[59] um 3,27%. Die Wälder dehnten sich in dieser Zeit um 3,02% aus. Die Flächeninanspruchnahme durch den Braunkohletagebau und andere Abbauflächen fällt auf ganz NRW umgerechnet nicht ins Gewicht, ist regional aber sehr bedeutsam und ist in den klassifizierten Satellitenbildern deutlich zu erkennen. Eine weitere Landnutzungsänderung von geringer Größenordnung, die sich zudem in den Satellitenbildern

---

59 Die Klasse „Wiesen und Weiden" wird im folgenden Verlauf zusammenfassend
„Grünland" genannt.

nicht unmittelbar erkennen lässt, ist die Aufgabe von Truppenübungsplätzen[60]. Diese Landnutzung wurde im Klassifikationsschema als eigene Klasse ausgewiesen. Unterschiedliche Landbedeckungsarten sind in dieser Klasse anhand ihrer speziellen Nutzungsform zusammengefasst worden.

Tabelle 6.2: Veränderungs-Matrix aus den Klassifikationen von 1984 und 2005.
Der obere Wert gibt die Veränderung in Prozent an und der untere in den Klammern in km².

1984 \ 2005	H. Vers.	M. Vers.	G. Vers.	Tagebau	Abbaufl.	Truppenü.	Ackerfl.	Grünland	Nadelwald	Mischwald	Laubwald	Wasser
H. Ver.	**52,81** *(427)*	33,34 *(270)*	11,92 *(96)*	0,01 *(<1)*	0,51 *(4)*	0 *(0)*	0,33 *(3)*	0,91 *(7)*	0,01 *(<1)*	0,04 *(<1)*	0,08 *(1)*	0,05 *(<1)*
M. Ver.	19,60 *(352)*	**49,13** *(882)*	26,21 *(471)*	0,01 *(<1)*	0,05 *(<1)*	0 *(0)*	1,22 *(22)*	2,80 *(50)*	0,11 *(2)*	0,25 *(5)*	0,59 *(11)*	0,02 *(<1)*
G. Ver.	11,39 *(143)*	40,62 *(509)*	**36,02** *(451)*	0,02 *(<1)*	0,03 *(<1)*	0 *(0)*	1,84 *(23)*	6,83 *(86)*	0,4 *(5)*	0,82 *(10)*	1,99 *(25)*	0,03 *(<1)*
Tageb.	0,73 *(1)*	0,61 *(<1)*	0,44 *(<1)*	**29,45** *(24)*	3,67 *(3)*	0 *(0)*	33,16 *(27)*	23,21 *(19)*	0,14 *(<1)*	1,15 *(1)*	5,66 *(5)*	1,78 *(1)*
Abbau.	5,50 *(4)*	3,70 *(3)*	2,13 *(2)*	0 *(0)*	**44,07** *(34)*	0 *(0)*	1,68 *(1)*	23,93 *(19)*	2,18 *(2)*	3,37 *(3)*	5,94 *(5)*	7,5 *(6)*
Trp.	0,18 *(1)*	0,26 *(1)*	0,22 *(1)*	0 *(0)*	0 *(0)*	**70,91** *(201)*	0,19 *(1)*	9,83 *(28)*	4,42 *(13)*	8,71 *(25)*	4,47 *(13)*	0,79 *(2)*
Ackerfl.	0,32 *(41)*	0,6 *(76)*	0,72 *(92)*	0,31 *(40)*	0,11 *(14)*	0 *(0)*	**87,59** *(11155)*	8,6 *(1095)*	0,32 *(41)*	0,33 *(42)*	1,03 *(131)*	0,07 *(9)*
Grünl.	1,40 *(128)*	3,91 *(357)*	4,71 *(431)*	0,07 *(7)*	0,44 *(40)*	0,01 *(1)*	5,88 *(537)*	**66,55** *(6080)*	3,55 *(325)*	3,56 *(325)*	9,23 *(844)*	0,69 *(63)*
Nadelw.	0,05 *(2)*	0,08 *(2)*	0,15 *(5)*	0,1 *(3)*	0,15 *(5)*	0 *(0)*	0,29 *(9)*	4,54 *(148)*	**74,43** *(2431)*	15,03 *(491)*	4,85 *(158)*	0,34 *(11)*
Mischw.	0,1 *(1)*	0,39 *(6)*	0,96 *(15)*	0,21 *(3)*	0,21 *(3)*	0,01 *(<1)*	0,66 *(10)*	7,92 *(121)*	31,84 *(487)*	**36,0** *(550)*	21,07 *(322)*	0,66 *(10)*
Laubw.	0,09 *(3)*	0,54 *(16)*	1,45 *(43)*	0,36 *(11)*	0,16 *(5)*	0,01 *(<1)*	1,04 *(30)*	11,76 *(345)*	11,12 *(326)*	21,1 *(619)*	**52,21** *(1531)*	0,16 *(5)*
Wasser	0,4 *(1)*	0,28 *(1)*	0,27 *(1)*	0,16 *(<1)*	0,89 *(2)*	0 *(0)*	0,44 *(1)*	8,85 *(22)*	2,01 *(5)*	1,47 *(4)*	1,71 *(4)*	**83,52** *(212)*

Bei einem Blick auf die Veränderungs-Matrix (Tabelle 6.2) wird die Richtung der Landnutzungsänderungen deutlich. Zunächst einmal bleibt festzuhalten, dass der größte Teil der Landoberfläche persistent bleibt. Die diagonale Achse der Veränderungsmatrix gibt einen ersten Hinweis auf die Dynamik der einzelnen Landnutzungsklassen. Die größten absoluten Änderungen treten zwischen den

---

60 Ende der militärischen Nutzung der Truppenübungsplätze Wahner Heide 2004, Vogelsang 2005.

Klassen *Ackerfläche* und *Grünland* auf. So wurden zwischen 1984 und 2005 Änderungen von 1095km² von Ackerfläche in Grünland gemessen und gleichzeitig 537km² Änderungen von Grünland in Ackerfläche. Die größten prozentualen Änderungen treten in der Klasse *Tagebau* auf, die sich 2005 räumlich nur noch zu einem Drittel an der gleichen Position befand wie 1984. Der weitaus größte Teil dieser Klasse wurde infolge von Rekultivierungsmaßnahmen in landwirtschaftliche Nutzfläche umgewandelt.

Recht große Änderungen haben sich auch innerhalb der Unterkategorien von *bebauten Flächen* und *Wald* ergeben. Das Problem unscharfer Klassengrenzen bei Klassen, die auf Anteilen bestimmter Landbedeckungen beruhen, wurden bereits in Kapitel 4.3.2 angesprochen. Durch die Überarbeitung der ursprünglichen Klassifikation konnte der „*swap*" zwischen diesen Unterklassen zwar reduziert, aber nicht gänzlich verhindert werden. An der Fehlermatrix in Tabelle A.2 (Anhang, S. 265) ist abzulesen, dass die meisten Verwechslungen zwischen Laub- und Mischwald und Nadel- und Mischwald auftraten, nicht aber zwischen Laub- und Nadelwald. Auch im Fall der Versiegelungsgrade führt der Übergang zwischen mittlerem und geringem sowie zwischen mittlerem und hohem Grad zu Verwechslungen, nicht aber zwischen hohem und geringem Versiegelungsgrad. Die drei Unterklassen von Wald bzw. versiegelter Fläche treten immer vergesellschaftet auf, was rein statistisch die Wahrscheinlichkeit einer Fehlklassifikation erhöht. Außerdem führt aufgrund der engen Vergesellschaftung schon ein geringer räumliche Versatz der Pixel dazu, dass in einem heterogen strukturierten Gebiet wie dem urbanen Raum ein Pixel in einer Aufnahme Oberflächen repräsentiert, die in einer anderen Aufnahme einem Nachbarpixel angehören.

Um diesbezüglich einen Hinweis auf das Verhältnis von Landnutzungsklassen zu benachbarten Klassen zu erhalten und dieses Verhältnis zu quantifizieren, wurde der „*Enrichment Factor*" (VERDURG ET AL., 2004a) berechnet, der auch zur Quantifizierung von Nachbarschaftseffekten im CLUE-s Modell verwendet wird (Kapitel 5.2.3). Damit steht ein Maß zur Quantifizierung räumlicher Autokorrelation zur Verfügung. Zur Berechnung des Enrichment Factors wurde eine 3x3 Moore-Nachbarschaft gewählt, damit nur die Nachbarschaftseffekte der unmittelbaren Nachbarn eines Pixels in die Berechnung einfließen.

Den höchsten Nachbarschaftseffekt haben die einzelnen Landnutzungsklassen auf sich selbst. Sehr hohe Werte treten bei Klassen auf, die deutlich als Cluster im klassifizierten Bild zu erkennen sind wie Tagebaue, Abbauflächen, Truppenübungsplätze und Wasserflächen. Landnutzungsklassen die einen niedrigen Enrichment Factor auf sich selbst haben wie Ackerflächen und Grünland sind stärker gleichmäßig im ganzen Bundesland verteilt. Ein eindeutiger Nachbarschaftseinfluss konnte darüber hinaus zwischen den drei Versiegelungs- und Wald-Unterklassen gemessen werden sowie zwischen den Klassen Wasser und Abbauflächen, bei denen es einen funktionalen Zusammenhang gibt[61]. Laub- und Nadelwald treten in der Klassifikation weniger vergesellschaftet auf, was damit zusammenhängt, dass an den räumlichen Übergängen der beiden Klassen Mischpixel auftreten, die in der Regel als Mischwald klassifiziert wurden. Vergrößert man die Matrix zur Berechnung des Enrichment Factors beispielsweise auf eine 5x5 oder 9x9-Matrix, so wird der räumliche Zusammenhang von Laub- und Nadelwald sichtbar. In Tabelle A.3 (Anhang, S. 265) befindet sich eine detaillierte Auflistung der Nachbarschaftseffekte der einzelnen Landnutzungsklassen.

Die Landnutzungsdaten bilden die Grundlage der folgenden Landnutzungsmodellierung. Hierfür wurden jedoch die Unterklassen zu Hauptklassen aggregiert. So wurden die drei Versiegelungsklassen zur Hauptklasse **Siedlung**, die drei Waldklassen zur Klasse **Wald** und die drei Klassen mit besonderem Bezug zur Flächennutzung (Tagebau, Abbauflächen und Truppenübungsplätze) zur Klasse **Sonstiges** zusammengefasst. Die Klassen **Ackerflächen**, **Grünland** und **Wasser** blieben unverändert. Trotz dieser thematischen Reduzierung werden dennoch die Hauptbestandteile der Landnutzung NRWs und die wichtigsten Änderungsprozesse berücksichtigt. Vor allem die Urbanisierung, aber auch die Ausweitung der Waldflächen, die besondere Flächeninanspruchnahme durch den Tagebau und andere Abbauflächen sowie Änderungen der Nutzung von Acker- und Grünlandflächen können so trotzdem modelliert werden. Nur die Verdichtung oder Ausdünnung innerhalb von Siedlungskörpern und Änderungen der Waldzusammensetzungen können nicht weiter berücksichtigt werden. Da das verwendete urbane Wachstumsmodell (SLEUTH / UGM) nur das Wachstum von Siedlungskörpern im Ganzen modellieren und nicht zwischen verschiedenen Siedlungsklassen unterscheiden kann, war eine Zusammenfassung der Siedlungsklassen ohnehin notwendig. Weitere Aspekte in Bezug auf die Aggregierung der Landnutzungsdaten für die Modellierung werden in Kapitel 6.1.5 besprochen. Eine Untersuchung der mathematischen Effekte, die eine Klassenaggregierung auf

---

[61] Eindringendes Grundwasser in Kiesgruben führt zur Entstehung von „Baggerseen".

Netto-Zuwächse und den „Swap" zwischen Klassen hat, findet sich bei PONTIUS JR & MALIZIA (2004).

Bei der Betrachtung der Veränderungs-Matrix, in der die Unterklassen zu Hauptklassen zusammengefasst wurden, bildet sich ein deutlicheres Bild der Veränderungsdynamik in NRW (Tabelle 6.3). Durch die Aggregierung der Klassen beträgt die Gesamtgenauigkeit für die Klassifikation von 2005 91% (Kappa: 0,88).

Tabelle 6.3: Veränderungs-Matrix aus den Klassifikationen von 1984 und 2005 nach Zusammenfassung von Unterkategorien.
Veränderung in Prozent (in der Klammer in km².)

		2005					
		Siedlung	Ackerfl.	Grünland	Wald	Wasser	Sonstige
1984	Siedlung	**93,48 (3600)**	1,23 (48)	3,66 (141)	1,52 (59)	0,03 (1)	0,08 (3)
	Ackerfl.	1,64 (209)	**87,59 (11155)**	8,6 (1095)	1,68 (214)	0,07 (9)	0,43 (54)
	Grünland	10,02 (915)	5,88 (537)	**66,55 (6080)**	16,35 (1494)	0,69 (63)	0,52 (48)
	Wald	1,2 (92)	0,65 (50)	7,94 (614)	**89,48 (6915)**	0,34 (26)	0,39 (30)
	Wasser	0,95 (2)	0,44 (1)	8,85 (22)	5,2 (13)	**83,52 (212)**	1,05 (3)
	Sonstige	2,7 (12)	6,43 (28)	14,75 (65)	14,6 (64)	2,15 (10)	**59,4 (262)**

Hier zeigt der sehr hohe Wert der zwischen 1984 und 2005 unverändert bebauten Fläche von 93,48%, dass wie erwartet einmal bebautes Land lange Zeit bebaut bleibt. 10% des Grünlands (915 km²) und 1,6% der Ackerflächen (209 km²) wurden zwischen 1984 und 2005 in bebaute Fläche umgewandelt. Neben den bereits erwähnten Änderungen zwischen Ackerflächen und Grünland sind starke Veränderungen von Grünland zu Wald (1494 km²) und umgekehrt (614 km²) zu beobachten. An dieser Stelle sei noch einmal darauf hingewiesen, dass die Klasse Grünland heterogen ist und neben Wiesen & Weiden auch Waldlichtungen[62], Brachflächen, Gärten und innerstädtische Grünanlagen umfasst. Bei dieser Klasse handelt es sich um eine Landbedeckungs- und nicht um eine Landnutzungsklasse. Dementsprechend ist nur ein Teil der gemessenen Veränderungen auf den tatsächlichen Rückgang von extensiv bewirtschaftetem Grünland im engeren Sinne zurückzuführen.

Das mit Fernerkundungsdaten gemessene Wachstum der Waldflächen von 1030 km² liegt deutlich über dem in der amtlichen Statistik verzeichneten Wachstum

---

62 Teilweise durch Rodung oder Windwurf entstanden.

von 80 km² (IT.NRW, 2009). Dieser große Unterschied hängt maßgeblich mit der unterschiedlichen Repräsentation der Klasse Wald in der Klassifikation und der amtlichen Statistik zusammen. In der hier verwendeten Klassifikation ist Wald eine Landbedeckungsklasse, die anhand spektraler Reflexionswerte repräsentiert ist, während Wald in der amtlichen Statistik eine definierte Landnutzung umfasst. In die Klasse Wald der hier verwendeten Klassifikation fallen beispielsweise auch Bereiche von Parkanlagen, Gärten, Plantagen oder Feldgehölze. In der amtlichen Statistik tauchen Parks und Gärten in den Siedlungs- und Verkehrsflächen auf, während Waldrodungen, die hier in die Klasse Grünland fallen, weiterhin als Wald angesehen werden.

6.1.4 Regionale Betrachtungen der Landnutzungsänderungen

Wie aus Kapitel 3.2.2 hervorgeht, ist nicht davon auszugehen, dass die verschiedenen Landnutzungsänderungen im ganzen Bundesland gleich, bzw. zeitlich linear verlaufen sind. Die größten absoluten Zuwächse an Siedlungsflächen sind in den Ballungsräumen auszumachen. Abbildung 6.2 zeigt den Anteil der bebauten Fläche aggregiert auf Gemeindeebene (links) im Jahr 2005 und die Entwicklung der bebauten Fläche normalisiert auf die Gemeindegröße (rechts) zwischen 1984 und 2005. Dort wo Freiraum also bereits knapp ist, vollziehen sich Verdichtungsprozesse am intensivsten (SIEDENTOP & KAUSCH, 2004).

Die prozentuale Veränderung der bebauten Flächen bezogen auf den Stand von 1984 zeigt ein anderes Muster (Abbildung 6.3). Den größten prozentualen Zugewinn an bebauter Fläche verzeichnen vor allem ländlich geprägte Gemeinden mit einem insgesamt geringen Anteil an bebauter Fläche. Besonders in der Eifel, am Niederrhein, im westlichen Münsterland und am Ostrand der westfälischen Bucht sind deutliche prozentuale Zuwächse zu verzeichnen. In anderen ländlichen Regionen wie dem Sauerland sind die prozentualen Zuwächse hingegen gering. Innerhalb einzelner Gemeinden fand auch eine Abnahme der Siedlungsfläche statt, doch war in allen Gemeinden in der Summe ein Netto-Wachstum zu verzeichnen.

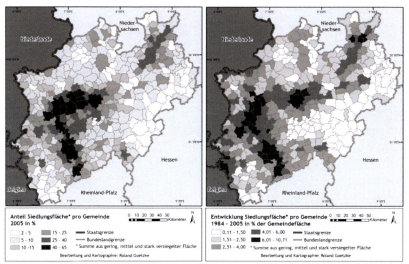

Abbildung 6.2: Anteil bebauter Flächen in NRW auf Gemeindeebene.
Links: Anteil bebauter Flächen in 2005 auf Gemeindeebene anhand klassifizierten LANDSAT-TM-
Daten; Rechts: Entwicklung der bebauten Flächen auf Gemeindeebene zwischen 1984 und 2005.

In Kapitel 3.2.2 wurde dargelegt und mit Hilfe der Fernerkundung bestätigt (Kapitel 6.1.3), dass sich der Großteil des Zuwachses an bebauter Fläche zu Lasten von Grünland und Ackerflächen vollzieht. Abbildung 6.4 zeigt dies exemplarisch am Beispiel dreier Gemeinden in Westfalen (Olfen, Lüdinghausen und Nordkirchen im Kreis Coesfeld und Selm im Kreis Unna). Deutlich zu erkennen sind hier die neuen Wohnbebauungsgebiete (Abbildung 6.4-1, 6.4-3 rechts und 6.4-4) und neuen Gewerbegebiete (Abbildung 6.4-2 und 6.4-3 links). Die Flächeninanspruchnahme durch diese beiden Nutzungsarten ist typisch für viele Klein- und Mittelstädte in NRW, sie findet sich aber genauso im suburbanen Raum größerer Agglomerationen.

Des weiteren wurden in Kapitel 3.2.2 die Bedeutung der Verkehrsanbindung und die Nähe größerer Agglomerationen für die Entstehung neuer Gewerbegebiete hervorgehoben. Dies kann mit Hilfe der klassifizierten Satellitendaten bestätigt werden, wie das in Abbildung 6.5 dargestellte Beispiel des Gewerbegebietes „Am Mersch" bei Bönen im Kreis Unna zeigt.

Bei einem Blick auf Abbildung 6.6 fällt die Relevanz der Nähe von Agglomerationen beim Bau neuer Gewerbegebiete in Autobahnnähe auf. In dieser Abbildung sind neben dem Anteil der bebauten Fläche auf Gemeindeebene, alle neu bebauten Flächen ab einer Größe von 8 ha verzeichnet, die sich in einem Abstand von nicht mehr als 1 km von Autobahnen und Schnellstraßen befinden. Konzentrationen solcher neu entstandener bebauter Flächen in Autobahnnähe finden sich vor allem rund um das Ruhrgebiet und die Rheinschiene, bei Paderborn, Münster und Mönchengladbach, an der Autobahn 4 zwischen Köln und Aachen und entlang der Autobahn 30 zwischen Osnabrück und Rheine. Die neu versiegelten Flächen entlang der A31 durchs westliche Münsterland spiegeln den Neubau dieser Autobahn wieder.

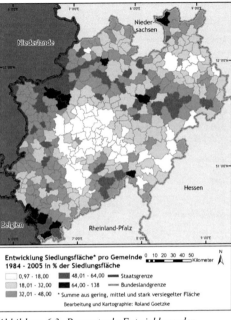

Abbildung 6.3: Prozentuale Entwicklung der bebauten Flächen 1984 - 2005 bezogen auf bebaute Flächen 1984.

Die insgesamt in NRW zu beobachtende Zunahme bebauter Fläche geht mit der Abnahme landwirtschaftlicher Nutzfläche einher. So ist in einem Großteil der nordrhein-westfälischen Gemeinden ein Rückgang der Ackerfläche zu verzeichnen. Ausnahmen bilden das Bergische Land, Teile der Eifel und einzelne Gemeinden im rheinischen Braunkohlerevier, in denen Rekultivierung stattgefunden hat. In anderen Gemeinden des rheinischen Braunkohlegebietes ist der Rückgang an Ackerfläche dagegen besonders hoch (Abbildung 6.7, links).

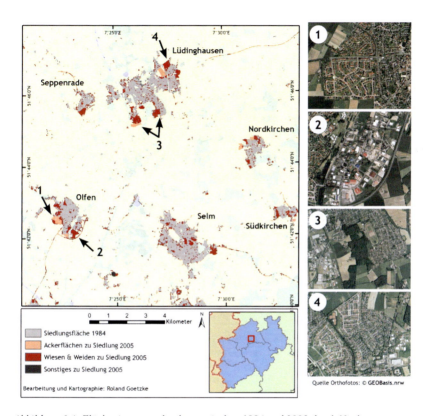

Abbildung 6.4: Flächeninanspruchnahme zwischen 1984 und 2005 durch Neubau von Wohn- und Gewerbegebieten am Beispiel der Gemeinden Olfen, Lüdinghausen, Nordkirchen (Kreis Coesfeld) und Selm (Kreis Unna).

Der Rückgang des Grünlandes ist ebenfalls in fast ganz NRW zu beobachten. In einigen Gemeinden im nördlichen Westfalen und der rheinischen Bucht sind Zuwächse an Grünland zu verzeichnen (Abbildung 6.7, rechts). Hierunter fallen allerdings auch Gemeinden, in denen Rekultivierungsmaßnahmen im Zusammenhang mit dem Braunkohletagebau stattgefunden haben, sowie Gemeinden, in denen Truppenübungsplätze aufgegeben wurden. In letzteren hat sich nur die Landnutzung, nicht aber die Landbedeckung geändert.

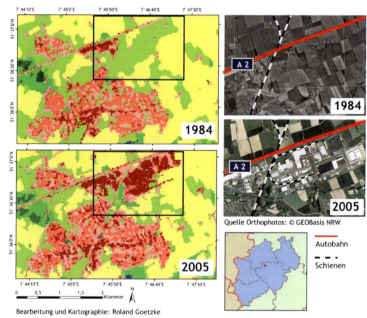

Bearbeitung und Kartographie: Roland Goetzke

Abbildung 6.5: Beispiel eines neu entstandenen Gewerbegebietes zwischen 1984
und 2005 in Autobahnnähe: Gewerbegebiet „Am Mersch", Bönen, Kreis Unna.
Legende der Klassifikation siehe Tabelle 4.3.

Aus dem selben Grund ist in den gleichen Gemeinden ein starker Zuwachs der Waldfläche zu beobachten. In den meisten Gemeinden NRWs ist zwischen 1984 und 2005 eine Ausdehnung der Waldfläche zu messen, vor allem aber im nördlichen Bergischen Land und im Sauerland.

Neben der Betrachtung der Landnutzungsänderungen auf Gemeindeebene lassen die Landnutzungsklassifikationen auch Analysen zu ökologischen Auswirkungen des Landnutzungswandels auf Pixelebene zu. So lässt sich unmittelbar die zunehmende Fragmentierung der Landschaft messen, die durch die Ausweitung der Siedlungsflächen entsteht. Um die Landschaftsfragmentierung vor allem im thematischen Zusammenhang mit der Flächeninanspruchnahme durch Siedlung und Verkehr aus Fernerkundungsdaten quantitativ abzuleiten, werden Landschaftsmaße eingesetzt (MENZ, 1998; HEROLD ET AL., 2002).

Um einen Eindruck der Landschaftsfragmentierung der vier klassifizierten Zeitschnitte zu erhalten, wurde in Anlehnung an LO & YANG (2002) ein Kernel-basierter Fragmentations-Index berechnet:

$$Fragmentierung = (c-1)/(k-1) \qquad (17)$$

wobei c die Anzahl der verschiedenen Landnutzungsklassen und k die Anzahl der Pixel innerhalb des Kernels beschreibt. Als Kernel wurde eine 7x7 Pixel-Matrix gewählt, so dass k der Zahl 49 entspricht.

Hierbei wurde deutlich, dass im Mittel für ganz NRW die Fragmentierung der Landschaft zwischen 1984 und 2005 bei Berücksichtigung von 12 Landnutzungsklassen um 14,7% zugenommen hat. Werden nur 6 aggregierte Landnutzungsklassen in Betracht gezogen, wodurch die hohe Diversität innerhalb der Siedlungs- und Waldklassen aus der Analyse herausgenommen wird, ist immer noch ein Anstieg der Fragmentierung von 13,3% zu beobachten. Betrachtet man das Verhältnis der Fragmentierung zur Entwicklung der Siedlungsflächen zwischen 1984 und 2005, so wird ein Zusammenhang

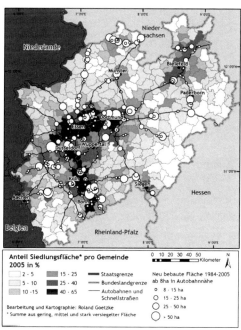

Abbildung 6.6: Anteil Siedlungsfläche pro Gemeinde und neu bebaute Flächen zwischen 1984 und 2005 ab einer Größe von 8ha in unmittelbarer Autobahnnähe.

deutlich, der sich auch in einem Korrelationskoeffizienten (Pearson's R) von 0,63 (12 Klassen), bzw. 0,65 (6 Klassen) ausdrückt. Bereits stark fragmentierte und hochverdichtete Städte erfahren nur eine geringfügig stärkere Fragmentierung oder gar einen Rückgang der Fragmentierung, während viele ländliche Kreise mit einem starken prozentualen Siedlungswachstum eine starke Fragmentierungstendenz aufweisen. Abbildung A.2 (Anhang, S. 266) verdeutlicht diesen Zusammenhang aus Fragmentierung und Siedlungswachstum.

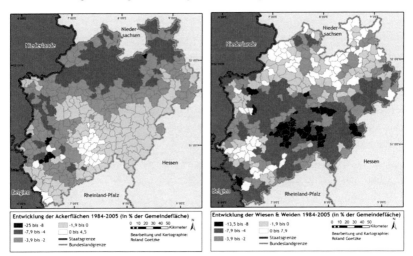

Abbildung 6.7: Entwicklung von Ackerflächen (links) und Grünland (rechts) 1984-2005 in NRW auf Gemeindeebene.

Zusammenfassend lässt sich festhalten, dass aus der Klassifikation der LAND-SAT-Daten aus vier Zeitschnitten umfangreiche Erkenntnisse über die Landnutzungsdynamik in NRW abgeleitet werden konnten, die nun in Landnutzungsmodellen verwertet werden können. Dabei geht es in erster Linie darum, unabhängig vom konkreten Planungskontext auf kommunaler Ebene allgemeingültige Aussagen über die Gründe und Verläufe der beobachteten Prozesse sowie deren zukünftige Entwicklung unter gegebenen Rahmenbedingungen machen zu können. Hierfür bieten Landnutzungsmodelle das geeignete Repertoire an Methoden.

6.1.5 Aggregierung der Landnutzungsdaten

Die klassifizierten Landsat-Daten wurden, wie in Kapitel 6.1.4 beschrieben, zur Vorbereitung der Modellierung in die sechs Hauptklassen Siedlung, Ackerflächen, Grünland, Wald, Wasserflächen und Sonstige (besondere Flächennutzung) umkodiert. Zusätzlich wurden sie aus Gründen, die im Zusammenhang mit der Parametrisierung des CLUE-s Modells erläutert werden (Kapitel 6.2) auf eine Auflösung von 100m resampled. Ein zu diesem Zweck häufig verwendetes Generalisierungsverfahren ist die *Nearest-Neighbor*-Methode. Mit dieser Methode erhält eine Zelle im geringer aufgelösten Raster den Wert des Pixels im höher aufgelösten Ausgangsraster, dessen Position ihrem eigenen Mittelpunkt am nächsten liegt. Durch dieses Verfahren kann es jedoch zu erheblichen Ungenauigkeiten in Bezug auf die Lage der Pixel und das räumliche Muster kommen. In dieser Arbeit wurde als Resampling-Methode eine einfache Mehrheitsentscheidung (*„Majority Vote"*) gewählt. Bei diesem Verfahren erhält eine Zelle im neuen Raster den Wert, der innerhalb dieser gröberen Zelle im höher aufgelösten Ausgangsraster am häufigsten vorkommt (vgl. HE ET AL. (2002)). Problematisch an diesem Verfahren ist, dass durch die Aggregierung die Flächensummen kleiner und dispers verteilter Klassen abnehmen. Das generelle räumliche Muster der Landnutzung bleibt jedoch erhalten, da es sich bei einer Aggregierung von 30m auf 100m um eine moderate Generalisierung handelt (vgl. HE ET AL. (2002)). Die Übereinstimmung der Landnutzungskarten auf 30m- und auf 100m-Ebene beträgt 91% (Kappa 0,88). Die größte Abweichung zeigte die Klasse Grünland, da sie stark vergesellschaftet mit der Klasse Siedlung auftritt und dementsprechend viele ursprünglich als Grünland klassifizierte Pixel in der Klasse Siedlung aufgingen. Aufgrund der Definition der Klasse Siedlung, die im gering versiegelten Bereich zahlreiche Gärten und Grünflächen beinhaltet, wurde die durch das Aggregieren entstandene Unsicherheit in Bezug auf die Klasse Grünland akzeptiert.

Eine größere Generalisierung kann zum vollständigen Verschwinden kleiner Klassen führen. In einem solchen Fall ist ein nutzergesteuertes Aggregierungsverfahren, wie das von JUDEX (2008) beschriebene, zu empfehlen.

6.2 Parametrisierung und Kalibrierung des CLUE-s Modells

Das CLUE-s Modell erfordert eine Reihe räumlicher und nicht-räumlicher Parameter, die mit unterschiedlichen Methoden aufbereitet werden. Den Kern bildet die logistische Regression, mit der räumlich explizite Wahrscheinlichkeitskarten der abhängigen Variable Landnutzung anhand verschiedener erklärender Variablen erzeugt werden. Diese Daten müssen in der gleichen räumlichen Repräsentation vorliegen, d.h. den exakt gleichen räumlichen Ausschnitt bei einer genau gleichen Pixelgröße abdecken.

Im Folgenden wird die Parametrisierung des CLUE-s Modells vorgestellt. Zunächst werden kurz die verwendeten Landnutzungsdaten präsentiert. Im Anschluss wird die Aufarbeitung der Antriebskräfte des Landnutzungswandels in Form von Rasterdaten erläutert, die vor allem mit den Softwarepaketen ArcGIS® und ERDAS Imagine® durchgeführt wurde. Die statistischen Berechnungen, um aus den Rasterdaten Input-Parameter für CLUE-s abzuleiten, erfolgten mit der Software R. Die eigentliche Modellierung wurde in XULU durchgeführt. Tabelle 6.4 zeigt die Eigenschaften der verwendeten Antriebskräfte, die als Rasterdaten in das Modell einfließen.

6.2.1 Landnutzungsdaten

CLUE-s wurde hier anhand der Landnutzungsänderungen kalibriert, die sich zwischen 1984 und 2001 ergeben haben. Die Landnutzungsdaten von 1975 konnten aus zwei Gründen zur Kalibrierung nicht verwendet werden. Auf der einen Seite führte die geringere räumliche Auflösung der LANDSAT-MSS-Daten zu Ungenauigkeiten (vgl. Kapitel 6.1.3). Zum anderen lagen nur wenige Daten für das Jahr 1975 vor, die zur Erklärung von Landnutzungsänderungen und damit zur Berechnung von Wahrscheinlichkeitskarten genutzt werden konnten. Gerade sozioökonomische Daten standen erst ab den 1980er Jahren zur Verfügung. Der Datensatz von 1975 wurde stattdessen zur Validierung verwendet. Dies wird in Kapitel 6.6 genauer erläutert.

Bei der Modellierung des Landnutzungswandels in NRW mit CLUE-s kann nicht auf den gesamten Detailgrad der Landnutzungsklassifikationen in Bezug auf die räumliche Auflösung und die Klassentiefe zurückgegriffen werden. Mit einer räumlichen Auflösung von 100m wurde eine Auflösung gewählt, die in Bezug auf die Rechenleistung vertretbar war. Bei Verwendung der Ausgangsauflösung von 30m wäre die Nutzung eines „normalen" Computers mit 4GB Arbeitsspeicher nicht möglich gewesen, da schon beim Laden der Daten die Kapazitäten überstiegen worden wären[63]. Zudem ist eine zu große räumliche

---

[63] Mit XULU/V ist die Modellierung mit 30m-Daten auf einem Rechnercluster theoretisch möglich, wie ein Test auf einem Grid aus 10 Knoten mit insgesamt 40 CPU-Kernen gezeigt hat (vgl. APPL (2007)). Doch müssen in der Kalibrierungsphase des Modells zahlreiche

Auflösung von Landnutzungsmodellen nicht zielführend, da die zu modellierenden Landnutzungsänderungsprozesse in der Regel nicht in der hohen Auflösung der Ausgangsdaten erfasst werden können (vgl. PONTIUS JR ET AL. (2004) und PONTIUS JR & MALANSON (2005)).

Die Reduktion der Anzahl an Landnutzungsklassen (vgl. Kapitel 6.1.4 und 6.1.5) hat einen zusätzlichen Einfluss auf die Rechenzeit, da bei jedem Modellschritt Wahrscheinlichkeitskarten anhand der Antriebskräfte (vgl. Kapitel 5.2.2) sowie der Nachbarschaften (vgl. Kapitel 5.2.3) für jede Landnutzungsklasse berechnet werden. Dieser Rechenaufwand konnte durch die Reduktion halbiert werden. Die Klassenreduktion erschien vertretbar, da in dieser Arbeit die Modellierung der Flächeninanspruchnahme im Fokus steht[64]; die Betrachtung der tatsächlichen Bodenversiegelung wird nachrangig behandelt. Die Modellierung der Versiegelungsgrade, die in der verwendeten Ausgangsklassifikation ausgewiesen sind, wurde für ein kleineres Untersuchungsgebiet in NRW im Rahmen einer Magisterarbeit von RIENOW (2009) untersucht.

6.2.2 Antriebskräfte

Das CLUE-s Modell berechnet Wahrscheinlichkeitskarten der Landnutzungszusammensetzung bzw. der Landnutzungsänderungen. Anhand dieser Karten trifft es die Entscheidung, wo Änderungen zu erwarten sind. Die Wahrscheinlichkeitskarten basieren auf statistischen Zusammenhängen zwischen der Landnutzung und bestimmten räumlichen Antriebskräften. Diese Zusammenhänge werden mittels einer logistischen Regression hergestellt, in der die Landnutzung die abhängige Variable darstellt und die Antriebskräfte die erklärenden Variablen sind. In der Regel ist eine Landnutzungsklasse nicht von einem einzigen Faktor abhängig, sondern von mehreren, die in unterschiedlichen Stärken und auf verschiedenen Skalen auf die Landnutzungsklasse einwirken (vgl. Kapitel 2.2.1). Die Auswahl der erklärenden Faktoren richtet sich danach, welche Antriebskräfte relevant und welche verfügbar sind. Eine ausführliche Diskussion der allgemein relevanten Antriebskräfte findet sich bei GEIST ET AL. (2006).

Modellläufe durchgeführt werden, was trotz aufwändiger Rechnerinfrastruktur einen enormen Zeitaufwand bedeutet hätte. Tabelle A.4 (Anhang, S. 266) zeigt die Unterschiede der benötigten Rechenleistung für die 30m- und 100m-Daten.

64 Zudem wird auf diese Weise mit beiden Modellen die gleiche Landnutzungsklasse (Siedlung) modelliert.

Speziell in Bezug auf West-, bzw. Mitteleuropa erörtern VERBURG ET AL. (2004b) die relevanten Antriebskräfte am Beispiel der Niederlande. Zum benachbarten NRW sind eine Reihe Übereinstimmungen auszumachen. In den folgenden Abschnitten werden die Faktoren bzw. Antriebskräfte vorgestellt, die für die statistische Modellierung der Landnutzungswahrscheinlichkeiten (siehe Kapitel 5.2.2) verwendet wurden.

Geo-biophysikalische Faktoren

Das Muster der vorhandenen Landnutzung ist in hohem Maße von naturräumlichen Eigenschaften abhängig. So bestimmen Bodeneigenschaften oder klimatische Bedingungen, ob z.b. eine ackerbauliche Nutzung von Flächen in Frage kommt oder die Hangneigung, ob eine Bebauung möglich ist.

Relief: Das Relief weist im Untersuchungsgebiet erhebliche Unterschiede auf. Während weite Teile der niederrheinischen und westfälischen Bucht keine nennenswerten Erhebungen aufweisen, prägen in Eifel, Sauerland und Weserbergland Mittelgebirge von 300m bis 800m über NN das Landschaftsbild und damit auch die Flächennutzung. Zudem stehen die mesoklimatischen Verhältnisse in NRW in engem Zusammenhang mit dem Relief[65]. Neben der **Geländehöhe** ist vor allem die **Hangneigung** ein wichtiger Parameter, der die mögliche Landnutzung beeinflusst. Die beiden Reliefparameter Geländehöhe und Hangneigung wurden aus dem ATKIS-DGM abgeleitet.

Böden: Die Fruchtbarkeit der Böden ist gerade für die landwirtschaftliche Nutzung der dominierende Faktor. Aus der digitalen Bodenkarte 1:50.000 konnten mehrere Parameter extrahiert werden, die für die Landnutzung relevant sind. Zum einen wurden die verschiedenen Bodentypen in sechs Klassen der **Bodengüte** eingeteilt, von „nicht nutzbar" bis „sehr gute Ackerstandorte". Zusätzlich wurden 10 verschiedene **Bodenarten** identifiziert, die sich anhand ihres Ton-, Lehm- und Sandanteils unterscheiden. Um zusätzliche Informationen über Standorte in das Modell einfließen zu lassen, die trotz guter Böden für die Landwirtschaft nur unter gewissen Aufwendungen nutzbar sind, wurden zudem die **Grundwassertiefe** und die **Staunässe** aus der Bodenkarte abgeleitet.

---

65 Z.B.: Kahler Asten (839m) Ø Temperatur 5,1°C, 1440mm Niederschlag; Köln-Wahn (92m) Ø Temperatur 10,0°C, 797mm Niederschlag

Fragmentierung: Ein ökologischer Parameter, der häufig im Zusammenhang mit dem Flächenverbrauch genannt wird, ist die Landschaftsfragmentierung. Die Fragmentierung beschreibt die Tendenz der Landschaft, sich in kleine *„Patches"* aufzugliedern. Dabei ist sie nicht nur Folge des Landnutzungswandels sondern beeinflusst diesen auch unmittelbar, da vor allem kleinere Parzellen bebaut werden und Lücken innerhalb von Siedlungskörpern geschlossen werden. Dieser Parameter wird in ähnlichen Studien verwendet (Lo & Yang, 2002). Zur Berechnung der Fragmentierung wurde der in Formel 17 (S. 151) vorgestellte Index verwendet.

Demographische Faktoren

Bevölkerung: Die Landnutzung ist immer eng an den Faktor Bevölkerung gebunden, da Menschen bestimmen, in welcher Form eine Landbedeckung genutzt wird. Gerade in einem hochverdichteten Raum wie NRW ist die Nutzung der Landschaft durch den Menschen überall erkennbar. Die Bevölkerungsdichte korreliert stark mit der Verteilung der Landnutzungsklasse Siedlung. Allerdings ist der Zuwachs an Siedlungs- und Verkehrsfläche mittlerweile entkoppelt von dem Zuwachs an Bevölkerung (Kapitel 3.2.2). Dementsprechend reicht die Bevölkerungsdichte alleine zur Erklärung von Landnutzungsänderungen nicht aus.

Tabelle 6.4: Übersicht über die in den log. Regressionsmodellen verwendeten Variablen.

Antriebskräfte (erklärende Variablen)	Beschreibung	Einheit (Skalierung)	Werte
Elevation (Geländehöhe)	Geländehöhe über NN	Meter (metrisch)	Min: -216 Max: 843
Slope (Hangneigung)	Hangneigung	Prozent (metrisch)	Min: 0 Max: 99,97
Soil Qual (Bodengüte)	Bodeneignung für landwirtschaftliche Nutzung basierend auf Bodenhaupttypen	Klassen (ordinal)	0: keine Information 1: nicht nutzbar (u.a. Wasserflächen, Siedlungsflächen, Deponien) 2: in Zukunft wieder nutzbar (u.a. Aufschüttungen, Abbauflächen) 3: keine ackerbauliche Nutzung möglich (u.a. Gestein, Kies, Moor, Stagnogley) 4: Ackerbau eingeschränkt möglich (u.a. Gley, Auenböden, Pseudogley)

Antriebskräfte (erklärende Variablen)	Beschreibung	Einheit (Skalierung)	Werte
			5: Ackerbau möglich (u.a. Braunerde, Podsol, Rendzina, Tiefumbruchboden, Plaggenesch) 6: gute bis sehr gute Ackerstandorte (u.a. Schwarzerde, Parabraunerde)
SoilType (Bodenart)	Bodenart	Klassen (nominal)	0: keine Information 1: Torf, Feinhumus, künst. Material 2: lehmig-tonig 3: tonig-lehmig 4: tonig-schluffig 5: sandig-lehmig 6: stark lehmig-sandig 7: sandig-schluffig 8: lehmig-sandig 9: sandig 10: feinbodenarm
Groundw (Grundwassertiefe)	Grundwassertiefe unter der Geländeoberfläche	Klassen (ordinal)	0: keine Information; 1: 0-80 cm; 2: 80-130 cm; 3: 130-200 cm; 4: 200-300 cm
StagMoist (Staunässe)	Staunässe	Klassen (ordinal)	0: keine Staunässe 1: sehr schwache Staunässe 2: schwache Staunässe 3: mittlere Staunässe 4: starke Staunässe 5: sehr starke Staunässe
Frag (Fragmentation)	Index zur Landschaftsfragmentierung (Anzahl Klassen in 7x7 Matrix)	Fragmentation-Index (rational)	Min: 0 Max: 0,104
PopDens (Bevölkerungsdichte)	Bevölkerungsdichte (mit 10km Radius um Mittelpunkt der Ortslagen)	E/km² (metrisch)	Min: 0 Max: 3820
PopChange (Veränderung der Bevölkerungsdichte)	Veränderung der Bevölkerungsdichte zwischen 1984 u. 2001	E/km² (metrisch)	Min: -183,79 Max: 237,55
Migr (Wanderungssaldo)	Differenz zwischen Zu- und Abwanderung pro Ortslage (Mittelwert pro Jahr 1995 bis 2001)	Personen (metrisch)	Min: -2647 Max: 6121
Migr25-50 (Wanderungssaldo 25-50-jährige)	Differenz zwischen Zu- und Abwanderung der 25-50-jährigen pro Ortslage (Mittelwert pro Jahr zwischen 1995 und 2001)	Personen (metrisch)	Min: -344 Max: 453
Employ (Sozialversicherungs-	Sozialversicherungspflichtig Beschäftigte	Personen (metrisch)	Min: 450 Max: 463.404

Antriebskräfte (erklärende Variablen)	Beschreibung	Einheit (Skalierung)	Werte
pflichtig Beschäftigte)	in Gemeinde		
UNEMP (Arbeitslose)	Arbeitslose pro Bevölkerung (pro Gemeinde)	Prozent (metrisch)	Min: 1,79 Max: 6,97
EMPSEC (Beschäftigte sekundärer Sektor)	Erwerbstätige im Sekundären Sektor in Gemeinde (in Tausend)	Personen (metrisch)	Min: 13,3 Max: 107,5
EMPTER (Beschäftigte tertiärer Sektor)	Erwerbstätige im Tertiären Sektor in Gemeinde (in Tausend)	Personen (metrisch)	Min: 31,4 Max: 523,8
INCOME (Einkommen)	Mittleres Einkommen pro Monat in Gemeinde (im Jahr 2004)	Euro/Pers. (metrisch)	Min: 13.980 Max: 47.199
LIVSPACE (Wohnfläche)	Mittlere Wohnfläche pro Einwohner in Gemeinde (2001)	m^2/Pers. (metrisch)	Min: 34,3 Max: 59,5
CARS (PKW)	Anzahl PKW in Gemeinde (pro 100 Einwohner)	PKW (metrisch)	Min: 41,9 Max: 62,2
DISCITY (Entfernung Mittel-/ Oberzentrum)	Entfernung zum nächsten Mittel- oder Oberzentrum (ab 25.000 Einwohner)	Kosten- gewichtete Distanz (metrisch)	Min: 0 Max: 160.983
DISHIGH (Entfernung Autobahnauffahrt)	Entfernung zur nächsten Autobahnauffahrt	Kosten- gewichtete Distanz (metrisch)	Min: 0 Max: 203.092
DISAIR (Entfernung Flughafen)	Entfernung zum nächsten Großflughafen	Kosten- gewichtete Distanz (metrisch)	Min:0 Max: 419.608
DISRIV (Entfernung Flüsse)	Entfernung zu größeren Flüssen	Meter (metrisch)	Min: 0 Max: 39101
DISNAT (Entfernung Naturschutzgebiete)	Entfernung zu Naturschutzgebieten	Meter (metrisch)	Min: 0 Max: 14270
BUFFERHIGH (Nähe Autobahn)	500m-Abstand zu Autobahnen	Klassen (nominal)	0: außerhalb 500m-Abstand zu Autob. 1: innerhalb 500m-Abstand zu Autob.
LANDPRICE (Bodenrichtwert)	Mittlerer Bodenrichtwert in Gemeinde (2005)	Euro/m^2 (metrisch)	Min: 22 Max: 522
MINING	Bereiche für den Abbau oberflächennaher Bodenschätze	Klassen (nominal)	0: kein Abbau vorgesehen 1: Abbau im Gebietsentwicklungsplan (GEP) vorgesehen

Der Faktor **Bevölkerungsdichte** sowie alle weiteren demographischen und ein Großteil der sozioökonomischen Faktoren lagen aggregiert auf Gemeindeebene vor. Sie wurden der Landesdatenbank NRW (IT.NRW, 2009) entnommen und räumlich aufbereitet. Diese Aggregierung beinhaltet das Problem, dass nicht erkennbar ist, wie sich die Bevölkerung innerhalb einer Gemeinde verteilt. Würde man eine Antriebskraft wie die Bevölkerungsdichte in Form einer Choroplethenkarte in das Modell integrieren, so würden sich in den zu berechnenden Wahrscheinlichkeitskarten Artefakte bilden, die daher rühren, dass innerhalb von Gemeindegrenzen diese Antriebskraft gleichförmig wirkt und an den Grenzen zu Nachbargemeinden ein abrupter Anstieg oder Abfall zu verzeichnen wäre. Wo Choroplethenkarten den Raum in diskrete Einheiten unterteilen ist in der Realität von einem kontinuierlichen Übergang auszugehen (LANGFORD & UNWIN, 1994). Um solche Interpretationsprobleme[66] zu vermeiden, war es notwendig, die aggregiert vorliegenden demographischen und sozioökonomischen Daten zu disaggregieren und in eine dasymetrische Darstellung zu überführen. Hierfür sind Zusatzinformationen über die räumliche Lage der Parameter, die disaggregiert werden sollen, innerhalb der administrativen Grenzen notwendig. Diese Informationen können aus Fernerkundungsdaten oder anderen Quellen (z.B. ATKIS) gewonnen werden (LANGFORD ET AL., 1991; LANGFORD & UNWIN, 1994; YUAN ET AL., 1997; MENNIS, 2003). Hierbei ist zu beachten, dass bei der räumlichen Interpolation der Daten das Gesamtvolumen der Bevölkerung erhalten bleibt (TOBLER, 1979b).

Zunächst lässt sich festhalten, dass die in einer administrativen Einheit gezählte Bevölkerung sich in einem relativ kleinen Gebiet aufhält, nämlich den Siedlungen. Projizierte man jedoch die Bevölkerungszahl ausschließlich auf die Siedlungsflächen, so würde man dem tatsächlichen Einfluss, den die Bevölkerung auf die Landschaft ausübt, nicht gerecht werden. Menschen haben einen gewissen Aktionsradius, der sie von ihrer Wohnung zu Arbeitsstätten, Einkaufsmöglichkeiten oder Freizeiteinrichtungen führt. Dies schließt auch Räume außerhalb der Siedlungen ein. Daher ist auch der Nutzungsdruck in der Umgebung hoher Bevölkerungsdichte größer als in Gebieten mit geringer Bevölkerungsdichte. Um dies kartographisch abzubilden, wurden zunächst aus ATKIS die jeweiligen Ortslagen[67] als Polygone extrahiert, deren Mittelpunkte berechnet

---

66 Problem der „*ecological fallacy*".
67 Zusammenhängende bebaute Flächen innerhalb einer Ortschaft.

und als Punkt-Shapefile dargestellt. Jedem Punkt wurde die Fläche der zugehörigen Ortslage und die Bevölkerungszahl der entsprechenden Gemeinde zugewiesen. Daraufhin konnte die Bevölkerungszahl anhand der Größe der einzelnen in einer Gemeinde liegenden Ortslagen gewichtet werden, so dass größere Ortslagen mehr und kleinere Ortslagen weniger Bevölkerung zugewiesen bekamen:

$$Pop_w = \frac{Pop_i}{\sum\limits_{i=0}^{n} Area} * Area_i \tag{18}$$

Hierbei ist Pop_w die gewichtete Bevölkerungszahl innerhalb einer einzelnen Ortslage, Pop_i die Gesamtbevölkerung einer Gemeinde und $Area$ die Fläche der Ortslage i von insgesamt n Ortslagen innerhalb einer Gemeinde. Ausgehend von den Ortslagen wurde die Bevölkerung räumlich disaggregiert. Hierfür wurde in ArcGIS mit einem kreisförmigen Kernel mit einem Radius von 10km eine Dichtefunktion angewendet. Somit konnte für jedes Pixel die ungefähre Bevölkerungsdichte pro km^2 berechnet werden – unter der Prämisse, dass sich die Bevölkerung nicht innerhalb der Siedlungen konzentriert, sondern einen gewissen Aktivitätsradius besitzt. Den Mittelpunkt des Aktivitätsradius bildet der Mittelpunkt einer jeden Ortslage, in der sich eine bestimmte Bevölkerung konzentriert. Detaillierte Überlegungen zum Aktivitätsradius und daraus resultierende „locational profiles" wurden von HÄGERSTRAND (1967) angestellt. Der hier angenommene Radius von 10km ist nicht empirisch begründet, sondern bildet eine Annäherung an Muster der räumlichen Mobilität in Bezug auf Pendlerverkehr[68], Versorgungsmobilität und Freizeitmobilität (vgl. HEINEBERG (2007)).

In der gleichen Weise wurde mit anderen demographischen Faktoren verfahren. Neben der Bevölkerungsdichte und der **Veränderung der Bevölkerungsdichte zwischen 1984 und 2001** wurden auch der Einfluss der **Zu- und Abwanderung** auf die Flächeninanspruchnahme untersucht, sowie im Besonderen die **Zuwanderung von Personen im „eigenheimrelevanten Alter (25-50 Jahre)"**. Diese Bevölkerungsgruppe wurde in einer deutschlandweiten Studie, die zeitgleich zur vorliegenden Arbeit durchgeführt wurde, als erklärende Variable im Zusammenhang mit der Flächeninanspruchnahme identifiziert (BMVBS & BBSR, 2009).

Als sozioökonomische Faktoren, die jedoch in engem Zusammenhang mit der Bevölkerung stehen, wurden die Anzahl der **sozialversicherungspflichtig**

---

68 In NRW pendeln etwa 45% der Berufstätigen weiter als 10km zu ihrer Arbeitsstätte und 54% unter 10km (HULLMANN & CLOOS, 2002).

Beschäftigten, der **Arbeitslosen**, der **Erwerbstätigen im sekundären und tertiären Sektor** sowie deren Entwicklung betrachtet. Zudem flossen das **mittlere Einkommen**, die **Wohnfläche pro Kopf** sowie die **Anzahl der PKWs pro Kopf** in die räumlich explizite Analyse ein. Diese Variablen ließen sich nicht mit der Größe der einzelnen Ortslagen gewichten, da in kleineren Ortsteilen nicht automatisch eine geringere Arbeitslosenquote herrscht oder ein geringeres Einkommen zu verzeichnen ist als in größeren. Aus diesem Grund wurden die Daten ausgehend von dem Mittelpunkt der Gemeinden disaggregiert, so dass ein weicher Übergang zwischen den Gemeinden gewährleistet werden konnte. Als Interpolationsmethode wurde das *„Inverse Distance Weighting"* (Inverse Distanzgewichtung) verwendet. Diese Methode richtet die Interpolation an der Entfernung einzelner Messpunkte aus. Die hiermit erzeugten pixelgenauen Werte entsprechen zwar nicht der tatsächlichen räumlichen Verteilung und damit der Raumwirksamkeit innerhalb der einzelnen Gemeinden, geben aber das generelle Muster der Antriebskräfte gut wider. Die meisten demographischen und sozioökonomischen Faktoren wirken nicht auf einen bestimmten Ort als solchen, sondern beeinflussen die regionalen Bedingungen (VERBURG ET AL., 2004b).

Ökonomische Faktoren

Landnutzungsentscheidungen richten sich maßgeblich an ökonomischen Faktoren aus. Dennoch ist gerade das Problemfeld Flächeninanspruchnahme nicht immer eindeutig mit bestimmten sozioökonomischen oder auch demographischen Größen in einen statistischen Zusammenhang zu bringen, was auch in anderen Studien belegt werden konnte (vgl. BMVBS & BBSR (2009)). Gerade weil sozioökonomische Bedingungen nicht direkt auf einen konkreten Ort einwirken, muss der Einfluss dieser Variablen anders charakterisiert werden. In verschiedenen Arbeiten werden hierfür Distanzmaße eingesetzt. Dabei wird entweder die Luftlinie bzw. euklidische Distanz als Abstandsmaß genutzt (PIJANOWSKI ET AL., 2002; OREKAN, 2007) oder die Entfernung kostengewichtet gemessen. Hierfür wird das Straßennetz in die Analyse einbezogen, so dass die Entfernung in der Fahrtzeit oder in der Anstrengung gemessen werden kann, die zum Erreichen eines Ziels aufgewendet werden muss (CHOMITZ & GRAY, 1996; MERTENS & LAMBIN, 2000; VERBURG ET AL., 2004b).

Distanzmaße: Eine verbreitete Variable in ökonomisch orientierten Modellen ist die Entfernung zum nächsten Markt, welcher sehr unterschiedlich definiert sein kann. Dabei kann es sich um die Entfernung zu Märkten im engeren Sinne handeln, z.B. in Bezug auf Absatzmöglichkeiten für landwirtschaftliche Güter (MERTENS & LAMBIN, 2000), oder aber auch um Märkte in einem abstrakteren Zusammenhang wie Städte mit einer gewissen Anzahl an Arbeitsplätzen (VERBURG ET AL., 2004b). Für das Untersuchungsgebiet NRW wurden mehrere mit dem Straßennetz gewichtete Maße der Erreichbarkeit berechnet. Als eine wichtige Variable wurde die **Entfernung zu Mittel- und Oberzentren** identifiziert, also Städte mit mehr als 25.000 Einwohnern. Die Ortszentren dieser Städte wurden markiert und die kostengewichtete Entfernung zu diesen Punkten berechnet. Als Grundlage hierfür diente ein Raster der Straßen NRWs, das aus ATKIS-Straßendaten aufbereitet wurde. Drei Kategorien wurden in diesem Raster unterschieden, die sich danach richteten, wie schnell eine Rasterzelle auf diesem Straßenraster „überwunden" werden kann. Dabei erhielten Zellen, in denen sich eine Autobahn oder Schnellstraße befindet den Wert 1 (entspricht einer Geschwindigkeit von ca. 100 km/h), Zellen mit sonstigen Straßen den Wert 2 (etwa 50 km/h) und Zellen ohne Straßen den Wert 27 (entspricht 3 km/h). Die Erreichbarkeit von Zellen, die nahe an Straßen liegen, ist demnach deutlich höher als die Erreichbarkeit von Zellen die in gleicher Entfernung nicht über eine Straße zu erreichen sind. Jede Zelle im Raster erhält auf diese Weise den aufsummierten Wert der über das Straßenraster zurückgelegten gewichteten Entfernungen zum nächsten Mittel- oder Oberzentrum.

Nach der gleichen Vorgehensweise wurden auch die **Erreichbarkeiten der nächsten Autobahnauffahrten** und der **nächsten Großflughäfen**[69] errechnet, um die Anbindung an die regionale und überregionale Verkehrsinfrastruktur wiederzugeben.

Ferner wurde anhand der euklidischen Distanz die **Erreichbarkeit von Flüssen** gemessen, da Siedlungen in der Vergangenheit vielfach in der Nähe von Flussläufen, dem bis ins frühe 19. Jahrhundert wichtigsten Verkehrsnetz, gegründet wurden. Daher kann diese Variable zur Erklärung des bestehenden Siedlungsmusters beitragen. Ebenfalls anhand der euklidischen Distanz wurde die **Entfernung zu Naturschutzgebieten** bestimmt. Sie stehen in diesem Zusammenhang als Proxy für die „Ästhetik der Landschaft" und können somit

---

69 Flughäfen Düsseldorf und Köln/Bonn (siehe Kapitel 3.1.4).

auch bestimmte Landnutzungsentscheidungen beeinflussen (VERBURG ET AL., 2004b).

Der in Kapitel 6.1.3 (Abbildung 6.6) beschriebene Zusammenhang zwischen der Ausweisung neuer Gewerbeflächen und der **unmittelbaren Nähe zu Autobahnen** wurde berücksichtigt, indem um die vorhandenen Autobahnen ein Buffer von 500m gelegt wurde.

Bodenrichtwert: Eine ökonomische Variable mit Bezug zu Landnutzungsänderungen ist der Bodenpreis. Daher wurde für jede Gemeinde NRWs der Mittelwert der Bodenrichtwerte[70] aus guter, mittlerer und mäßiger Lage berechnet und, wie bei den demographischen Variablen, über die Gemeindemittelpunkte interpoliert.

Institutionelle Faktoren

Institutionelle Faktoren sind solche, die an politische Rahmenbedingungen oder die Gesetzgebung gekoppelt sind. Damit tragen sie nicht wie die ökonomischen Faktoren zur nachfrageseitigen Erklärung von Landnutzungsänderungen bei, sondern beschreiben die angebotsbezogene Seite. Gerade im Zusammenhang mit der Flächeninanspruchnahme konnte festgestellt werden, dass angebotsseitige Faktoren gegenüber nachfrageseitigen Faktoren einen immer stärkeren Einfluss ausüben (BMVBS & BBSR, 2009). Dass in Gemeinden ohne demographischen oder ökonomischen Nachfragedruck die Siedlungsfläche wächst, lässt sich damit erklären, dass Kommunen und Investoren durch Angebotsplanungen Anreize auf die Baulandnachfrage ausüben. Dies lässt sich allerdings in statistischen Schätzmodellen nicht wiedergeben, da einerseits keine empirischen Daten über Subventionen etc. vorliegen und andererseits mehrere Akteursgruppen mit verschiedenen Interessen auf der Angebotsseite interagieren. So stellen Kommunen und die Wirtschaftsförderung Flächen bereit, da sie sich langfristige Steuereinnahmen durch Generierung von Arbeitsplätzen erhoffen. Projektentwickler und Banken sehen diese Flächen als Renditeobjekte an (SCHILLER ET AL., 2009).

---

70 Kaufpreis von Grundstücken unter Berücksichtigung ihres Entwicklungszustandes in Euro/m².

Ein institutioneller Faktor, der sich sehr gut in das CLUE-s Modell integrieren lässt, ist das Vorkommen bestimmter Nutzungsbeschränkungen. Für NRW wurden hier die Naturschutzgebiete ausgewählt, die konkreten im Bundesnatur-schutzgesetz verankerten Nutzungsbeschränkungen unterliegen. Dieser Faktor fließt nicht in das logistische Regressionsmodell ein, sondern wird gesondert als Nutzungsbeschränkung in CLUE-s integriert.

Die Landnutzungsklasse Sonstiges ist eine Mischklasse, die aus den Klassen Tagebau, Abbauflächen & Baustellen und Truppenübungsplätzen zusammenge-setzt ist. Hierbei handelt es sich – mit Ausnahme der Truppenübungsplätze – um eine besonders intensive und landschaftsverändernde Nutzung, die stark planeri-schen Vorgaben unterworfen ist. Der Braunkohletagebau und andere Abbauflä-chen lassen sich unabhängig von institutionellen Faktoren nur durch das Vorkommen der entsprechenden Rohstoffe im Untergrund erklären. Diese Infor-mation stand in dieser Arbeit nicht zur Verfügung. Stattdessen wurden die im Gebietsentwicklungsplan NRW für den Abbau vorgesehenen Flächen zur Berechnung der Wahrscheinlichkeit des Entstehens neuer Abbauflächen (bzw. der Klasse Sonstiges) herangezogen. Hierin ist einerseits der institutionelle Faktor der Regionalplanung enthalten und andererseits die räumliche Verteilung der Lagerstätten, die in absehbarer Zukunft abgebaut werden.

Kulturelle Faktoren

Kulturelle Faktoren wie Religion, gemeinsame Verhaltensmuster von Bevölke-rungsgruppen etc. wurden bei der Analyse nicht berücksichtigt, da sie in NRW im Zusammenhang mit Landnutzungsänderungen eine untergeordnete Rolle spielen und nur schwer quantifizierbar sind.

6.2.3 Ergebnisse der logistischen Regressionsmodelle

Mit einem logistischen Regressionsmodell lässt sich das Vorkommen einer Landnutzung an einem bestimmten Ort anhand verschiedener erklärender Varia-blen statistisch erklären (Kapitel 5.2.2). Dabei kann je nach Fragestellung eine bestehende Landnutzung oder die Veränderung dieser Landnutzung als abhän-gige Variable modelliert werden. Die logistische Regression wird außerhalb des CLUE-s Modells durchgeführt. Anschließend werden die Regressionskoeffizienten in CLUE-s übertragen, mit denen das Modell schließlich Wahrscheinlichkeitskarten der Landnutzung, bzw. Landnutzungsänderung erzeugt. Für jeden Landnutzungstyp im Untersuchungsgebiet wird anhand der verfügbaren Variablen (Kapitel 6.2.2) ein eigenes Regressionsmodell aufgestellt. Die Güte der jeweiligen Regressionsmodelle wird mit dem ROC-Verfahren (Kapitel 5.2.2) und dem daraus resultierenden AUC-Wert bewertet. Zusätzlich findet eine Interpretation des Einflusses der einzelnen erklärenden Variablen anhand von Odds Ratios statt (Kapitel 5.2.2).

Tabelle 6.5: Regressionsparameter der einzelnen Landnutzungsklassen.
Die Schätzung der Parameter erfolgte anhand der Landnutzung im Jahr 1984. Für die mit „Zuwachs" gekennzeichneten Klassen bezog sich die Schätzung auf den Zuwachs dieser Klasse zwischen 1984 und 2001. Oben β-Werte, unten in Blocksatz e^{β}, AUC in letzter Zeile.

Variablen	Siedlung	Siedlung (Zuwachs)	Acker-flächen	Grünland	Wald	Wasser (Zuwachs)	Sonstiges (Zuwachs)
Konstante	1,055*** 2,872	0,393 ** 1,481	1,821*** 6,176	-1,089*** 0,337	-1,172*** 0,310	2,271*** 9,685	-0,330⁻ 0,719
Elevation	0,002*** 1,002	0,003*** 1,003	-0,004*** 0,996	0,002*** 1,002	0,003*** 1,003	-0,007*** 0,999	-
Slope	-0,065*** 0,937	-0,064*** 0,938	-0,123*** 0,885	-0,008*** 0,992	0,114*** 1,120	-	-
Frag	30,084*** 1,16E+13	64,200*** 7,61E+27	-27,129*** 1,65E-12	39,782*** 1,89E+17	-8,516*** 2,00E-04	23,271*** 1,28E+10	-
SoilQual1	-	-	-2,821*** 0,060	-0,376*** 0,686	-0,401*** 0,669	0,544⁻ 1,722	0,793⁻ 2,210
SoilQual2	-	-	-0,761*** 0,467	0,204* 1,226	-0,911*** 0,402	0,167⁻ 1,181	1,210* 3,355
SoilQual3	-	-	-1,267*** 0,282	-0,555*** 0,574	-0,905*** 0,404	-0,234⁻ 0,792	-1,202° 0,301
SoilQual4	-	-	0,092⁻ 1,097	-0,530** 0,588	-1,551*** 0,212	-1,432** 0,239	-1,199** 0,302
SoilQual5	-	-	0,274** 1,315	-0,864*** 0,422	-1,248*** 0,287	-2,114*** 0,121	-0,920* 0,399
SoilQual6	-	-	0,945*** 2,574	-1,338*** 0,262	-2,201*** 0,111	-2,430*** 0,088	-0,937* 0,392
SoilType1	-	-	0,051⁻ 1,053	1,412*** 4,103	1,750*** 5,757	-	-
SoilType2	-	-	0,566*** 1,762	1,041*** 2,831	0,698*** 2,010	-	-
SoilType3	-	-	0,473*** 1,605	0,777*** 2,175	1,152*** 3,166	-	-
SoilType4	-	-	0,182* 1,200	0,907*** 2,478	1,226*** 3,406	-	-

Variablen	Siedlung	Siedlung (Zuwachs)	Acker-flächen	Grünland	Wald	Wasser (Zuwachs)	Sonstiges (Zuwachs)
SoilType5	-	-	0,119⁻ 1,126	0,811*** 2,250	1,124*** 3,076	-	-
SoilType6	-	-	0,269** 1,309	0,559*** 1,750	0,931*** 2,537	-	-
SoilType7	-	-	0,166° 1,180	0,258*** 1,294	1,564*** 4,776	-	-
SoilType8	-	-	-0,237** 0,789	0,511*** 1,667	1,737*** 5,680	-	-
SoilType9	-	-	-0,255** 0,775	0,307*** 1,360	1,908*** 6,741	-	-
SoilType10	-	-	-1,220* 0,295	-0,089⁻ 0,915	1,057** 2,878	-	-
Groundw1	-	-	-	0,715*** 2,044	-	-	-
Groundw2	-	-	-	0,641*** 1,899	-	-	-
Groundw3	-	-	-	0,394*** 1,483	-	-	-
Groundw4	-	-	-	0,255*** 1,290	-	-	-
Groundw5	-	-	-	-0,038*** 0,963	-	-	-
StagMoist2	-	-	0,324*** 1,382	-	-0,126*** 0,882	-	-
StagMoist3	-	-	0,232*** 1,262	-	0,566*** 1,761	-	-
StagMoist4	-	-	-0,493*** 0,611	-	1,203*** 3,331	-	-
StagMoist5	-	-	-2,203** 0,110	-	1,367** 3,925	-	-
PopDens	0,001*** 1,001	-1,01E-04* 1,000ᶜ	-0,001*** 0,999	-1,99E-04*** 1,000ᵇ	-	-2,02E-04* 1,000ᵇ	-
PopChange	0,001*** 1,001	0,001* 1,001	-	-	-	-	0.009*** 1,009
Migr25-50	-	0,002*** 1,002	-	-	-	-	-
Employ	4,14E-06*** 1,000ᶜ		-	-	-	-	-
EmpSec	-	-0,014*** 0,986	-	-	-	-	-
DisCity	-8,86E-05*** 1,000ᵇ	-4,20E-05*** 1,000ᵇ	-	-	-	-	-
DisHigh	-1,09E-05*** 1,000ᵇ	-1,31E-05*** 1,000ᵇ	-	-	-	-	-

167

Variable n	Siedlung	Siedlung (Zuwachs)	Acker-flächen	Grünland	Wald	Wasser (Zuwachs)	Sonstiges (Zuwachs)
D$_{IS}$A$_{IR}$	-	-6,48E-07° 1,000^b	-	-	-	-	-
D$_{IS}$R$_{IV}$	-	-	-	-3,90E-06* 1,000^b	-	-7,14E-05*** 1,000^b	-4,34E-05*** 1,000^b
B$_{UFFER}$H$_{IGH}$	-	0,181** 1,199	-	-	-	-	-
L$_{AND}$P$_{RICE}$	-0,005*** 0,995	-0,005*** 0,995	-	-	-	-	-
M$_{INING}$	-	-	-	-	-	-	5,166*** 175,177
AUC	0,879	0,815	0,810	0,695	0,806	0,842	0,895

^{a} Signifikanzniveaus: p < 0,001: ***; p < 0,01: **; p < 0,05: *; p < 0,1: o; p < 1: -;
^{b} Wert ist < 1;
^{c} Wert ist > 1

In Tabelle 6.5 sind die geschätzten Koeffizienten β der logistischen Regressionsmodelle aufgeführt. Werte größer als 0 haben einen positiven und Werte kleiner als 0 einen negativen Einfluss auf die Auftrittswahrscheinlichkeit der jeweiligen Landnnutzung. Die Regressionskoeffizienten einer logistischen Regression haben wenig Aussagekraft, da sie sich auf die Logits beziehen. Daher ist in Tabelle 6.5 zusätzlich (in Blocksatz) der Effektkoeffizient e^β, also der Antilogarithmus der Logit-Koeffizienten angegeben. Um diesen Faktor ändert sich die Wahrscheinlichkeit (oder die Odds, vgl. Kapitel 5.2.2) einer Landnutzungsklasse bei einer Änderung der entsprechenden Variable um eine Einheit. Werte zwischen 0 und 1 bedeuten, dass die Wahrscheinlichkeit bei einer Zunahme der erklärenden Variable abnimmt. Werte über 1 deuten darauf hin, dass die Wahrscheinlichkeit bei einer Zunahme der erklärenden Variable wächst. Ist der Effektkoeffizient genau 1, so hat eine Änderung der erklärenden Variable keinen Einfluss auf die Wahrscheinlichkeit des Auftretens der abhängigen Variable.

Am Beispiel der Variable Hangneigung bedeutet dies folgendes (siehe Tabelle 6.5): Bei einer Zunahme der Hangneigung um 1% erhöht sich die Wahrscheinlichkeit für das Auftreten von Wald um 12% ($e^\beta = 1,12$) und die Wahrscheinlichkeit für das Auftreten von Ackerflächen verringert sich um 11% ($e^\beta = 0,89$).

Bei der Interpretation der Effektkoeffizienten ist zu beachten, dass sie sich auf die Einheit der jeweiligen erklärenden Variablen beziehen. Deshalb haben Varia-

blen, die in einer kleinen Einheit vorliegen in der Regel einen großen Effektkoeffizienten (in Tabelle 6.5 die Variable FRAG) und Variablen, die hohe Werte
aufweisen einen Effektkoeffizienten nahe 1 (in Tabelle 6.5 die Variable DısCıTY).

Siedlung

Die Landnutzungsklasse Siedlung ist diejenige, die die höchsten Zuwachsraten
im Untersuchungsgebiet aufweist. Im Gegensatz zu den meisten anderen
Klassen, die sich größtenteils mit naturräumlichen Faktoren erklären lassen, ist
das Vorkommen und die Veränderung der Klasse Siedlung von zahlreichen
demographischen und sozioökonomischen Faktoren abhängig. Zur Erklärung
der räumlichen Verteilung der Klasse Siedlung im Jahr 1984 wurden als naturräumliche Variablen Geländehöhe, Hangneigung, Fragmentierung und Bodengüte herangezogen. Als demographische und sozioökonomische Variablen
wurden die Bevölkerungsdichte und ihre Veränderung, die Anzahl sozialversicherungspflichtig Beschäftigter, die Entfernungen zu Mittel- und Oberzentren
sowie der Bodenrichtwert verwendet. An den Regressionskoeffizienten (Tabelle
6.5) lässt sich ablesen, dass alle naturräumlichen Variablen außer der Hangneigung einen positiven Einfluss auf die räumliche Verteilung der Klasse Siedlung
im Jahr 1984 haben. Die Bevölkerungsdichte und deren Zunahme, sowie die
Anzahl der sozialversicherungspflichtig Beschäftigten haben ebenfalls einen
positiven Einfluss. Negativ wirken sich die Entfernung zum nächsten Oberzentrum und zur nächsten Autobahnauffahrt[71], sowie der mittlere Bodenrichtwert
aus.
  Der Vergleich der Effektstärken durch die Odds Ratios des Interquartil-Be-
reichs ist in Abbildung 6.8 angegeben. Die jeweiligen Vertrauensintervalle sind
sehr eng und deuten damit auf eine geringe Streuung der Variablen hin[72]. Die
Validierung des statistischen Vorhersagemodells für die Klasse Siedlung ergab
mit der ROC-Methode einen AUC-Wert von 0,879.

---

71 Der Einfluss ist negativ, da diese Variablen die Entfernung und NICHT die Nähe zur
   Stadt/Autobahn beschreiben → je weiter entfernt, desto höher der Wert.
72 Sehr dominant ist dabei die Variable DısCıTY. Die Mittelpunkte der Mittel- und
   Oberzentren sind immer innerhalb von Siedlungskörpern. Auch das Straßennetz, anhand
   dessen die Entfernung gewichtet wurde, befindet sich zu weiten Teilen innerhalb der
   Siedlungen. Die Variable DısCıTY wurde zwar aus Daten abgeleitet, die gänzlich
   unabhängig von den Landnutzungsdaten sind, doch ist ein grundsätzlicher logischer
   Zusammenhang vorhanden.

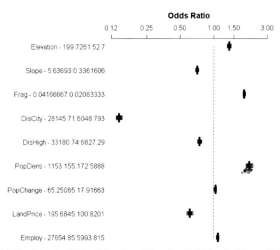

Abbildung 6.8: Vergleich der Effektstärken der erklärenden Variablen der Klasse Siedlung.
Für die metrisch skalierten Variablen sind die Odds Ratios der Quartile Q25 : Q75 angegeben. Zur
näheren Erläuterung siehe Abbildung 5.7.

Üblicherweise werden nach dem CLUE-s Konzept die Auftrittswahrscheinlich-
keiten für bestehende Landnutzungen geschätzt (VERBURG & VELDKAMP, 2004;
BATISANI & YARNAL, 2009b). Es ist aber ebenso möglich, Landnutzungsänderungen als abhängige Variable zu schätzen (vgl. VERBURG ET AL. (2004b); JUDEX
(2008)). Da in dieser Arbeit die Modellierung von neuen Siedlungsflächen von
größerem Interesse ist als die Vorhersage von bestehenden Siedlungsflächen,
wurde hier der Zuwachs an Siedlungsfläche zwischen 1984 und 2001 als abhängige Variable gewählt und in das Modell übernommen. Durch die Modellierung
der Änderung einer Landnutzungsklasse anstatt der Modellierung der Auftrittswahrscheinlichkeit der Klasse selbst können wichtige Erkenntnisse über die
Antriebskräfte erlangt werden, die für die untersuchte Veränderung verantwortlich sind.

Abbildung 6.9 zeigt, dass die naturräumlichen Antriebskräfte Geländehöhe und
Fragmentation einen verstärkenden Einfluss auf den Zuwachs neuer Siedlungs-
flächen haben, während sich die Hangneigung negativ auswirkt. Der Zuwachs
neuer Siedlungsflächen zwischen 1984 und 2001 ist positiv abhängig von der
Bevölkerungsdichte und ihrem Zuwachs, dem Zuzug der „eigenheimrelevanten"
Gruppe der 25-50-jährigen und der unmittelbaren Nähe von Autobahnen. Je

weiter Gebiete von Mittel- und Oberzentren, Autobahnauffahrten und Flughäfen entfernt sind, desto geringer ist die Wahrscheinlichkeit des Auftretens neuer Siedlungsflächen. Bei einem höheren Bodenrichtwert sinkt die Wahrscheinlichkeit für neue Siedlungsflächen ebenso wie bei einer höheren Zahl von Erwerbstätigen im sekundären Sektor.

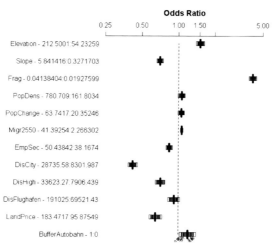

Abbildung 6.9: Vergleich der Effektstärken der erklärenden Variablen des Zuwachses an Siedlungsfläche zwischen 1984-2001 anhand der Odds Ratios.

Das statistische Modell zur Vorhersage von Siedlungszuwachs zwischen 1984 und 2001 ergab bei der Validierung mit der ROC-Methode einen AUC-Wert von 0,815. Auch wenn der AUC-Wert der Vorhersage von Siedlungszuwachs leicht unterhalb des Wertes zur Vorhersage von Siedlung im Jahr 1984 liegt, wurde das statistische Modell für Siedlungswachstum in das CLUE-s Modell übernommen. Anhand des Modells für das Vorhandensein von Siedlung im Jahr 1984 liegen die höchsten Wahrscheinlichkeiten innerhalb der bereits existierenden Siedlungskörper. Das statistische Modell für Siedlungszuwachs zwischen 1984 und 2001 zeigt hingegen die höchsten Wahrscheinlichkeiten für neue Bebauung an den Rändern der bestehenden Siedlungsflächen (siehe Grafik (a) in Abbildung 6.12).

Ackerflächen

Zur statistischen Vorhersage der Klasse Ackerflächen wurden vor allem naturräumliche Antriebskräfte herangezogen. Als einzige demographische Variable
wurde die Bevölkerungsdichte verwendet, da davon auszugehen ist, dass Ackerflächen vor allem in ländlichen, weniger verdichteten Räumen vorkommen. Das
statistische Modell zur Vorhersage von Ackerflächen ergab, dass mit steigender
Geländehöhe, Hangneigung und Fragmentierung die Wahrscheinlichkeit für
Ackerflächen abnimmt, wie den Odds Ratios in Abbildung 6.10 zu entnehmen
ist.

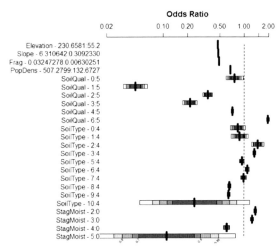

*Abbildung 6.10: Vergleich der Effektstärken der erklärenden Variablen der Klasse
Ackerflächen im Jahr 1984 anhand der Odds Ratios.*
Für die kategorialen Variablen ist der Vergleich mit einer Referenzklasse angegeben.

Ebenso ist eine höhere Bevölkerungsdichte mit einer niedrigen Wahrscheinlichkeit für Ackerflächen verbunden. Die Bodengüteklassen sind in Abbildung 6.10
als Odds Ratios im Verhältnis zur Bodengüteklasse 5 (Ackerbau möglich: Braunerden, etc.) dargestellt. Im Vergleich zur Bodengüteklasse 5 haben die Klassen
0 bis 3, die für nicht nutzbare Böden oder Gebiete ohne Bodeninformation
stehen, einen negativen Einfluss auf die Wahrscheinlichkeit des Auftretens von
Ackerflächen. Ebenso verhält es sich mit der Bodengüteklasse 4, die für
Ackerbau nur eingeschränkt geeignet ist (Gleye, Pseudogleye, etc.). Die Bodengüteklasse 6 (Parabraunerden etc.) wirkt sich deutlich positiv auf das

Vorkommen von Ackerstandorten aus. Die Effekte der meisten Bodenarten auf die räumliche Verteilung von Ackerflächen sind eher gering, ihre Odds Ratios liegen nahe 1. Ein hoher Lehm- und Tonanteil haben einen positiven Effekt, sandige Böden wirken sich dagegen negativ aus. Feinbodenarme Böden haben erwartungsgemäß ebenfalls einen stark negativen Effekt, weisen jedoch eine hohe Streuung auf. Starke Staunässe hat einen negativen Effekt, wohingegen schwache bis mittlere Staunässe das Vorkommen von Ackerflächen positiv beeinflusst.

Die Güte des statistischen Modells zur Vorhersage der räumlichen Verteilung von Ackerflächen im Jahr 1984 lässt sich mit einem AUC-Wert von 0,810 als gut beschreiben. In der Wahrscheinlichkeitskarte (Grafik (b) in Abbildung 6.12) treten deutlich die landwirtschaftlich intensiv genutzten Tiefländer vom Mindener Land über das Münsterland, den Niederrhein bis zur Kölner Bucht hervor. Die höchsten Wahrscheinlichkeiten finden sich in den Bördenland-schaften der Jülich-Zülpicher Börde, der Hellwegbörde und der Warburger Börde sowie in der Rheinebene und den Niederrheinischen Höhen.

Grünland

Die statistische Schätzung der Klasse Grünland ist problematisch, da es sich um eine Mischklasse handelt, die neben Wiesen und Weiden, auch innerstädtische Parks, Gärten und Grünanlagen sowie Heiden, Moore und Waldlichtungen enthält. Dies drückt sich in einem niedrigen AUC-Wert von 0,695 aus, der damit im Bereich einer ähnlich angelegten Studie von VERBURG ET AL. (2004b) liegt. Als naturräumliche Faktoren flossen in die Schätzung des Vorhersagemodells von Grünland Geländehöhe, Hangneigung, Bodengüte, Bodenart, Grundwassertiefe und die Fragmentierung der Landschaft ein. Hieraus ging hervor, dass die Klasse Grünland stärker in höheren Lagen mit geringer Hangneigung vorkommt. Zudem tritt sie in stärker fragmentierten Gebieten auf, worin sich die häufige Vergesellschaftung dieser Klasse mit der Klasse Siedlung in Form von Gärten, Parks, etc. widerspiegelt. Die Klasse Grünland kommt seltener auf guten bis sehr guten Ackerböden vor. Ebenso ist sie eher auf tonigen als auf sandigen Böden vertreten. Auch der Grundwasserspiegel hat einen Einfluss auf die räum-liche Verteilung der Klasse Grünland. Je höher der Grundwasserspiegel ansteht, desto wahrscheinlicher ist das Auftreten von Grünland. Als zwei weitere Antriebskräfte flossen die Entfernung zu Flüssen und die Bevölkerungsdichte ein. In der unmittelbaren Nähe größerer Flüsse und damit in deren unmittelbaren Überschwemmungsgebiet sind Wiesen und Weiden stärker vertreten als beispielsweise Ackerflächen[73].

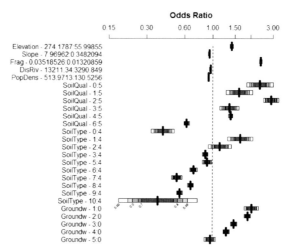

Abbildung 6.11: Vergleich der Effektstärken der erklärenden Variablen der Klasse Grünland im Jahr 1984 anhand der Odds Ratios.

Anhand der Odds Ratios der erklärenden Variablen der Klasse Grünland lassen sich in Abbildung 6.11 die einzelnen Effektstärken ablesen. Die Wahrscheinlichkeitskarte (c) in Abbildung 6.12 zeigt deutlich eine heterogene räumliche Verteilung der Wahrscheinlichkeiten. Dennoch lassen sich die Hochlagen von Sauerland und Eifel als Gebiete mit höherer Wahrscheinlichkeit identifizieren, genauso wie weite Teile der Westfälischen Bucht. Der Großteil der Niederrheinischen Bucht zeigt sehr geringe Wahrscheinlichkeiten. Ausnahmen bilden hier die Umgebungen der Flussläufe von Rur und Niers.

---

73 Die ökonomischen Schäden durch Hochwasser sind bei Grünland deutlich geringer als bei Ackerland.

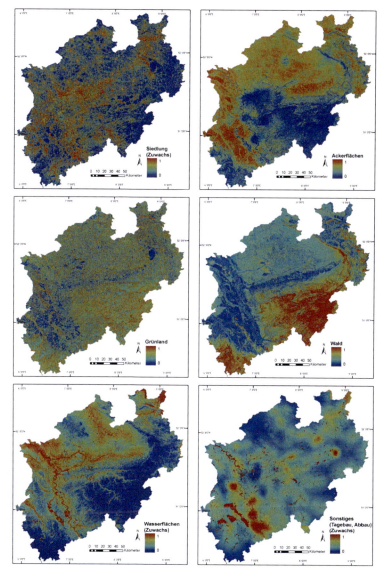

Abbildung 6.12: Wahrscheinlichkeitskarten der räumlichen Verteilung der einzelnen Landnutzungsklassen/-änderungen in NRW als Ergebnis von logistischen Regressionen.

Wald

In die Schätzung der Klasse Wald flossen nur naturräumliche Variablen ein (vgl. Tabelle 6.5). Es sind vor allen Dingen die hohen Lagen mit einer starken Hangneigung, in denen die Klasse Wald in NRW dominant vertreten ist. Insgesamt verteilen sich die Wälder in NRW auf die Standorte, an denen eine landwirt-

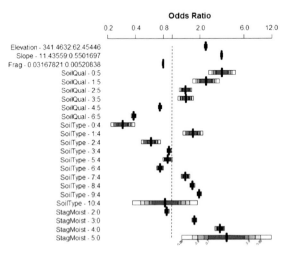

Abbildung 6.13: Vergleich der Effektstärken der erklärenden Variablen der Klasse Wald im Jahr 1984 anhand der Odds Ratios.

schaftliche Nutzung nicht oder nur eingeschränkt möglich ist. Die Böden dieser marginalen Räume weisen eine geringe Bodengüte auf. Auf Standorten mit Staunässe sind Wälder die dominante Landbedeckung. Die Wälder NRWs wachsen bevorzugt auf sandigen und weniger auf tonigen Böden.

Die Signifikanz der Regressionsparameter ist durchweg gut. Mit einem AUC-Wert von 0,806 ist die Modellgüte ähnlich gut wie die der Modelle für die Klassen Siedlungszuwachs und Ackerflächen. Die Odds Ratios in Abbildung 6.13 zeigen deutlich den negativen Effekt der guten Bodenkategorien und den positiven Effekt der schlechteren Böden sowie der Böden mit Staunässe. Die Klasse Wald ist zudem die einzige, bei der sich eine hohe Hangneigung positiv auf die Wahrscheinlichkeit auswirkt. Die Wahrscheinlichkeitskarte (d) in Abbildung 6.12 zeigt die Klasse Wald als „Gegenspieler" zur Klasse Ackerflächen.

Die niedrigsten Wahrscheinlichkeiten hat Wald in den landwirtschaftlich intensiv genutzten Tiefländern und die höchsten in den Mittelgebirgen.

Wasserflächen

Für die Klasse Wasser wurde nicht die Auftrittswahrscheinlichkeit im Jahr 1984 geschätzt, sondern die Wahrscheinlichkeit der Änderung dieser Klasse. Eine Schätzung der Auftrittswahrscheinlichkeit ergab zwar statistisch gute, aber logisch nicht sinnvolle Ergebnisse. Sämtliche Bodenparameter enthalten dort, wo sich Wasserflächen befinden, keine Information, so dass „keine Information" Wasserflächen nahezu perfekt beschreiben würde. Die Antriebskraft „Abstand zu Flüssen" kann aus einem ähnlichen Grund nicht verwendet werden. Somit blieben nur die Geländehöhe und die Hangneigung als sinnvolle Parameter übrig, mit denen aber keine zufriedenstellende räumliche Verteilung der Wasserflächen geschätzt werden konnte. Deshalb wurden die zwischen 1984 und 2001 neu entstandenen Wasserflächen als abhängige Variable verwendet.

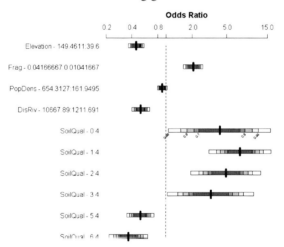

Abbildung 6.14: Vergleich der Effektstärken der erklärenden Variablen des Zuwachses an Wasserflächen zwischen 1984-2001 anhand der Odds Ratios.

Das statistische Regressionsmodell ergab, dass die Wahrscheinlichkeit für neue Wasserflächen mit abnehmender Geländehöhe, abnehmendem Abstand zu Flüssen und abnehmender Bevölkerungsdichte steigt. Neue Wasserflächen entstehen nach dem Modell zudem in Gebieten mit höherer Landschaftsfragmentierung und geringwertigen Böden. Die Streuung der beteiligten Bodenparameter ist dabei vergleichsweise groß.

Die Genauigkeit der Regression kann mit einem AUC-Wert von 0,842 als gut bewertet werden. Der Vergleich der Effektstärken der Variablen zur Erklärung des Zuwachses an Wasserflächen ist anhand deren Odds Ratios in Abbildung 6.14 dargestellt. In der Wahrscheinlichkeitskarte (e) in Abbildung 6.12 sind die Flussläufe und deren angrenzende Gebiete vor allem im Tiefland deutlich zu erkennen. Die Bodengüteklassen 0 und 1 (keine Information oder nicht nutzbar) pausen sich ebenfalls durch, was zu Fehlern in der Wahrscheinlichkeitskarte führt. Dies ist vor allem im Nordosten NRWs zu erkennen, wo die Bodenkarte keine Informationen enthielt. Die Wahrscheinlichkeit für Wasserflächen ist in diesen Regionen so hoch, da zwischen 1984 und 2001 neue Wasserflächen vor allem in ehemaligen Abbaugebieten entstanden, wo in der Bodenkarte entweder „keine Information" oder „nicht nutzbar" verzeichnet war. Da das zeitliche Aufeinanderfolgen von Abbau- und Wasserflächen jedoch richtig und nachvollziehbar ist, wurden die entsprechenden Bodeneigenschaften mit in das Modell übernommen und mögliche Fehlzuweisungen der Klasse Wasserflächen in Kauf genommen, zumal es sich um eine quantitativ kleine Klasse handelt.

Sonstiges

Die Schätzung der räumlichen Verteilung für die Klasse Sonstiges ist problematisch, da es sich um eine Mischklasse handelt, die aus Truppenübungsplätzen, Braunkohletagebau, anderen Abbauflächen und Baustellen besteht. Die Schätzung der Klasse Sonstiges erfolgte wie die Schätzung der Klassen Siedlung und Wasser anhand der Änderungen zwischen 1984 und 2001. Zwischen 1984 und 2001 haben sich für die Truppenübungsplätze keine Änderungen ergeben, für Tagebau und Abbauflächen & Baustellen hingegen sehr starke[74]. Dementsprechend war es von größerem Interesse, die Antriebskräfte für die Änderung der Braunkohletagebau- und Abbauflächen zu untersuchen als die Lage derselben im Jahr 1984. Zudem ergaben die verfügbaren Informationen zur Bodenqualität, ähnlich wie zuvor bei den Wasserflächen erläutert, ein verzerrtes Bild, da die

---

74 62% der Tagebauflächen und 63% der Abbauflächen & Baustellen im Jahr 1984 gehörten 2001 einer anderen Klasse an.

Abbauflächen größtenteils in Gebieten lagen, die in der Bodenkarte bereits als Abbauflächen oder Rekultivierungsflächen verzeichnet waren.

Zur Schätzung der Wahrscheinlichkeit für neue Flächen der Klasse Sonstiges wurde als naturräumlicher Faktor die Bodenqualität herangezogen. Hieraus wurde deutlich, dass neue Tagebau-/Abbauflächen zwischen 1984 und 2001 vor allem auf Flächen der Kategorien 0 bis 2 (siehe Tabelle 6.4) entstanden. Eine höhere Bodengüte hatte nur einen schwachen bis leicht negativen Einfluss. Da neue Kiesabbauflächen oft in der Nähe von Flüssen angelegt werden, wurde die Variable „Abstand zu Flüssen" mit in das Modell aufgenommen. Als demographische Variable floss die Entwicklung der Bevölkerungsdichte mit in das Modell ein. Ursprünglich wurde angenommen, dass im Hinblick auf Umsiedlungsmaßnahmen im Zusammenhang mit dem Braunkohletagebau die Bevölkerungsdichte in den Tagebauregionen abnimmt. Stattdessen ist ein positiver Zusammenhang zwischen neuen Abbauflächen und der Bevölkerungsdichte zu verzeichnen. Dies mag daran liegen, dass sowohl die Tagebaugebiete als auch wesentliche Kiesabbaugebiete in insgesamt bevölkerungsreichen Regionen mit einer positiven Bevölkerungsdynamik liegen. Umsiedlungsmaßnahmen in den Tagebauregionen betreffen zudem nur einen kleinen Teil der Gesamtbevölkerung dieser Regionen[75]. Gerade in Regionen mit stark positiver Bevölkerungsdynamik wie dem Köln-Bonner Raum oder der Region um Paderborn sind in der Klassifikation von 2001 zahlreiche neue Abbauflächen und Baustellen zu finden, wie z.B. die sich zu der Zeit im Bau befindende ICE-Trasse bei Köln.

Als dominanter Faktor tritt bei der Schätzung neuer Tagebau-/Abbauflächen der institutionelle Faktor „Bereiche für den Abbau oberflächennaher Bodenschätze" auf. Dies ist insofern logisch, da Bodenschätze nur in diesen ausgewiesenen Bereichen abgebaut werden dürfen.

Die Effektstärken der einzelnen Antriebskräfte sind in Abbildung 6.15 dargestellt. Das Regressionsmodell zur Schätzung neuer Tagebau-/Abbauflächen ergibt einen AUC-Wert von 0,895 und liegt damit im Bereich des Regressionsmodells der Klasse Siedlung. In der Wahrscheinlichkeitskarte (f) in Abbildung 6.12 treten die im Gebietsentwicklungsplan (GEP) verzeichneten Abbauflächen deutlich hervor, was sich auch in der sehr hohen Effektstärke dieses Faktors widerspiegelt. Aber auch andere Gebiete haben eine hohe Wahrscheinlichkeit,

---

75 Umsiedlung findet in der Regel in räumlich nah gelegene Gemeinden statt, so dass sich keine Abwanderung, sondern eine Umverteilung der Bevölkerung ergibt.

maßgeblich beeinflusst durch den positiven Effekt der Variable „Veränderung der Bevölkerungsdichte".

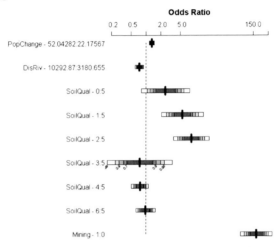

Abbildung 6.15: Vergleich der Effektstärken der erklärenden Variablen des Zuwachses der Klasse Sonstiges zwischen 1984-2001 anhand der Odds Ratios.

6.2.4 Parametrisierung der Nachbarschaftseffekte

Die Änderung von Landnutzung ist nicht nur von bestimmten Antriebskräften abhängig, sondern auch von der bestehenden Landnutzung in ihrer Nachbarschaft. Der Einfluss, den eine Landnutzung auf ihre Umgebung ausübt wird mit dem *Enrichment Factor* (Kapitel 5.2.3) angegeben. Zunächst wurde evaluiert, innerhalb welcher Umgebungsmatrix eine Landnutzung den höchsten Einfluss auf sich selbst bzw. andere Landnutzungsklassen ausübt. Die erklärende Kraft dieses Faktors wird in einem zweiten Schritt mit einem logistischen Regressionsmodell ermittelt. Die Karten der *Enrichment*-Faktoren aller Klassen, die einen positiven Einfluss auf eine bestimmte Landnutzung ausüben, fließen daher im folgenden Verlauf in ein logistisches Regressionsmodell ein. Wie bei der Analyse der Antriebskräfte wurde das Regressionsmodell der Nachbarschaften anhand einer 10%-Stichprobe aufgestellt.

Die Analysen ergaben, dass die Klasse Siedlung bei einer 5x5 (500 x 500m) Umgebungsmatrix den größten Einfluss ausübt. Für die Klassen Ackerflächen, Grünland, Wald und Wasserflächen war es eine 3x3 (300 x 300m) Matrix und bei der Klasse Sonstiges eine 11x11 (1,1 x 1,1km) Matrix. Tabelle A.5 (Anhang, S. 267) zeigt die Regressionskoeffizienten und Effektkoeffizienten der einzelnen Regressionsmodelle der Nachbarschaftseffekte.

Auf Basis dieser Regressionsparameter berechnet das CLUE-s Modell für jede Landnutzungsklasse Wahrscheinlichkeitskarten der Nachbarschaftseinflüsse. Zusätzlich findet noch eine Gewichtung statt, die beinhaltet wie stark der Beitrag dieser Nachbarschaftswahrscheinlichkeiten bei der Berechnung der Gesamtwahrscheinlichkeiten sein soll. Diese Gewichtung wurde mit einem iterativen Prozess ermittelt, indem wechselseitig höhere und niedrigere Werte angegeben wurden. Nach jedem Modelldurchlauf wurde die Gesamtgenauigkeit mit der Methode der Multiple Resolution Comparison ermittelt und schließlich das Modell mit der optimalen Kombination der Nachbarschaftsgewichte gewählt. Die Klassen Siedlung und Ackerflächen erhielten auf diese Weise eine Gewichtung von 40%, Grünland von 30%, Wald und Wasserflächen von 60% und die Klasse Sonstiges von 70%.

6.2.5 Einstellungen weiterer Modellparameter des CLUE-s Modells

Landnutzungsbedarf (Demand)

Als wichtiger Eingangsparameter steht der Landnutzungsbedarf für die Quantität der Landnutzungsänderungen, die für den Untersuchungsraum angenommen werden (siehe Kapitel 5.2.1). In der Regel handelt es sich hierbei um Szenarien-Berechnungen, die mit anderen (z.B. ökonomischen) Modellen durchgeführt werden. Der Landnutzungsbedarf für jeden Zeitschritt wurde für den Kalibrierungszeitraum 1984 bis 2001 aus der Veränderungsanalyse der klassifizierten LANDSAT-Daten übernommen (vgl. Kapitel 6.1.1). Dabei wurde ein linearer Verlauf der Landnutzungsänderungen zwischen 1984 und 2001 angenommen. Dem Modell wurde eine Bedarfsabweichung von 10% pro Landnutzungsklasse zugestanden.

Conversion Matrix

Durch die Conversion-Matrix erhält das CLUE-s Modell Informationen darüber, welche Landnutzungsklasse sich in welche ändern darf und ggf. nach welchem Zeitraum eine Änderung überhaupt erst in Frage kommt (vgl. Kapitel 5.2.4).

Tabelle 6.6: Conversion Matrix für NRW.
Zur Erklärung der Werte siehe Tabelle 5.2.

von \ nach	Siedlung	Ackerfl.	Grünland	Wald	Wasserfl.	Sonstiges
Siedlung	1	0	125	0	0	125
Ackerflächen	105	1	105	0	0	105
Grünland	105	105	1	105	120	105
Wald	125	125	125	1	0	125
Wasserflächen	0	0	120	0	1	110
Sonstiges	105	115	110	0	105	1

Hierfür greift das Modell auf eine Karte der Landnutzungshistorie zurück, die nach jedem Zeitschritt aktualisiert wird. In die Ausgangskarte der Landnutzungshistorie für das Jahr 1984 flossen die Veränderungen ein, die aus den klassifizierten LANDSAT-Daten von 1975 und 1984 ermittelt wurden. Die Einstellungen sinnvoller Veränderungspfade, die durch die Conversion Matrix vorgegeben werden, erfolgten anhand der beobachteten Landnutzungsdynamik in NRW.

Conversion Elasticity

Die Einstellungen der Landnutzungselastizität (Kapitel 5.2.5) erfolgten wie die der Conversion Matrix anhand der beobachteten Landnutzungsdynamik in NRW. Dabei stellten sich die Klassen Siedlung und Wasserflächen als besonders persistent dar (0,9), gefolgt von der Klasse Wald (0,8). Die Klassen Grünland (0,7), Sonstiges (0,6) und Ackerland (0,4) hatten entweder hohe absolute oder hohe relative Änderungsraten zu verzeichnen, weshalb ihre Elastizität niedriger angesetzt wurde.

Area Restrictions

Die in NRW ausgewiesenen Naturschutzgebiete wurden als zusätzlicher institutioneller Faktor integriert, der die möglichen Landnutzungsänderungen in gewissen Regionen einschränkt.

Location Specific Preference Additions

Weitere institutionelle Faktoren im Zusammenhang mit politischer Einflussnahme wurden nicht in das Modell integriert. Stattdessen wurde die Bevölkerungsentwicklung auf Gemeindeebene zwischen 1984 und 2001 als „Proxy"-Variable für die Attraktivität von Städten und Gemeinden in diesem Zeitraum als *Location Specific Preference Addition* (LSPA) für die Klasse Siedlung verwendet. Auf diese Weise sollte in Städten mit relativ hohen Wahrscheinlichkeiten aufgrund der verwendeten Antriebskräfte für die Klasse Siedlung, die aber eine negative Bevölkerungsentwicklung aufweisen[76], die Verteilung von Siedlungspixeln durch CLUE-s reduziert werden. Diese Zusatzinformation floss mit einer geringen Gewichtung (0,2) in das Modell ein, da es sich dabei um keinen „echten" institutionellen Faktor handelte.

Für die Klasse Sonstiges wurden ebenfalls Gunstgebiete definiert. Diese wurden aus dem GEP NRW übernommen. Diese Gebiete wurden stark gewichtet (1,0), da die Entscheidung, wo neue Tagebau- oder Abbauflächen ausgewiesen werden, in hohem Maße planerisch gesteuert wird.

6.2.6 Ergebnisse der Kalibrierung des CLUE-s Modells 1984-2001

Das CLUE-s Modell wurde anhand der in den vorangegangenen Unterkapiteln vorgestellten Parameter kalibriert. Dabei wurde ausgehend von der Landnutzungszusammensetzung des Jahres 1984 die Verteilung der Landnutzung im Jahr 2001 modelliert. Die Kalibrierung erfolgte in drei Schritten: In einem ersten Schritt wurden die Landnutzungsänderungen nur auf Basis der Wahrscheinlichkeiten der Antriebskräfte und Konversionsregeln modelliert (Variante *I*). Die Antriebskräfte wurden als statische Antriebskräfte eingebunden. Die Antriebskraft Bevölkerungsdichte konnte als dynamische Antriebskraft eingebunden werden, da für sie Informationen zu jedem Jahr zwischen 1984 und 2001

---

76 Betrifft vor allem Städte im Ruhrgebiet. Städte wie Köln, Düsseldorf oder Paderborn zeigen ähnlich hohe Wahrscheinlichkeiten anhand der Antriebskräfte, erlebten im gleichen Zeitraum aber einen hohen Bevölkerungszuwachs.

vorlagen. In einem zweiten Schritt folgte die Modellierung unter Einbeziehung der Nachbarschaftswahrscheinlichkeiten (Variante *II*) und schließlich die Modellierung mit zusätzlichen Location Specific Preference Additions (LSPA) (Variante *III*). Abbildung 6.16 zeigt die Ergebnisse der dynamischen Modelle anhand eines Ausschnittes von NRW. Anhand der Ergebnisse der Multiple Resolution Comparison (MRC) lässt sich die Güte der einzelnen Modelle vergleichen. In Tabelle 6.7 werden die Gütemaße der drei Modellvarianten dem Null-Modell gegenübergestellt.

Tabelle 6.7: Performance-Vergleich von drei CLUE-s Modellvarianten

Modell	MRC (Ft*)
NULL-Modell	0,924
(I) CLUE-s (nur Antriebskräfte)	0,918
(II) CLUE-s (mit Nachbarschaften)	0,933
(III) CLUE-s (mit Nachbarschaften und LSPA)	0,934

* gewichtete Übereinstimmung über alle Auflösungsstufen, siehe Formel 16 , Kapitel 5.4.1.

Dabei wird deutlich, dass das CLUE-s Modell in der Variante *I* etwas schlechter abschneidet als das Null-Modell. Werden zusätzlich noch die Wahrscheinlichkeiten anhand der Nachbarschaftseffekte im Modell berücksichtigt (*II*), wird eine deutliche Verbesserung der Modellgüte erreicht. Die Hinzunahme von LSPA (*III*) ergibt nur noch eine leichte Verbesserung der Modellgüte. Über das gemittelte Gütemaß (Ft) hinaus lässt ein Blick auf die einzelnen Auflösungsstufen der MRC (Abbildung 6.17) weitere Erkenntnisse über die Performance der Modellvarianten zu. Alle drei Modellvarianten schneiden bei der Ausgangsauflösung von 100m schlechter ab, als das Null-Modell. Während Variante *I* erst ab einer Auflösung von 12,8 km die Null-Auflösung erreicht, also besser abschneidet als das Null-Modell, erreichen Varianten *II* und *III* dies bereits ab einer Auflösung von ca. 1,6 km. Bei Modellvariante *III* nimmt die Übereinstimmung zwischen Modell und Referenz bei sehr grober Auflösung zudem stärker zu, als bei den beiden anderen Modellvarianten. Dies lässt sich damit erklären, dass Variante *III* die Quantität der Landnutzungsänderungen besser erfasst hat als die beiden anderen Modelle[77]. Die räumliche Lage der prognostizierten Änderungen war dabei jedoch nicht sehr genau.

---

[77] Jeder Landnutzungsklasse wurde eine mögliche Abweichung vom „Demand" von 10% zugesprochen. In allen Modellvarianten lag sie deutlich darunter und war in Variante *III* am geringsten.

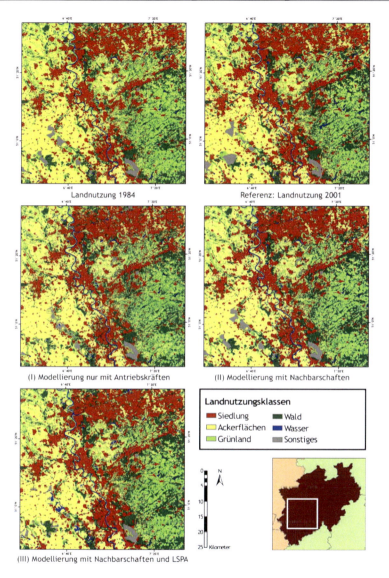

Abbildung 6.16: Vergleich der modellierten Landnutzung eines Ausschnitts von NRW für das Jahr 2001 (I-III) mit dem Ausgangsdatensatz von 1984 und dem Referenzdatensatz von 2001 (oben).

Um weitere Erkenntnisse über die räumlichen Zusammenhänge zwischen modellierten und tatsächlichen Landnutzungsänderungen zu erlangen, wurde eine weitere Validierungstechnik angewendet, die aus der Überlagerung von drei Karten besteht (vgl. PONTIUS JR ET AL. (2008)), der Augangsklassifikation von 1984, der Referenzklassifikation von 2001 und dem Ergebnis der Modellierung für das Jahr 2001 (Abbildung 6.18).

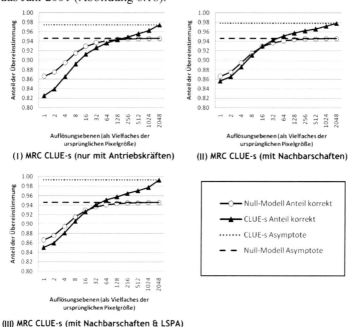

(I) MRC CLUE-s (nur mit Antriebskräften)

(II) MRC CLUE-s (mit Nachbarschaften)

(III) MRC CLUE-s (mit Nachbarschaften & LSPA)

Abbildung 6.17: Übereinstimmungen an mehreren Auflösungsstufen für drei Varianten des CLUE-s Modells angewendet auf NRW im Vergleich zu einem Null-Modell.

Daraus wird ersichtlich, welche Pixel in Bezug auf Veränderung (schwarz) und Persistenz (weiß) korrekt modelliert wurden. Dunkelgraue Pixel zeigen Orte an, die im Modell und in der Realität eine Veränderung erfahren haben, diese Änderung jedoch einer falschen Klasse zugewiesen wurde. In mittlerem Grau erscheinen Pixel, die sich gemäß den Referenzdaten verändert haben, im Modell aber persistent geblieben sind. Pixel, die im Modell, nicht aber in der Referenz verändert wurden, sind hellgrau dargestellt. Ein Null-Modell würde nur die weißen (Persistenz im Modell / Persistenz in der Realität) und hellgrauen Pixel (Persistenz im Modell / Veränderung in der Realität) simulieren.

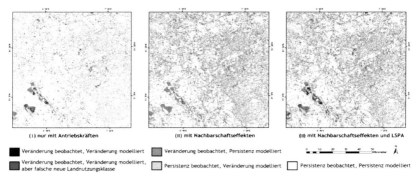

Abbildung 6.18: Validierungskarten durch Überlagerung von Ausgangs-/ Referenz- und Modellklassifikationen für drei Modellvarianten (gleicher Ausschnitt wie in Abb. 6.16).

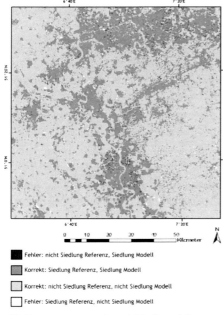

Abbildung 6.19: Korrekt und falsch modellierte Pixel in Modellvariante III des CLUE-s Modells. (gleicher Ausschnitt wie in Abb. 6.16)

Im visuellen Vergleich der Karten in Abbildung 6.18 wird deutlich, dass in dem dargestellten Ausschnitt die Anzahl der schwarzen und dunkelgrauen Pixel in den Modellvarianten *II* und *III* größer ist als in *I*. In Variante *I* überwiegen hellgraue Pixel. In allen drei Varianten bleiben im Ausschnitt vor allem die Siedlungsflächen und weite Bereiche der Ackerflächen im Modell persistent. Problematisch sind in allen drei Varianten die Braunkohletagebau-Gebiete im südwestlichen Kartenausschnitt. In Variante *II* haben sich große Bereiche der Tagebauflächen nicht verändert. Durch den Nachbarschaftseffekt, der gerade in der

187

Klasse Sonstiges sehr hoch ist, ist in der Umgebung eines jeden Pixels dieser Klasse die Wahrscheinlichkeit für die gleiche Klasse sehr hoch, so dass die kompakte Klasse Sonstiges in ihrer Ausdehnung mehr oder weniger erhalten bleibt. Veränderungen dieser Klasse treten so nur an deren Rändern auf. Da aber die Quantität des Zuwachses der Klasse Sonstiges vergleichsweise gering ist, bleiben die so modellierten Änderungen auch gering. In den Varianten *I* und *III* haben sich weite Bereiche der Tagebaugebiete verändert, was in Abbildung 6.16 gut erkennbar ist. Große Gebiete, die 1984 Tagebau waren, entwickelten sich in den Modellen vor allem zu Ackerflächen und Wasser. Auch wenn diese Zuweisung im direkten Vergleich mit den Referenzdaten von 2001 falsch ist, so ist sie doch inhaltlich richtig, da sich in gleicher Weise Rekultivierungsmaßnahmen in den Tagebaugebieten vollziehen (vgl. PFLUG (1998)). Im Bereich der im Flächennutzungsplan als Abbaugebiete verzeichneten Bereiche entstanden in den Modellen neue Flächen der Klasse Sonstiges, allerdings nur zu geringen Teilen in den Bereichen, die in der Referenzklassifikation von 2001 dieser Klasse angehören. Die größte Übereinstimmung gab es in diesen Bereichen in der Modellvariante *III*.

An dieser Stelle ist ein Blick auf die Klasse Siedlung von besonderem Interesse, da die Performance von CLUE-s in Bezug auf diese Klasse direkt mit den Ergebnissen des UGM verglichen werden kann. Abbildung 6.19 zeigt anhand Modellvariante *III* die korrekt und fehlerhaft modellierten Pixel. Das gewichtete Mittel der MRC zeigt bezogen auf die Klasse Siedlung in allen drei Modellvarianten einen höheren Wert, als das Null-Modell.

Die Null-Auflösung von Variante *II* liegt bezogen auf die Klasse Siedlung bei unter 800m und bei den Varianten *I* und *III* bei knapp über 800m (Abbildung A.3, Anhang S. 267). Variante *III* erreicht bei den gröberen Auflösungen höhere Werte als die beiden anderen Modellvarianten. Die zusätzliche Integration von LSPA hatte in Bezug auf die Klasse Siedlung demnach keine zusätzliche positive Auswirkung. Die Werte der Übereinstimmungen liegen insgesamt alle in einem sehr hohen Bereich, da der Großteil der hier untersuchten Landnutzung (Siedlung / nicht Siedlung) zwischen 1984 und 2001 persistent geblieben ist.

Tabelle 6.8: *Performance-Vergleich der drei CLUE-s Varianten bezogen auf die Klasse Siedlung*

Modell	MRC (Ft*)
Null-Modell	0,972
(I) CLUE-s (nur Antriebskräfte)	0,977
(II) CLUE-s (mit Nachbarschaften)	0,979
(III) CLUE-s (mit Nachbarschaften und LSPA)	0,978

* gewichtete Übereinstimmung über alle Auflösungsstufen, siehe Formel 16 , Kapitel 5.4.1.

6.3 Parametrisierung und Kalibrierung von SLEUTH (UGM)

Zusätzlich zur Modellierung der Landnutzung im Jahr 2001 mit CLUE-s wurde zur Simulation von urbanem Wachstum bis 2001 das Urban Growth Model (UGM) verwendet. Dieses Modell ist ein zellulärer Automat, der aus dem SLEUTH-Modell ausgekoppelt und in XULU implementiert wurde. Wie CLUE-s wurde auch das UGM anhand der beobachteten Landnutzungsänderungen zwischen 1984 und 2001 kalibriert. Die Kalibrierung erfolgte mit einer abgestuften „brute-force"-Methode (Kapitel 5.3.4). Dabei fanden Modellläufe ausgehend vom Jahr 1984 mit verschiedenen Parameterkombinationen statt, deren Ergebnis mit der MRC anhand der Referenzdaten von 2001 überprüft wurde.

Den Ausgangsdatensatz des UGM bildeten die aus der LANDSAT-Klassifikation des Jahres 1984 abgeleiteten Siedlungsflächen (*Urban*) in einer Auflösung von 100x100m (siehe Kapitel 6.1.5). Zur Kalibrierung wurden als Referenz die klassifizierten Siedlungsflächen aus dem Jahr 2001 verwendet. In das Modell flossen darüber hinaus eine Karte der Hangneigung in Prozent (*Slope*), eine Karte der für Urbanisierung nicht geeigneten Ausschlussflächen (*Exclusion*), sowie eine Karte des Verkehrsnetzes (*Road*) ein, worin die Straßen nach ihrem Typ gewichtet waren (siehe Kapitel 5.3.1).

Anhand dieser Eingangsdaten bestimmt das UGM während der Kalibrierungsphase anhand bestimmter Wachstumsregeln (Kapitel 5.3.2) die optimale Wertekombination der Parameter *Dispersion*, *Breed*, *Spread*, *RoadGravity* und *Slope* (Kapitel 5.3.1).

6.3.1 Modellvarianten des UGM

Wie das CLUE-s Modell, so wurde auch die Performance des UGM in drei Varianten überprüft. Zunächst wurde das Modell als Variante *I* kalibriert, in die nur die Informationen *Urban*, *Slope*, *Transportation* und *Exclusion* einflossen (vgl. Kapitel 5.3.1). In dem *Exclusion*-Layer waren als Ausschlussgebiete für Urbanisierung die Wasserflächen und Naturschutzgebiete verzeichnet. Alle anderen Gebiete waren für Urbanisierung gleichermaßen geeignet.

In Variante *II* wurde der *Exclusion*-Layer so modifiziert, dass er neben den Ausschlussflächen auch noch Informationen über die Entwicklung der Bevölkerungsdichte zwischen 1984 und 2001 enthielt. Diese Information ist unmittelbar vergleichbar mit den im CLUE-s Modell (Variante *III*) vorkommenden „*Location Specific Preference Additions*" für die Klasse Siedlung. Dadurch erhalten während der Kalibrierung Gebiete mit geringer oder rückläufiger Bevölkerungsentwicklung eine niedrigere Wahrscheinlichkeit für neue Siedlungszellen, als Gebiete mit positiver Bevölkerungsentwicklung. Statt dieser Bevölkerungsinformationen ließen sich an gleicher Stelle auch planerische Vorgaben implementieren. In UGM-Variante *III* floss die Fähigkeit zur Selbstmodifikation ein, nach der sich die Parameter nach festgelegten Regeln der Selbstmodifikation (vgl. Kapitel 5.3.3) während des Modelllaufs verändern können.

6.3.2 Ergebnisse der Kalibrierung des UGM 1984-2001

Die Werte der Wachstumskoeffizienten des zellulären Automaten wurden induktiv ermittelt. Tabelle 6.9 zeigt die ermittelten Koeffizienten für die drei Modellvarianten des UGM (a-c).

Der Koeffizient mit dem größten Einfluss auf die Modellperformance ist der *Spread*-Koeffizient, da er die meisten neuen Siedlungspixel induziert. Das nach außen gerichtete Wachstum, bzw. das Auffüllen vorhandener Lücken, das vom *Spread*-Koeffizienten gesteuert wird, ist der in NRW vorherrschende Prozess der Urbanisierung. Das „spontane" Entstehen neuer Siedlungszellen in größerer Entfernung zu vorhandenen Siedlungen (*Dispersion* und *Breed*), tritt in NRW vergleichsweise selten auf. Diese Form des Wachstums ließe sich in Zusammen-

hang mit dem *RoadGravity*-Koeffizienten bei der Entstehung neuer Gewerbegebiete in der Nähe von Autobahnen beobachten (vgl. Kapitel 6.1.4).

Tabelle 6.9: Wachstumskoeffizienten der drei Modellvarianten des UGM und gewichtete
Übereinstimmungen mit der MRC im Vergleich zu einem Null-Modell

Modell	Spread	Dispersion	Breed	RoadGravity	Slope	MRC (Ft*)
Null-Modell	-	-	-	-	-	0,972
(a) UGM-Variante I	8	7	10	4	92	0,984
(b) UGM-Variante II (+ gewichteter Exclusion-Layer)	13	11	10	4	92	0,984
(c) UGM-Variante III (+ Selbstmodifikation)	11	99	20	6	29	0,983
(d) SLEUTH (original, kalibriert anhand Lee-Sallee-Index)	7	2	6	6	29	0,978
(e) SLEUTH (original, mit gleichen Koeffizienten wie UGM I)	8	7	10	4	92	0,979

* gewichtete Übereinstimmung über alle Auflösungsstufen, siehe Formel 16 (Kapitel 5.4.1).

In allen drei Modellvarianten hat eine Änderung des *Breed*- und *RoadGravity*-
Koeffizienten nur eine nachgeordnete Bedeutung, da die Anzahl der durch diese
Koeffizienten induzierten Siedlungszellen vergleichsweise gering ist. Der *Slope*-
Koeffizient erhielt in den UGM-Variante *I* und *II* einen hohen Wert. Dies
bedeutet, dass bereits bei geringen Hangneigungen die Wahrscheinlichkeit für
neue Siedlungspixel abnimmt. Als kritische Hangneigung, ab der eine Urbanisierung ausgeschlossen wird, wurde in allen Modellvarianten ein Wert von 20%
angenommen.

In der Variante *II* kann der zelluläre Automat nur in den Gemeinden mit dem
stärksten absoluten Bevölkerungszuwachs (z.B. Köln) uneingeschränkt neue
Siedlungspixel verteilen (siehe Kapitel 6.3.1). Mit geringer werdendem Bevölkerungszuwachs oder gar Bevölkerungsabnahme sinkt die Wahrscheinlichkeit,
dass neue Siedlungspixel entstehen. Dementsprechend sind die *Spread*- und
Dispersion-Koeffizienten in dieser Modellvariante höher als in Variante *I*. Die
Breed-, *RoadGravity*- und *Slope*-Koeffizienten unterscheiden sich zwischen
diesen beiden Modellvarianten nicht.

Die in der Kalibrierungsphase ermittelten *Dispersion*- und *Slope*-Koeffizienten
der UGM-Variante *III* mit Selbstmodifikation unterscheiden sich deutlich von
denen der beiden anderen Modellvarianten. Dies hängt unmittelbar mit der Art
und Weise zusammen, wie die „Boom"- bzw. „Bust"-Phasen innerhalb der
Selbstmodifikation des UGM ablaufen (vgl. Kapitel 5.3.3). Wird eine bestimmte
Wachstumsrate überschritten, so startet eine „Boom"-Phase, in der die *Spread*-,

Dispersion-, Breed- und *RoadGravity*-Koeffizienten erhöht und der *Slope*-Koeffizient verringert werden. Dies geschieht allerdings nur solange, bis der *Dispersion*-Koeffizient den Wert 100 erreicht. Dementsprechend ist bei der in Tabelle 6.9 dargestellten Parameterkombination schon unmittelbar im Jahr nach dem Eintritt einer „Boom"-Phase kein weiterer Anstieg der anderen Koeffizienten mehr möglich. Hieraus ergibt sich wiederum ein annähernd lineares Wachstum der Siedlungsflächen, genau wie in den beiden anderen Modellvarianten. Tritt das Modell in eine „Boom"- oder „Bust"-Phase ein, wirken sich die Veränderungen der Modellkoeffizienten sehr stark auf die Wachstumsrate aus. Die Auswirkungen des *Spread*-Koeffizienten sind in einer „Boom"-Phase besonders groß, da NRW insgesamt eine vergleichsweise geringe Wachstumsrate der Siedlungsfläche aufweist. In anderen Fallbeispielen, in denen das SLEUTH-Modell eingesetzt wurde (z.B. Lo & YANG (2002)), sind die Wachstumsraten um ein Vielfaches höher. In solchen Fällen haben Änderungen der Koeffizienten insgesamt ein geringeres Gewicht. Die Übereinstimmung der modellierten Siedlungsflächen mit den Referenzdaten aus der Landnutzungsklassifikation von 2001 war in allen drei Modellvarianten annähernd gleich gut (Tabelle 6.9).

Für die folgende Simulation anhand von Szenarien wurde die UGM-Variante *II* gewählt. Dies lässt sich damit begründen, dass zum einen im Untersuchungszeitraum das Wachstum der Siedlungsflächen in NRW einem linearen Trend folgte (siehe Abbildung 3.9) und somit eine Selbstmodifikation des Modells nicht notwendig erschien, zumal diese mit den verwendeten Parametern ebenfalls in ein lineares Wachstum münden würde. Im Gegensatz zu Variante *I* lässt UGM-Variante *II* das Hinzufügen von Zusatzinformationen zu. Auf diese Weise lässt

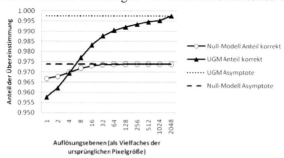

sich für die Simulation zukünftiger Szenarien durch die Hinzunahme politischer oder demographischer Faktoren beeinflussen, in welchen Gemeinden Wachstum verstärkt oder abgeschwächt stattfinden soll.

Abbildung 6.20: Übereinstimmungen bei verschiedenen räumlichen Auflösungen mit der MRC für die UGM-Variante II.

Abbildung 6.20 zeigt die mit der MRC berechneten Übereinstimmungen der binären Klassen Siedlung / nicht Siedlung bei unterschiedlichen räumlichen Auflösungen mit der UGM-Variante *II*. Im Vergleich zu den Ergebnissen, die mit den CLUE-s Modellvarianten erzielt wurden (Abbildung A.3, Anhang S. 267) fällt auf, dass die Null-Auflösung mit dem UGM schon bei deutlich höherer räumlicher Auflösung (400m) erreicht wird. Die maximale Übereinstimmung bei der geringsten Auflösung (UGM Asymptote) liegt über derjenigen der CLUE-s-Varianten *I* und *II* und etwa im Bereich der CLUE-s-Variante *III*. Die mittlere gewichtete Übereinstimmung liegt für die Klasse Siedlung mit 0,984 ebenfalls über denen der CLUE-s Varianten (0,977 bis 0,979).

In Tabelle 6.9 sind unterhalb der Koeffizienten des UGM zum Vergleich die Ergebnisse dargestellt, die mit dem ursprünglichen SLEUTH-Modell erreicht wurden (d-e). Ein direkter Vergleich zwischen den Ergebnissen des originalen SLEUTH-Modells und den Ergebnissen des in XULU implementierten UGM ist schwer möglich, da unterschiedliche Kalibrierungsmethoden verwendet werden und sich daher die resultierenden Koeffizienten unterscheiden. Außerdem mussten zur Kalibrierung des originalen SLEUTH alle Datensätze von 1975 bis 2005 verwendet werden. Die in SLEUTH anhand des Lee-Sallee-Indexes (vgl. DIETZEL & CLARKE (2007)) ermittelten Koeffizienten befinden sich allerdings mit Ausnahme des *Slope*-Koeffizienten im Wertebereich der UGM-Variante *I* (Tabelle 6.9d). Bei der Modellierung des Siedlungswachstums mit dem originalen SLEUTH von 1984 bis 2001 wird eine mit der MRC gemessene mittlere Übereinstimmung mit den Referenzdaten von 0,978 erreicht. Setzt man dabei statt der durch die Kalibrierung des originalen SLEUTH ermittelten Koeffizienten die Werte ein, die durch die Kalibrierung des in XULU implementierten UGM ermittelt wurden, so erhält man eine MRC-Übereinstimmung von 0,979 (Tabelle 6.9e). Bei einem Vergleich der modellierten Siedlungsflächen des Jahres 2001 mit der UGM-Variante *I* und mit dem originalen SLEUTH konnte eine MRC-Übereinstimmung von 0,985 gemessen werden. Hieraus muss gefolgert werden, dass trotz identischer Wachstumsregeln zwischen SLEUTH und dem in XULU implementiertem UGM Siedlungspixel unterschiedlich verteilt werden[78].

---

78 Die Unterschiede können mit unterschiedlichen Zufallsgeneratoren zusammenhängen, da das adaptierte UGM trotz identischem Algorithmus insgesamt weniger zufällige Pixel auswählt, als SLEUTH.

6.4 Kalibrierungsergebnisse der CLUE-s und UGM-Varianten im regionalen Vergleich

Vergleicht man den Anteil der mit den Modellvarianten simulierten Siedlungspixel mit denen der Referenzklassifikation für das Jahr 2001 auf Basis der Gemeinden, so werden räumliche Muster erkennbar, die Schlüsse über die Stärken und Schwächen der Modelle zulassen. Die Karten in Abbildung 6.21 zeigen für die Modellvarianten von CLUE-s und UGM jeweils die Abweichungen zwischen dem Anteil der modellierten und der realen Siedlungsfläche für die Gemeinden NRWs. Bei allen CLUE-s Varianten (*A-C*) fällt auf, dass die Siedlungsfläche in den Gemeinden des Ruhrgebietes überschätzt wurde.

Die Überschätzung der Klasse Siedlung in Agglomerationsräumen durch CLUE-s Variante *I* (Abbildung 6.21-A) ist nicht als Fehler des Modells anzusehen, sondern entspricht genau der Charakteristik des CLUE-s Modells, denn entsprechend der Ergebnisse der logistischen Regression ist die Wahrscheinlichkeit für neue Siedlungsflächen in den Agglomerationsräumen am höchsten (siehe Abbildung 6.12a). Die Hinzunahme von Nachbarschaftseffekten in Variante *II* (Abbildung 6.21-B) verstärkt diese Tendenz noch, da in der Nähe von bestehenden Siedlungsflächen die Wahrscheinlichkeit für neue Siedlungsflächen steigt. Durch die weitere Ergänzung mit LSPA in Variante *III* (Abbildung 6.21-C) wird die Überschätzung der Klasse Siedlung in den Agglomerationsräumen nicht reduziert, sondern in den Gemeinden erhöht, die hohe LSPA-Werte für die Klasse Siedlung aufwiesen.

Die in einigen Regionen auftretende Unterschätzung von Siedlungsflächen konnte durch die Hinzunahme von Nachbarschaftseffekten und LSPA jedoch verbessert werden. Diese ist in den CLUE-s Varianten *I* und *II* (Abbildung 6.21-A,B) vor allem am Niederrhein, im Bergischen Land, der Region Aachen und einigen Hellweg-Gemeinden vorhanden.

Das UGM tendiert in der Variante *I* ebenso wie das CLUE-s Modell dazu, in den Agglomerationsräumen zu viele neue Siedlungspixel zu verteilen (Abbildung 6.21-D), wenn auch in weniger starkem Ausmaß. Wie CLUE-s, so unterschätzt das UGM in der Variante *I* das Siedlungswachstum im Bergischen Land und in der Region Aachen. Dies lässt sich durch das in diesen beiden Regionen starke Relief erklären, das in beiden Modellen zu einer Verringerung der Wahrscheinlichkeit für die Entstehung neuer Siedlungspixel führt. Insgesamt sind im

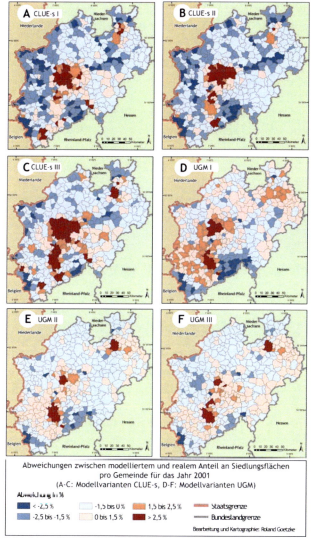

Abbildung 6.21: Vergleich der Abweichungen zwischen modelliertem und
gemessenem Anteil der Siedlungsflächen pro Gemeinde im Jahr 2001.

UGM die Abweichungen zwischen modelliertem und realem Anteil der Siedlungsflächen aggregiert auf Gemeindeebene deutlich geringer, als im CLUE-s

Modell. Diese Abweichungen fallen in der UGM-Variante *II* (Abbildung 6.21-E) noch geringer aus. Hier sind auch in den Agglomerationsräumen die Unterschiede zwischen Modell und Referenz nur noch gering. Eine positive Abweichung von > 2,5% der Fläche trat in dieser Variante nur noch in sieben Gemeinden auf. Eine negative Abweichung wurde in nur zehn Gemeinden modelliert.

Mit dem UGM wird in den meisten Gemeinden die Siedlungsfläche im Vergleich zur Referenz unterschätzt. Dies bestätigt Erkenntnisse aus der Modellierung von urbanem Wachstum in Santa Barbara, Kalifornien, mit dem SLEUTH Modell (PONTIUS JR ET AL., 2008). Im Rahmen der Modellierung mit Selbstmodifikation des Modells (Abbildung 6.21-F) wurde diese Unterschätzung weiter verringert, da aufgrund des hohen *Dispersion*-Wertes insgesamt etwas mehr Siedlungspixel verteilt wurden.

6.5 Ergebnisse der gekoppelten Modellierungen 1984-2001

Wie in Kapitel 5.5 beschrieben, wurden in dieser Arbeit das CLUE-s Modell und das UGM in zwei Varianten gekoppelt: Erstens wurde mit dem UGM in mehreren Monte-Carlo-Iterationen das Siedlungswachstum zwischen 1984 und 2001 modelliert und dieser Datensatz als LSPA an CLUE-s übergeben („lose" Kopplung). Zweitens wurde für jeden Zeitschritt abwechselnd die Klasse Siedlung mit dem UGM und die restliche Landnutzung mit CLUE-s modelliert („enge" Kopplung).

Die in Tabelle 6.10 dargestellten Ergebnisse zeigen, dass eine „lose" Kopplung von CLUE-s und dem UGM eine geringe Verbesserung der Performance gegenüber der alleinigen Modellierung mit CLUE-s ergibt – sowohl bezogen auf die gesamte Landnutzungszusammensetzung, als auch auf die Klasse Siedlung. Der Einfluss der zusätzlichen Informationen, die CLUE-s durch das UGM bereit gestellt werden, ist gering. Die Pixel, die entsprechend des UGM eine hohe Wahrscheinlichkeit für Urbanisierung aufweisen, decken sich mehr oder weniger mit den Pixeln, die durch die Nachbarschafts-Komponente des CLUE-s Modells auch eine hohe Wahrscheinlichkeit für die Klasse Siedlung aufweisen. In beiden Fällen sind dies vor allem Pixel am unmittelbaren Siedlungsrand. Die ursprüngliche LSPA-Information der Klasse Siedlung (siehe Kapitel 6.2.5) wurde durch die Urbanisierungs-Wahrscheinlichkeiten ersetzt, die mit den Monte-Carlo-Iterationen des UGM erzeugt wurden.

Tabelle 6.10: Performance-Vergleich von CLUE-s Variante III (mit Nachbarschaften und LSPA), UGM-Variante II (mit Gewichtung), sowie lose und eng gekoppelten Modellen mit der MRC.

Modell	MRC (Ft*) gesamte Landnutzung	MRC (Ft*) Klasse Siedlung
Null-Modell	0,924	0,972
(A) CLUE-s (Variante III)	0,934	0,978
(B) UGM (Variante II)	-	0,984
(C) „lose" Kopplung	0,935	0,979
(D) „enge" Kopplung	**0,939**	**0.984****

* gewichtete Übereinstimmung über alle Auflösungsstufen, siehe Formel 16, Kapitel 5.4.1.
** Siedlungsfläche identisch mit (B) UGM (Variante II).

Die „enge" Kopplung der beiden Modelle ergab jedoch eine deutliche Verbesserung der Performance. Die Übereinstimmung bezogen auf die Klasse Siedlung entspricht dabei erwartungsgemäß derjenigen des UGM, da diese Klasse ausschließlich mit diesem Modell simuliert wurde. Dieser positive Effekt beeinflusst die Übereinstimmung der gesamten Landnutzungszusammensetzung zwischen reeller und modellierter Landnutzung im Jahr 2001. Die Null-Auflösung sinkt dabei von 1,6 km (CLUE-s Variante *III*) auf 800 m (Abbildung 6.22).

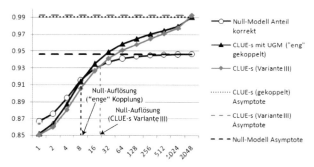

Abbildung 6.22: Übereinstimmungen zwischen modellierten und Referenzdaten für das Jahr 2001. Vergleich zwischen CLUE-s („eng" gekoppelt mit UGM), CLUE-s (Variante C) und Null-Modell.

6.6 Modell-Validierung anhand der beobachteten Landnutzungsänderungen 1975-1984

Um zu überprüfen, ob die Modelle auch mit anderen Daten ähnliche Ergebnisse liefern wie in der Kalibrierungsphase, wurden die Modelle auf den NRW-Datensatz von 1975 angewendet. Von diesem Zeitpunkt ausgehend wurde die Landnutzung des Jahres 1984 modelliert. Für das CLUE-s Modell wurden entsprechend die Regressionskoeffizienten, Conversion Elasticity, Conversion Matrix, etc. übernommen und für das UGM die in der Kalibrierungsphase 1984-2001 induktiv ermittelten Parameter. Die Modellierung wurde zudem in einer „losen" und „engen" Kopplung ausgehend vom Jahr 1975 durchgeführt. Wo räumliche Datensätze der Antriebskräfte für das Jahr 1975 verfügbar waren wurden die ursprünglich verwendeten von 1984 ersetzt. Hierzu zählten Daten der Bevölkerungsdichte und -entwicklung, sowie Distanzmaße und Ausschlussflächen.

Tabelle 6.11: Performance-Vergleich von CLUE-s, UGM (je 3 Modellvarianten), sowie „lose" und „eng" gekoppelten Modellen mit der MRC für den Zeitraum 1975-1984.

Modell	MRC (Ft*) gesamte Landnutzung	MRC (Ft*) Klasse Siedlung
Null-Modell	0,927	0,969
(A) CLUE-s (Variante I)	0,914	0,974
(B) CLUE-s (Variante II)	0,924	0,976
(C) CLUE-s (Variante III)	0,926	0,976
(D) UGM (Variante I)	-	0,976
(E) UGM (Variante II)	-	0,977
(F) UGM (Variante III)	-	**0,979**
(G) CLUE-s + UGM „lose" gekoppelt	0,926	0,976
(H) CLUE-s + UGM „eng" gekoppelt	**0,932**	0.977**

* gewichtete Übereinstimmung über alle Auflösungsstufen, siehe Formel 16, Kapitel 5.4.1.
** entspricht modellierter Siedlungsfläche aus (E) UGM (Variante *II*).

Die Modellierung der gesamten Landnutzungszusammensetzung mit dem CLUE-s Modell zeigte in allen Modellvarianten für das Jahr 1984 eine Performance, die leicht unterhalb des entsprechenden Null-Modells lag (Tabelle 6.11). Auch die Null-Auflösung (Abbildung A.4, Anhang S. 268) ist bei Variante *III* mit einer 64-fachen Auflösung gröber als es in der Kalibrierungsphase der Fall war, in der die Null-Auflösung bereits bei einer 16-fachen Reduzierung der Auflösung erreicht wurde. Wie auch in der Kalibrierungsphase schneidet CLUE-s in der „losen" Kopplung mit dem UGM ähnlich gut ab, wie ohne Kopplung in der CLUE-s Variante *III,* zeigt aber bei einer „engen" Kopplung eine deutliche Performance-Verbesserung. Durch die „enge" Kopplung wird mit der MRC eine mittlere gewichtete Übereinstimmung gemessen, die das Null-Modell übertrifft.

Bei alleiniger Betrachtung der Klasse Siedlung schneiden alle Modellvarianten in der Validierungsphase besser ab, als das Null-Modell. Gemessen mit der MRC liegen sie bei einer mittleren Übereinstimmung von 0,974 bis 0,979. Bei gröber werdender Auflösung wächst die Übereinstimmung des Null-Modells kaum noch. Der Unterschied zwischen den Referenzdaten von 1975 und 1984 aufgrund der Lage ist demnach nur gering, aufgrund der Quantität hingegen hoch. Dies wird an dem flachen Kurvenverlauf des Null-Modells in Abbildung 6.23 deutlich. In dieser Abbildung zeigen die Grafiken a bis c die Performance der drei CLUE-s Modellvarianten in Bezug auf die Modellierung der Klasse Siedlung für den Validierungszeitraum 1975-1984. Hier wird deutlich, dass bei der ursprünglichen Auflösung von 100m alle drei CLUE-s Varianten schlechter abschneiden, als das Null-Modell. Ab einer Auflösung von 800-1600m übersteigt die Übereinstimmung die des Null-Modells und liegt in der geringsten Auflösung bei über 99%. Dementsprechend ist die Übereinstimmung anhand der Quantität zwischen den CLUE-s Modellvarianten und den Referenzdaten von 1984 sehr gut, die Übereinstimmung anhand der Lage hingegen nicht.

Dies sieht für die UGM-Varianten, deren MRC-Übereinstimmungen in Abbildung 6.23d-f abgebildet sind, etwas anders aus. Die Null-Auflösung wird von den UGM-Varianten bereits bei einer Auflösung von 400m erreicht. Insgesamt zeigt das UGM bereits bei hoher Auflösung gute Übereinstimmungen, bei gröberen Auflösungen erreichen die Modellvarianten hingegen geringere Werte als das CLUE-s Modell. Die Quantität der Klasse Siedlung wird demnach vom UGM für den Zeitraum 1975 1984 weniger gut vorhergesagt als vom CLUE-s Modell. Die Lage der neu entstandenen Siedlungspixel wird dagegen besser modelliert. Eine Ausnahme bildet hier das UGM in der Variante *III* (mit Selbst-modifikation). Hier wird ähnlich wie bei den CLUE-s Varianten eine höhere Übereinstimmung in Bezug auf die Quantität erreicht und eine schlechtere Übereinstimmung in Bezug auf die Lage. Dies liegt, wie bereits in der Kalibrierungs-phase untersucht wurde (Kapitel 6.3.2), an dem hohen *Dispersion*-Koeffizienten, der viele Pixel zufällig verteilt.

6 Ergebnisse von Landnutzungsmonitoring, Modellparametrisierung und
Modellbewertungen

Die Validierung der Modelle mit den Landnutzungsdaten des Zeitraums 1975 bis 1984 bestätigt die Erkenntnisse aus der Kalibrierung. Das UGM ist trotz ungenauerer quantitativer Vorhersage der Klasse Siedlung besser in der Lage, das Muster dieser Landnutzungsklasse und ihrer Veränderung in NRW zu

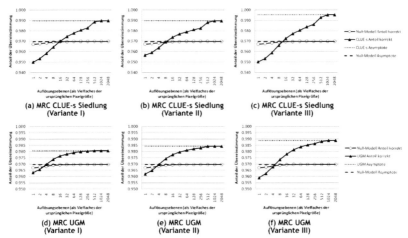

Abbildung 6.23: Vergleich der Performance der CLUE-s und UGM Modellvarianten in Bezug auf die Modellierung der Klasse Siedlung für den Zeitraum 1975-1984. Bei einer „engen" Kopplung entspricht die Performance in Bezug auf die Klasse Siedlung derjenigen der UGM-Variante II (e).

modellieren, als es mit dem CLUE-s Modell möglich ist. Bezogen auf diese Klasse ist ein relativ simpler zellulärer Automat effektiver, als das CLUE-s Modell. Folglich erhöht eine „enge" Kopplung, in der die Klasse Siedlung durch das UGM und die restliche Landnutzung durch CLUE-s modelliert wird, die gesamte Übereinstimmung zwischen Referenz- und Modelldaten.

7 Szenarien des urban-ruralen Landnutzungswandels in Nordrhein-Westfalen bis 2025

7.1 Definition der Szenarien

Im Fokus dieser Arbeit liegen der strukturelle Vergleich der beiden Modelle CLUE-s und SLEUTH (UGM) und Optionen der Kopplung dieser beiden Modelle. Die Definition möglicher Entwicklungsszenarien für NRW spielt eine nachgeordnete Rolle. Jedoch sollen im Hinblick auf die in NRW vorherrschenden Problemkomplexe der Flächeninanspruchnahme und Bodenversiegelung und der damit verbundenen politischen Bestrebungen diese zu reduzieren, auch in dieser Arbeit mögliche Entwicklungslinien aufgezeigt werden. Anstelle der Ableitung eigener

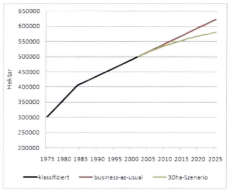

Abbildung 7.1: Trend der Siedlungsentwicklung in NRW.
Schwarz: Entwicklung anhand der klassifizierten LANDSAT-Daten 1975-2001; rot: „business-as-usual"-Szenario; grün: Erreichen des 30 ha-Ziels.

Szenarien aus zugrundeliegenden Antriebskräften und der Formulierung von „*storylines*" oder der Reduktion globaler (z.B. IPCC) oder europäischer Szenarien (z.B. PRELUDE) auf die Situation in NRW, sollen hier zwei einfache Entwicklungsszenarien verfolgt werden (Abbildung 7.1).

Das erste Szenario entspricht einer **business-as-usual**-Situation, in der die Flächeninanspruchnahme wie in den letzten Jahren annähernd linear fortschreitet. Eine solche Situation ist nicht unwahrscheinlich, denn „*trotz des zu erwartenden Bevölkerungsrückgangs ist aufgrund der Haushaltsverkleinerung (Alterung, Singularisierung, etc.) mit einem weiteren Anstieg der Haushalte in den nächsten 15 Jahren zu rechnen*" (BARTHOLOMAI & VESER, 2003, S. 118). Der Anstieg der privaten Haushalte wird zwar unter dem der letzten Jahre liegen, doch ist bei den Gewerbeflächen mit einer stabilen Entwicklung zu rechnen (BARTHOLOMAI & VESER, 2003). Die schrumpfende und alternde Bevölkerung hat sich bislang nicht auf die Siedlungsentwicklung ausgewirkt. *„Insbesondere in den großen Agglomerationsräumen ist ein Ende des Siedlungsflächenwachstums deshalb nicht in Sicht"* (MAINZ, 2005, S. 58).

Des weiteren wird angenommen, dass die Flächeninanspruchnahme in der gleichen Rate zu Lasten von Ackerflächen und Grünland verläuft wie bisher. Es geht von keinen zusätzlichen politischen Einflussnahmen zur Begrenzung der Flächeninanspruchnahme oder zur Ausweitung landwirtschaftlicher Flächen aus. Gleichwohl bezieht es die aktuelle Bevölkerungsprognose mit ein, die von einem Rückgang von 3,7% in NRW bis zum Jahr 2030 ausgeht (IT.NRW, 2009).

In dem zweiten Szenario vollzieht sich die Entwicklung der Siedlungsfläche in NRW schrittweise in Richtung des **30-ha-Ziels**. Dieses Ziel wird im Modell im Jahr 2020 erreicht. Rechnet man das 30-ha-Ziel auf NRW um, bedeutet dies eine Flächeninanspruchnahme von 6,9ha pro Tag, also ca. 2.519ha pro Jahr ab 2020. Die Flächenanteile der anderen Landnutzungsklassen, die in Siedlungsfläche konvertiert werden, entsprechen in dem Szenario in ihrer Relation denjenigen des Zeitraumes von 1984 bis 2001. Das bedeutet, 74% der Flächen, die in die Klasse Siedlung umgewandelt werden sind Grünland, 17% Ackerflächen und 7% Wald. Der Rest entstammt den Klassen Wasser und Sonstiges.

Die Annahme solch recht simpler Szenarien ist hier angebracht, da nur ein begrenzter Zeitraum betrachtet wird und der Fokus auf dem Performance-Vergleich der Modelle liegt. Gerade bei der Betrachtung längerer Zeiträume sind Diskontinuitäten von Trends jedoch eher die Regel, als die Ausnahme (EEA, 2007). Die Komplexität der Landnutzungsdynamik der Zukunft kann mit der Fortschreibung von Trends demnach nicht ausreichend beschrieben werden. Daher werden in anderen Studien wie dem EURURALIS- oder PRELUDE-Projekt sehr stark kontrastierende Versionen der Zukunft gezeichnet. Anhand dieser Szenarien lassen sich besser neue Strategien diskutieren oder die Auswirkungen fundamentaler Veränderungen in der Gesellschaft oder Wirtschaft beobachten.

7.2 Simulation der Landnutzung in NRW bis 2025

7.2.1 Simulation der Landnutzungsentwicklung mit dem CLUE-s Modell 2001-2025

Entsprechend der Ergebnisse der Modellkalibrierung (Kapitel 6.2.6) und -validierung (Kapitel 6.6) wurde die CLUE-s Modellvariante *III* (mit Nachbarschaftseffekten und LSPA) in XULU zur Modellierung der zukünftigen Landnutzungsentwicklung bis zum Jahr 2025 herangezogen. Die Modellierung erfolgte gemäß der beiden in Kapitel 7.1 vorgestellten Szenarien *„business-as-usual"* und *„30 ha"*. In beiden Szenarien ist die Tendenz des Landnutzungswandels ähnlich und entspricht einer Zunahme von Siedlungs-, Wald-, Wasser- und Abbauflächen (Klasse Sonstiges) bei gleichzeitiger Abnahme von Ackerflächen und Grünland. Allerdings findet dies in unterschiedlichen Raten statt. Dies wird in Abbildung 7.2 sichtbar, in der die Siedlungsentwicklung in beiden Szenarien aggregiert auf Gemeindeebene dargestellt ist und in der die insgesamt niedrigeren Steigerungsraten bei Erreichung des 30-ha-Ziels deutlich werden. Mit beiden Szenarien ergibt sich allerdings ein ähnliches räumliches Muster des

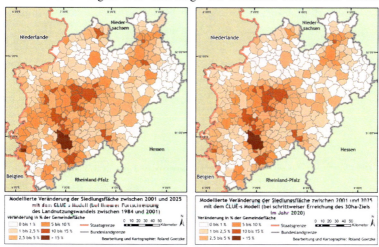

Abbildung 7.2: Mit dem CLUE-s Modell simulierte Veränderung der Siedlungsfläche bis zum Jahr 2025 aggregiert auf Gemeindeebene.
Links: Lineare Fortschreibung des Siedlungswachstums 1984-2001; Rechts:
Schrittweise Erreichung des 30-ha-Ziels im Jahr 2020.

Siedlungswachstums mit einem starken Anstieg in den Kernstädten der Rhein-schiene und ihrem Umland, dem östlichen Ruhrgebiet und in Teilen der Region Ostwestfalen-Lippe. Geringe Zuwächse zeigen sich im Münsterland, dem südlichen Ostwestfalen, dem östlichen Sauerland und Teilen von Eifel und niederrheinischer Bucht. Die Ähnlichkeit des räumlichen Musters beider Szenarien hängt damit zusammen, dass die Wahrscheinlichkeiten der Landnutzungsklassen (siehe Kapitel 6.2.3) in beiden Versionen identisch sind und sich nur die Rate der erwarteten Änderungen unterscheidet.

Entsprechend des *„business-as-usual"*-Szenarios wächst die Siedlungsfläche von 495.476 ha[79] im Jahr 2001 auf 617.669 ha im Jahr 2025. Nach dem *„30 ha"*-Szenario wächst die Siedlungsfläche im gleichen Zeitraum auf 581.972 ha. Die neuen Siedlungsflächen werden mit dem CLUE-s Modell entsprechend ihrer

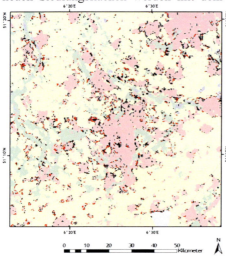

größten Wahrscheinlichkeit vorwiegend an den Rändern bestehender Siedlungen verteilt. Abbildung 7.3 illustriert dies am Beispiel der Stadt Mönchengladbach. Flächen, die in beiden Szenarien in Siedlungsfläche umgewandelt wurden, sind schwarz dargestellt. Die roten Flächen entsprechen Gebieten, die nur im *„business-as-usual"*-Szenario in Siedlungsfläche umgewandelt wurden.

Die Simulation der übrigen Landnutzungsklassen bis ins Jahr 2025 ergab mit beiden Szenarien ein ähnliches Bild, wie es zuvor in Bezug auf die Siedlungsflächen besprochen wurde: die Tendenz der Entwicklung ist in beiden Szenarien die gleiche, nur die Rate unterscheidet sich. Dies illustriert Abbildung 7.4, in der die Ergebnisse der Simula-

■ Siedlungszuwachs in "business-as-usual"- und "30ha"-Szenario

■ Siedlungszuwachs nur in "business-as-usual"-Szenario

Abbildung 7.3: Unterschiedliche Zunahme der Siedlungsflächen gemäß zwei Szenarien am Beispiel der Stadt Mönchengladbach.

---

79 Der Wert basiert auf der auf 100m aggregierten Klassifikation, daher unterscheidet er sich leicht von den Ergebnissen der Klassifikation auf 30m-Basis (Tabelle 6.1).

tion bis 2025 mit beiden Szenarien aggregiert auf Gemeindeebene dargestellt ist. Die blau-grünen Farben zeigen eine Abnahme der jeweiligen Landnutzungsklasse, die braunen Farben eine Zunahme.

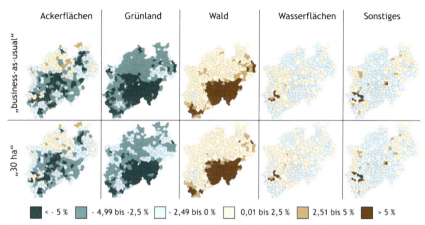

Abbildung 7.4: Mit CLUE-s simulierte Entwicklung der Klassen Ackerflächen, Grünland, Wald, Wasserflächen und Sonstiges bis ins Jahr 2025 auf Gemeindeebene in zwei Szenarien. Die Veränderungen sind in Prozent bezogen auf die Gemeindefläche angegeben.

7.2.2 Simulation der Siedlungsentwicklung mit dem UGM 2001-2025

Die Umsetzung von Szenarien lässt sich in CLUE-s sehr einfach über den „*Demand*" bewerkstelligen. Zusätzlich lassen sich über dynamische Antriebskräfte Änderungen in den Wahrscheinlichkeitskarten einbauen, so dass sich beispielsweise die Auswirkungen des Baus neuer Straßen (vgl. JUDEX (2008)) oder unterschiedliche Bevölkerungsentwicklungen in das Modell integrieren lassen. In dieser Arbeit wurden nur Änderungen im „*Demand*" vorgenommen, die Antriebskräfte blieben in beiden Szenarien gleich. Eine solch direkte Einflussnahme in Bezug auf die Definition von Szenarien ist im UGM, bzw. in SLEUTH, nicht ohne weiteres möglich. Einen Einfluss auf die Steuerung des Siedlungswachstums haben in diesem Modell in erster Linie die Wachstumsparameter. Verändert man diese, entspricht das Wachstum nicht mehr dem in der Kalibrierung des Modells ermittelten Wachstum. Daher wurde eine subjektive Änderung der Wachstumsparameter wie bei SOLECKI & OLIVERI (2004) hier nicht in Betracht gezogen. Zusätzlich lässt sich noch über den Exclusion-Layer das Wachstum regionsspezifisch beschränken (JANTZ ET AL., 2003). In der vorliegenden Arbeit wurde für NRW jedoch kein Szenario in Form von raumplanerischem Management definiert, wie es bei JANTZ ET AL. (2003) der Fall war. Hier wurde lediglich ein sich stetig verlangsamendes Siedlungswachstum als „*30 ha*"-Szenario angenommen. Daher wurde neben dem linearen Fortschreiben des Siedlungswachstums, das in der Kalibrierungsphase 1984-2001 ermittelt wurde, als Annäherung an ein „*30 ha*"-Szenario das UGM in der Variante *III* (mit Selbstmodifikation) verwendet. Die Kalibrierung ergab, dass in der eingestellten Parameterkombination die Wachstumsrate schrittweise reduziert wird (siehe Kapitel 6.3.2). Dieses Verhalten entspricht dem im „*30 ha*"-Szenario definierten Verhalten der Siedlungsentwicklung. Für das „*business-as-usual*"-Szenario wurde die UGM-Variante *II* verwendet.

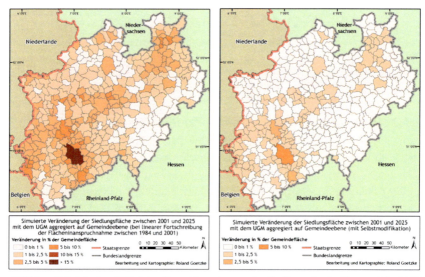

Abbildung 7.5: Mit dem UGM simulierte Veränderung der Siedlungsfläche bis zum Jahr 2025 aggregiert auf Gemeindeebene.
Links: Lineare Fortschreibung des Siedlungswachstums 1984-2001; Rechts: Mit Selbstmodifikation.

In beiden mit dem UGM berechneten Szenarien wurde in den *Exclusion*-Layer die Bevölkerungsprognose aus der Landesdatenbank NRW (IT.NRW, 2009) bis ins Jahr 2025 integriert (siehe Kapitel 6.3.1). Entsprechend verteilte das Modell in der UGM-Variante *II* in Gemeinden mit Bevölkerungsrückgang oder geringem Bevölkerungswachstum weniger Siedlungspixel, als in Gemeinden mit hohem Bevölkerungswachstum (siehe Abbildung 3.3).

Anhand des *„business-as-usual"*-Szenarios simuliert das UGM (Variante *II*) einen Anstieg der Siedlungsfläche von 495.476 ha im Jahr 2001 auf 568.849 ha im Jahr 2025. Mit Selbstmodifikation, die zu einem Rückgang der Wachstumsrate führt, wird im Jahr 2025 eine Siedlungsfläche von nur 521.517 ha erreicht. Abbildung 7.5 illustriert das Wachstum der Klasse Siedlung aggregiert auf Gemeindeebene mit beiden Szenarien.

7.2.3 Gekoppelte Simulation der Landnutzung in NRW für das Jahr 2025

Die gekoppelte Simulation der Landnutzungsänderungen bis ins Jahr 2025 erfolgte in den in Kapitel 5.5 beschriebenen „lose" und „eng" gekoppelten Varianten. In beiden Kopplungsvarianten wurden sowohl die *„business-as-usual"*-, als auch die *„30 ha"*-Szenarien berechnet. Bei der „engen" Kopplung wurde die Klasse Siedlung mit der Variante *II* des UGM simuliert, um die Veränderungen im *„business-as-usual"*-Szenario zu berechnen (vgl. Abbildung 7.5 links). Im Rahmen des *„30 ha"*-Szenarios wurde die Funktion zur Selbstmodifikation des UGM hinzugenommen (Abbildung 7.5 rechts). Die gleichen UGM-Modellvarianten wurden verwendet, um die entsprechenden LSPA-Karten im Rahmen der „losen" Kopplung zu erzeugen.

Die durch das UGM vorgenommene Verteilung der Siedlungspixel unterschied sich in Quantität und Lage von der Verteilung, die durch das CLUE-s Modell berechnet wurde (Kapitel 7.2.1). Daher wurde durch die Kopplung auch die Quantität und räumlichen Verteilung der anderen Landnutzungsklassen beeinflusst, die im gekoppelten Modellverbund von dem CLUE-s Modell berechnet wurden. Abbildung 7.6 illustriert dies in Bezug auf die Quantität der Landnutzungsklassen. Auffällig ist im *„business-as-usual"*-Szenario vor allem die deutlich geringere Wachstumsrate der Klasse Siedlung im „eng" gekoppelten Verbund im Vergleich zum unabhängigen CLUE-s und zum „lose" gekoppelten Verbund. Hier wirkt sich die Tatsache aus, dass diese Klasse losgelöst von dem in CLUE-s definierten *Demand* modelliert wird und das UGM entsprechend seiner Kalibrierung insgesamt weniger Siedlungspixel verteilt. Die modellierte Siedlungsfläche entspricht der in Kapitel 7.2.2 vorgestellten Größe. Im „*30 ha*"- Szenario wirkt sich der Einfluss der geringeren Wachstumsraten des UGM in der „engen" Kopplung noch deutlicher aus. Die räumliche Verteilung der Siedlungszuwächse in der „engen" Kopplung entspricht den mit dem UGM simulierten und in Abbildung 7.5 dargestellten Zuwächsen.

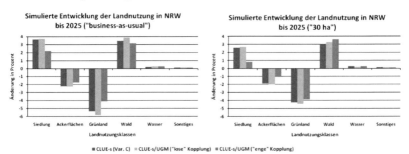

Abbildung 7.6: Simulierte Entwicklung der Landnutzung in NRW mit CLUE-s (Variante III) sowie im "losen" und "engen"gekoppelten Modellverbund von UGM und CLUE-s anhand von zwei Szenarien.

Bei einer „losen" Kopplung zwischen CLUE-s und UGM sind die Änderungsraten der Landnutzung insgesamt etwas größer als ohne Kopplung. Hier wirkt sich die Hinzunahme der Informationen aus dem UGM noch einmal verstärkend auf die Umwandlung von Grünland und Ackerflächen in Siedlungsfläche aus. Die räumliche Verteilung des Siedlungszuwachses ist mit der „losen" Kopplung (Abbildung 7.7) vergleichbar mit CLUE-s ohne Kopplung (Abbildung 7.2). Bei einer „losen" Kopplung weisen die Gemeinden entlang der Rheinschiene, im Ruhrgebiet, im niederländischen Grenzgebiet, im nördlichen Münsterland sowie in Teilen Ostwestfalen-Lippes relativ hohe Wachstumsraten auf. Die niedrigsten Wachstumsraten wurden von dem „lose" gekoppelten Modell im Weserbergland, im Rothaargebirge, in Teilen von Eifel und Bergischem Land sowie im Kernmünsterland berechnet. Im „*business-as-usual*"-Szenario sind bei der „losen" Kopplung im Vergleich zu CLUE-s ohne Kopplung leicht höhere Wachstumsraten im Mindener Land, am Niederrhein sowie im westlichen Münsterland berechnet worden. Geringere Wachstumsraten weisen mehrere Gemeinden im Bergischen Land und Sauerland sowie die Stadt Düsseldorf auf. Im „*30 ha*"- Szenario sind das östliche Ruhrgebiet und die Städte Köln und Düsseldorf durch geringere Wachstumsraten gekennzeichnet, als bei der Berechnung mit dem unabhängigen CLUE-s Modell, während am Niederrhein, im nördlichen Münsterland und in Ostwestfalen-Lippe die Wachstumsraten höher ausfallen.

Insgesamt fällt auf, dass die Tendenz der Landnutzungsentwicklung in allen Modellvarianten ähnlich ist. Dies ist durchaus korrekt, da alle Modelle der gleichen in CLUE-s definierten *„Storyline"* folgen. Eine Ausnahme ergibt sich in Bezug auf die Klasse Wald, die nach dem *„business-as-usual"*-Szenario in der „engen" Kopplung weniger stark wächst, als in den anderen Modellvarianten. Nach dem *„30 ha"*-Szenario wächst die Klasse Wald im „eng" gekoppelten Modellverbund hingegen stärker, als in der „losen" Kopplung und dem unabhängigen CLUE-s Modell. Dies lässt sich damit erklären, dass das UGM im *„business-as-usual"*-Szenario deutlich mehr Wald in Siedlung umwandelt, als es im „30 ha"-Szenario der Fall ist.

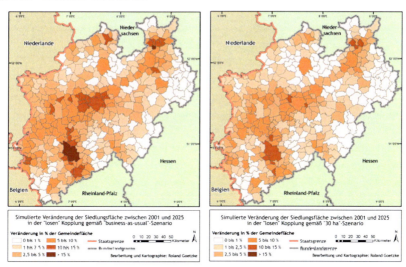

Abbildung 7.7: Veränderung der Siedlungsfläche bis zum Jahr 2025 auf Gemeindeebene modelliert mit einer „losen" Kopplung von CLUE-s und UGM.
Links: „business-as-usual"-Szenario ; Rechts: „30 ha"-Szenario.

Die räumlichen Muster der Landnutzung im Jahr 2025, die mit den gekoppelten Modellen erzeugt werden, unterscheiden sich auf den ersten Blick nicht wesentlich voneinander, wie Abbildung 7.8[80] verdeutlicht. In diesem Ausschnitt ist in allen Modellvarianten und Szenarien der Zuwachs an Wald im südöstlichen

---

80 Gleicher Ausschnitt wie in Abbildung 6.16.

Bildausschnitt (Bergisches Land) im Vergleich zum Jahr 2001 (Ausschnitt a) zu erkennen. Ebenfalls erkennbar ist in allen Ausschnitten das nach außen gerichtete Wachstum der Städte Köln und Düsseldorf in der Bildmitte. Im Ruhrgebiet am nördlichen Rand des Bildausschnittes ist eine Verdichtung zu erkennen, die allerdings in den „eng" gekoppelten Modellvarianten (Ausschnitte d-e) weniger stark ausgeprägt ist, als in den „lose" gekoppelten Varianten (Ausschnitte b-c).

Die Änderungen der Tagebauflächen im südwestlichen Bereich der Bildausschnitte treten in allen Modellvarianten deutlich hervor. An die Stelle von Tagebauflächen im Jahr 2001 treten gemäß der Modelle bis ins Jahr 2025 vor allem Acker- und Wasserflächen. Dies entspricht dem in der Modellkalibrierung festgelegten Konversionsverhalten (siehe Kapitel 6.2.6) und entsprechend auch in der Realität zu beobachtenden Rekultivierungsmaßnahmen (siehe Kapitel 3.2.2). Die in den Modellen bis 2025 entstehenden Tagebaurestseen unterscheiden sich in den vier gekoppelten Modellvarianten in ihrer Lage und Ausdehnung voneinander. Die größten Wasserflächen werden mit der „eng" gekoppelten Modellvariante im „30 ha"-Szenario erzeugt. Die fortschreitende Ausdehnung der Tagebauflächen erfolgt in den Modellen vor allem auf Flächen, die im Jahr 2001 Ackerflächen waren. Waldflächen werden nur zu geringen Teilen in Tagebauflächen umgewandelt, was unmittelbar mit den zugrundeliegenden Wahrscheinlichkeitskarten in CLUE-s zusammenhängt (vgl. Kapitel 6.2.3).

Das räumliche Muster der Landnutzungsänderungen der Klassen Ackerflächen, Grünland, Wald, Wasser und Sonstiges aggregiert auf Gemeindeebene zeigt in den gekoppelten Modellen (Abbildung 7.9) eine ähnliche Tendenz wie in der Berechnung mit CLUE-s ohne Kopplung (Abbildung 7.4). Eine Zunahme von Ackerfläche ist in allen Modellszenarien in unterschiedlicher Stärke im Münsterland, im Mindener Land, in einigen Gemeinden des niederrheinischen Tieflandes sowie mit starken Wachstumsraten in Teilen der niederrheinischen Bucht (Rekultivierung in Braunkohletagebaugebieten) zu beobachten. Bei der „losen" Kopplung ist im „30 ha"-Szenario der Zuwachs an Ackerfläche im Münsterland besonders hoch. Dies hängt mit den geringen Wachstumsraten der Siedlungsfläche in dieser Region gemäß dieses Szenarios zusammen. Grünland, das in anderen Szenarien in diesem Raum in Siedlungsfläche umgewandelt wird, wird entsprechend des „30 ha"-Szenarios der „losen" Kopplung in Ackerfläche umgewandelt.

210

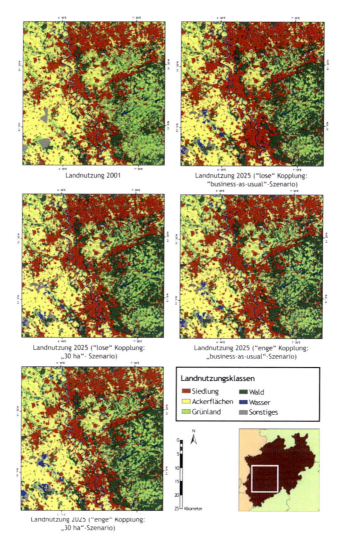

Abbildung 7.8: Vergleich der gekoppelten Simulationen der Landnutzung im Jahr 2025. (a) Landnutzung im Jahr 2001; (b)-(c) Ergebnisse mit „loser" Kopplung; (d)-(e) Ergebnisse mit „enger" Kopplung.

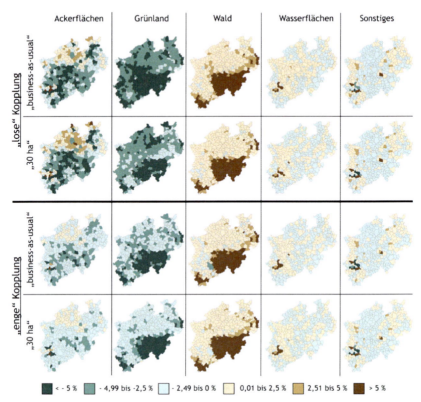

Abbildung 7.9: Entwicklung der Klassen Ackerflächen, Grünland, Wald, Wasserflächen und Sonstiges bis ins Jahr 2025 aggregiert auf Gemeindeebene in zwei Szenarien. Die Simulation erfolgte im „lose" und „eng" gekoppelten Modellverbund aus CLUE-s und UGM in jeweils zwei Szenarien. Veränderungen in Prozent bezogen auf die Gemeindefläche.

In allen Szenarien gibt es in den Hochlagen NRWs (Sauerland, Siegerland, Bergisches Land, Eifel, Teile des Weserberglandes) eine starke Abnahme von Grünland bei gleichzeitig starkem Zuwachs der Klasse Wald. In diesen Regionen sind die in CLUE-s bestehenden Wahrscheinlichkeiten für die Klasse Wald deutlich höher, als für die Klasse Siedlung. Da sich die Modellkopplung nur auf die Klasse Siedlung bezieht und diese Klasse in den genannten Regionen in keinem der Szenarien ein starkes Wachstum erfährt, werden die Berechnungen von CLUE-s von dem UGM dort kaum beeinflusst. Anders sieht dies für die Klasse Wald in einigen Regionen aus, die in der „engen" Kopplung ein starkes Siedlungswachstum aufweisen, wie z.B. die Stadt Köln oder einige Gemeinden der niederrheinischen Bucht. Hier ist ohne Kopplung und mit „loser" Kopplung ein Wachstum der Klasse Wald zu beobachten, während mit der „engen" Kopplung die Klasse Wald zurückgeht.

Bei Betrachtung der Änderungsraten der Klassen Wasser und Sonstiges aggregiert auf Gemeindeebene hat die Kopplung keinen nennenswerten Einfluss. Die höchsten Änderungsraten treten in den Gemeinden des rheinischen Braunkohlereviers auf (Abbildung 7.9). Gleichwohl sind auf Pixelebene deutliche Unterschiede auszumachen wie in Abbildung 7.8 illustriert wird.

7.2.4 Validierung der Landnutzungssimulation bis 2025 mit Referenzdaten aus dem Jahr 2005

Für das Jahr 2005 stand eine vollständige Landnutzungsklassifikation ganz NRWs zur Verfügung, anhand der die ersten vier Zeitschritte der Simulationen validiert werden konnten. Allerdings konnte mit keiner Modellvariante eine gemittelte MRC-Übereinstimmung mit Referenzdaten oberhalb derjenigen des Null-Modells erreicht werden (Tabelle 7.1). Dies trifft sowohl auf die gesamte Landnutzungszusammensetzung, als auch auf die gesondert betrachtete Klasse Siedlung zu.

Die Übereinstimmung zwischen den mit dem UGM simulierten Siedlungsflächen im Jahr 2005 und Referenzdaten war etwas höher, als in der Simulation mit CLUE-s. Entsprechend liegen die mittleren MRC-Werte des „eng" gekoppelten Modellverbundes über denen des nicht gekoppelten CLUE-s Modells. Dennoch sind sie niedriger als die des Null-Modells.

In keiner der hier beschriebenen Modellvarianten konnte für das Jahr 2005 eine Null-Auflösung erreicht werden. Auch dies trifft sowohl auf die gesamte Landnutzung als auch auf die gesondert betrachtete Klasse Siedlung zu. Insgesamt zeichnen sich die nach dem „30 ha"-Szenario berechneten Simulationen durch eine etwas höhere Übereinstimmung aus, als die entsprechend des „business-as-usual"-Szenarios durchgeführten Modellläufe. Im „30 ha"-Szenario wird insgesamt von geringeren Änderungsraten ausgegangen (vgl. Abbildung 7.6). Die aus den LANDSAT-Daten abgeleiteten Landnutzungsänderungen zwischen 2001 und 2005 waren ebenfalls relativ gering, so dass hier ein erster Erklärungsansatz zu suchen ist. Im Detail werden die hier vorgestellten Ergebnisse in Kapitel 8.3 diskutiert.

Tabelle 7.1: Performance-Vergleich von CLUE-s (Variante III), sowie den „lose" und „eng" gekoppelten Modellvarianten in den "business-as-usual"- und "30 ha"-Szenarien, gemessen mit der MRC für den Simulationsschritt 2005.

Modell		MRC (Ft*) gesamte Landnutzung	MRC (Ft*) Klasse Siedlung
Null-Modell		0,986	0,998
(A) CLUE-s (Var. III)	„business-as-usual"	0,975	0,994
	„30 ha"	0,979	0,994
(C) „lose" gekoppelt	„business-as-usual"	0,973	0,992
	„30 ha"	0,976	0,992
(D) „eng" gekoppelt	„business-as-usual"	0,979	0,996**
	„30 ha"	0,978	0,995

* gewichtete Übereinstimmung über alle Auflösungsstufen, siehe Formel 16, Kapitel 5.4.1.
** entspricht modellierter Siedlungsfläche mit dem UGM (Variante *II*).

Die in Tabelle 7.1 aufgeführten Werte der Übereinstimmungen mit der MRC-Methode sind insgesamt sehr hoch, was mit den geringen Änderungsraten zwischen 2001 und 2005 sowohl in den Referenz- als auch in den Simulationsdaten zusammenhängt. Der weitaus größte Teil der Landnutzung ist zwischen diesen sehr eng beieinander liegenden Zeitschnitte persistent geblieben. Das Null-Modell des Zeitschnittes 2005 zeigt eine Abweichung von -0,94% für die Klasse Siedlung. Dies bedeutet, dass zwischen 2001 und 2005 weniger als 1% urbane Pixel hinzugekommen sind. Das CLUE-s Modell zeigt hingegen bezogen auf die Klasse Siedlung eine Abweichung von +2,88% zwischen 2001 und 2005. Somit wurden deutlich mehr Siedlungspixel verteilt, als in der Referenzkarte vorhanden sind. Auch das in der „engen" Kopplung verwendete UGM verteilt in beiden Szenarien bis ins Jahr 2005 zu viele Siedlungspixel. Im „*business-as-usual*"-Szenario (mit UGM-Variante *II*) sind dies 1,5% und im im „*30 ha*"-Szenario (mit UGM-Variante *III*) 1,2%. Dabei simulieren beide Modellvarianten bis ins Jahr 2025 eine Quantität der Siedlungsfläche, die deutlich unterhalb des in CLUE-s vorgegebenen Demands liegen. Die Siedlungsfläche würde nach dem „*business-as-usual*"-Szenario einen Demand von 622.156 ha im Jahr 2025

haben. Im „eng" gekoppelten Modellverbund wird hingegen eine Siedlungsfläche von nur 568.849 ha berechnet. Gemäß des „*30 ha*"-Szenario beträgt der
Demand für die Klasse Siedlung im Jahr 2025 580.756 ha, im „eng" gekoppelten Modellverbund wird hingegen eine Fläche von nur insgesamt 521.517 ha
berechnet.

8 Diskussion und Ausblick

8.1 Zusammenfassung der Landnutzungsentwicklung in NRW und der methodischen Vorgehensweise von Monitoring und Modellierung

Die Landnutzung in NRW kann exemplarisch für Landnutzungssysteme in West- und Mitteleuropa stehen. Das Landschaftsbild wird in weiten Teilen von der Landwirtschaft geprägt. Dabei dominiert in den Ebenen auf fruchtbaren Böden die ackerbauliche Nutzung und in weniger begünstigten Gebieten die Grünlandwirtschaft. Für die Landwirtschaft weniger geeignete Gebiete werden von Wäldern geprägt. Trotz seiner landwirtschaftlichen Prägung ist NRW ein Dienstleistungsland, in dem nur noch 1,4% der Beschäftigten in der Landwirtschaft tätig sind und aktuell ca. 70% im tertiären Sektor (MAGS NRW, 2010). Neben einer fast 2000-jährigen Siedlungsgeschichte, in der die Grundlage des heutigen Siedlungsmusters gelegt wurde, blickt NRW auf eine wechselhafte Industriegeschichte zurück. Ausgehend von der Industrialisierung Mitte des 19. Jahrhunderts über die Hochphase von Montanindustrie und Bergbau bis hin zu einem umfassenden Strukturwandel seit dem letzten Drittel des 20. Jahrhunderts hat die Industrie in weiten Teilen NRWs das Landschaftsbild bestimmt. Heute ist NRW das am dichtesten besiedelte Flächenland Deutschlands und nimmt eine zentrale Rolle im europäischen Städtesystem ein (BLOTEVOGEL, 2007).

In dieser Arbeit wurde die Landnutzung und Landbedeckung in NRW zwischen 1975 und 2005 mit Hilfe der Satellitenfernerkundung beobachtet. Auf diese Weise konnten Prozesse wie die fortschreitende Flächeninanspruchnahme zu Lasten vor allem landwirtschaftlich genutzter Fläche quantifiziert und visualisiert werden. Diese Informationen flossen in verschiedene Landnutzungsmodelle ein. Im Zusammenhang mit der Parametrisierung des CLUE-s Modells wurden statistische Zusammenhänge zwischen der Landnutzung, bzw. Landnutzungsänderungen in NRW und einer Reihe von Antriebskräften hergestellt. Dabei konnte festgestellt werden, dass die Urbanisierung nicht mehr wie in der Vergangenheit an den Faktor Bevölkerungsentwicklung gekoppelt ist, sondern von einem Geflecht verschiedener Faktoren abhängt. Dies stützt Erkenntnisse aus anderen Studien (vgl. EEA (2006a)).

Anhand der aus den statistischen Analysen gewonnenen Erkenntnissen konnte räumlich explizit die Wahrscheinlichkeit für das Vorkommen bzw. die Umwandlung verschiedener Landnutzungsklassen bestimmt werden. Kombiniert mit Szenario-Annahmen über die zukünftige Landnutzung konnte CLUE-s die modellgestützte Allokation von Landnutzungsänderungen vornehmen. Auf diese Weise wurde unter Berücksichtigung bestimmter Szenarien die Zukunft der Landnutzung in NRW bis ins Jahr 2025 simuliert.

Ein Modell für urbanes Wachstum (SLEUTH[81]) wurde zusätzlich verwendet, um generelle Mechanismen des Siedlungswachstums in NRW abzubilden. Auch mit diesem Modell wurde eine in das Jahr 2025 reichende Simulation durchgeführt. Durch die Modellierung der gleichen Landnutzungsklasse (Siedlung) mit zwei methodisch sehr unterschiedlichen Modellansätzen konnten Gemeinsamkeiten und strukturelle Unterschiede bei der Betrachtung des gleichen Phänomens deutlich herausgearbeitet werden. Um die Ergebnisse der beiden Modelle vergleichbar zu machen wurde mit der Multiple Resolution Comparison (MRC) eine gemeinsame Methode der Modellbewertung verwendet.

Sowohl bei CLUE-s, als auch bei SLEUTH handelt es sich um Modelle, die im Bereich der Land-System-Forschung einen hohen Verbreitungsgrad haben, einer umfangreichen Forschungstradition entspringen und in einer Vielzahl von Fallbeispielen erfolgreich angewendet wurden. Mit der Kopplung der beiden Modelle wurde in dieser Arbeit ein neuer Weg in Richtung einer stärkeren thematischen und methodischen Integration beschritten. Hierbei wurde die Klasse Siedlung mit einem zellulären Automaten (SLEUTH / UGM) modelliert, während die übrige Landnutzung mit CLUE-s modelliert wurde. So konnte der Prozess der Urbanisierung auf eine Weise modelliert werden, die stärker den tatsächlichen Mechanismen des Siedlungswachstums entspricht. Die Modellcharakteristik von CLUE-s, die maßgeblich auf der Konkurrenz von Landnutzungsklassen basiert, begrenzt die Möglichkeiten, diesen Prozess zu simulieren.

In den folgenden Abschnitten werden die erzielten Ergebnisse diskutiert. Dabei wird zunächst auf die Ergebnisse der fernerkundungsgestützten Ableitung der Landnutzungsdaten eingegangen (Kapitel 8.2). Darauf folgt die Diskussion der Modellierungsergebnisse mit CLUE-s, SLEUTH (UGM) und gekoppelten Modellvarianten (Kapitel 8.3). Im Anschluss wird aufbauend auf den gewonnenen Erkenntnissen die Zukunft der Landnutzung in NRW beleuchtet (Kapitel 8.4).

---

81 In dieser Arbeit wurde ein Teilmodul von SLEUTH (UGM) ausgekoppelt und in der Modellierungsplattform XULU implementiert.

8.2 Diskussion der Klassifikationsergebnisse und aktuelle Landnutzungstendenzen

Zur Klassifikation der Landnutzung/-bedeckung NRWs aus LANDSAT-Daten wurde ein kombiniertes Verfahren aus wissensbasierten Entscheidungsbäumen und statistischen Klassifikationsansätzen (Maximum-Likelihood, Isodata) verwendet. Die Klassifikation der Datensätze von 1975, 1984 und 2001 war nicht Bestandteil dieser Arbeit, allerdings wurden die Wald- und Siedlungsklassen im Rahmen dieser Arbeit überarbeitet. Hierfür wurden die zuvor identifizierten Siedlungsflächen in einem neuen Verfahren in drei Grade der Bodenversiegelung unterteilt. Dies geschah mit Hilfe einer Regression zwischen dem gemessenen Versiegelungsanteil pro Pixel in hochauflösenden Fernerkundungsdaten und dem NDVI der LANDSAT-Daten. Die Klassifikation des Zeitschnittes 2005 erfolgte mit Methoden der Change Detection, indem nur jene Pixel neu klassifiziert wurden, die gegenüber 2001 eine Änderung ihres spektralen Verhaltens aufwiesen. Die auf diese Weise gewonnenen Landnutzungs-/bedeckungsdaten bildeten die Grundlage, auf der die Modellierung der Landnutzungsänderungen vorgenommen wurde. Zu diesem Zweck wurden die Daten auf eine gemeinsame Auflösung von 100m skaliert und die Klassenanzahl von ursprünglich 12 auf 6 Klassen reduziert.

8.2.1 Qualität der Landnutzungsklassifikationen

Bezüglich der Klassifikationsprodukte war eine intensive manuelle Nachbearbeitung notwendig, um eine Gesamtgenauigkeit von 85-90% zu erreichen. Klassifikationsfehler entstehen in der Regel, wenn Pixel unterschiedlicher Landnutzung/-bedeckung eine hohe spektrale Ähnlichkeit aufweisen. Dies war im Untersuchungsgebiet vor allem bei unbewachsenen Ackerflächen, stark versiegelten Flächen und vegetationsfreien Flächen innerhalb von Abbaugebieten und Baustellen der Fall. Ebenso kam es zwischen bewachsenen Ackerflächen, Grünland und gering versiegelten Flächen zu Fehlzuweisungen. Erschwerend kam hinzu, dass innerhalb eines Zeitschnittes zur vollständigen Abdeckung NRWs Aufnahmen von verschiedenen Aufnahmezeitpunkten verwendet werden mussten, bzw. zu verschiedenen Zeitschnitten gehörende Aufnahmen des gleichen Gebietes zu unterschiedlichen Jahreszeiten aufgenommen worden sind. Durch die Veränderung der Phänologie zeigen somit Flächen gleicher Nutzung ein unterschiedliches spektrales Verhalten.

Eine bessere Trennbarkeit problematischer Klassen mit (halb-)automatischen Klassifikationsverfahren ließe sich durch multisensorale (HUANG ET AL., 2007; WASKE & BENEDIKTSSON, 2007) oder multitemporale (OETTER ET AL., 2001; YUAN ET AL., 2005) Ansätze erreichen. Für ein Testgebiet (Raum Bonn/Rhein-Sieg), in dem sich zwei Aufnahmen des Jahres 2005 (03.04. und 28.05.) überlappen und eine dritte Satellitenszene (SPOT-2 HRV vom 17.07.2006) verfügbar war, wurde der wissensbasierte Entscheidungsbaum zur Erkennung veränderter Flächen gegenüber 2001 um multitemporale Informationen erweitert. Anhand dieser Untersuchung, die hier nicht näher vorgestellt werden soll, konnte eine verbesserte Erkennung von Änderungen zwischen den Klassen Ackerflächen und Grünland um 10% und eine Verdopplung der korrekt klassifizierten neu hinzugekommenen Siedlungsflächen erreicht werden. In Bezug auf die Gesamtgenauigkeit konnte jedoch keine signifikante Verbesserung erreicht werden, so dass auch hier eine manuelle Nachkorrektur nötig war. Eine multitemporale Abdeckung eines Gebietes von der Größe NRWs ist in dieser geographischen Breite innerhalb eines Jahres aufgrund der Bewölkungssituation äußerst selten zu erreichen.

Die Klassifikation des Versiegelungsgrades anhand einer Regression zwischen NDVI und dem Versiegelungsgrad hochauflösender Fernerkundungsdaten wurde eingeführt, um eine nachvollziehbare und auf andere Datensätze übertragbare Methode zu erhalten. Diese Methode ist unabhängig von subjektiv bestimmten Trainingsdaten, wie sie für statistisch-basierte Klassifikationen (z.B. Maximum-Likelihood) benötigt werden. Dieses Verfahren erbrachte zufriedenstellende Ergebnisse. Dennoch führte die scharfe Trennung in Klassen des Versiegelungsgrades ab einem mit der Regression festgelegten NDVI-Wert zu Fehlern, vor allem zwischen hohem und mittlerem sowie mittlerem und geringem Versiegelungsgrad, aber auch zwischen geringem Versiegelungsgrad und der Klasse Grünland[82]. BRAUN & HEROLD (2004) weisen darauf hin, dass der geringe Grad der Versiegelung häufig unterschätzt wird. Entsprechend ist davon auszugehen, dass Pixel mit sehr geringem Versiegelungsanteil in die Klasse Grünland fielen, bzw. Pixel mit mittlerem Versiegelungsgrad als gering versiegelt klassifiziert wurden. Zudem wendet SMALL (2001) ein, dass der NDVI sich nicht streng linear

---

82 Siehe Confusion-Matrix in Tabelle A.2 (Anhang, S. 265)

verhält, da er in den höheren Werten eine Sättigung erfährt. In Bezug auf diese Methode ist daher weiterer Forschungsbedarf gegeben. Vielversprechende Ergebnisse liefern in diesem Zusammenhang die Verwendung von Regression Trees (XIAN & CRANE, 2005; XIAN & HOMER, 2010) und Support Vector Machines (ESCH ET AL., 2009).

Das verwendete Klassifikationsschema wurde im Hinblick auf die Anforderungen des NRWPro-Projekts (siehe Kapitel 2.3.1) erstellt. Als Ausgangsdatensatz für eine Landnutzungsmodellierung beinhaltet dieses Klassifikationsschema gewisse Schwierigkeiten, da es sich dabei um eine Kombination aus Landnutzungs- und Landbedeckungsklassen handelt. Die Klassen Ackerflächen, Tagebau, Abbauflächen und Truppenübungsplätze sind reine Landnutzungsklassen, die sich jeweils aus unterschiedlichen Landbedeckungen zusammen setzen und entsprechend innerhalb einer Klasse starke spektrale Unterschiede aufweisen können.Bei den Versiegelungs- und Waldklassen, Grünland (Wiesen & Weiden) und Wasserflächen handelt es sich zunächst um reine Landbedeckungsklassen. Diese Klassen zeichnen sich durch jeweils charakteristische spektrale Eigenschaften aus. Eine solche Landbedeckungsklasse kann jedoch unterschiedliche Landnutzungen aufweisen. Während sich die Versiegelungs- und Waldklassen sowie Wasserflächen jeweils unter einer einzigen Nutzungsform subsumieren lassen können, ist dies bei der Klasse Grünland nicht ohne weiteres möglich. Diese Schwierigkeit spiegelte sich auch in der statistischen Analyse in Bezug auf die Antriebskräfte wider. Die Klassifizierung anhand einer gemeinsamen Landbedeckung mit Gras als der dominierenden Pflanzendecke und nicht anhand der Landnutzung (z.B. landwirtschaftlich genutztes Dauergrünland, Grünlandbrache, Parkanlage, Gärten, etc.) birgt somit bei der Berechnung von Wahrscheinlichkeiten einige Herausforderungen, da sich eine bestimmte Antriebskraft auf eine Nutzungsform positiv und auf eine andere negativ auswirken kann und dennoch die gleiche Landbedeckung zur Folge hat. Andererseits war in Bezug auf die Klasse Grünland eine Unterscheidung in Nutzungsformen ausschließlich anhand von Fernerkundungsdaten nicht möglich.

Trotz der genannten Schwierigkeiten bildet der verwendete Landnutzungsdatensatz eine sehr gute Grundlage für die verwendeten Modelle in Bezug auf die räumliche Skala sowie die thematische und zeitliche Tiefe, beispielsweise im Vergleich zu CORINE-Daten, in denen kleinräumige Strukturen von landwirtschaftlicher Prägung mit eingestreuten Siedlungen als „Complex Cultivation Pattern" klassifiziert sind (vgl. RIENOW (2009)). Die Genauigkeit des hier verwendeten Datensatzes ist vergleichbar mit den in ähnlichen Anwendungen (vgl. VERBURG ET AL. (2008)) verwendeten Landnutzungsdaten wie z.b. CORINE (vgl. EEA (2006b)). Zur Verwendung von Landnutzungsdaten in der Modellierung wird eine Genauigkeit von mindestens 85% vorausgesetzt (GE ET AL., 2007).

8.2.2 Landnutzungstrends in NRW

Anhand der Klassifikation aus LANDSAT-Daten lassen sich die maßgeblichen Landnutzungsänderungsprozesse bis auf Pixelebene nachverfolgen. Die größten absoluten Zuwächse an Siedlungsfläche sind vor allem in den bereits stark verdichteten Gebieten entlang der Rheinschiene, im Ruhrgebiet, im Raum Aachen sowie zwischen Gütersloh und Minden zu beobachten. Die größten relativen Zuwächse finden hingegen in ländlich geprägten Räumen wie der Eifel, dem westlichen Münsterland und Südostwestfalen statt. Mit der Fernerkundung lässt sich nur die Veränderung der äußeren Form der Siedlungskörper betrachten. Dahinter verbergen sich verschiedene Prozesse wie der Zuwachs von Wohnbebauung im urbanen, suburbanen oder ruralen Raum, aber auch das Entstehen neuer Gewerbegebiete an den Ortsrändern oder der Rückbau von Industrieflächen vor allem im Ruhrgebiet. Diese und andere Prozesse verliefen über den beobachteten Zeitraum nicht linear. Während in Bezug auf die Wohnbebauung in der ersten Zeitspanne zwischen 1975 und 1984 noch kompakte Stadterweiterungen - vielerorts in Form von Großwohnanlagen - errichtet wurden, dominierte zwischen 1984 und 2005 der Bau von Einfamilienhäusern auf relativ kleinen Parzellen. Dank der Unterscheidung in Versiegelungsgrade lässt sich nicht nur das Netto-Wachstum der Siedlungskörper beobachten, sondern auch Änderungen der Bebauungsdichte innerhalb der Siedlungsgebiete ausmachen. Diesbezüglich bieten die hier verwendeten Datensätze Potenzial für weiterführende Untersuchungen, beispielsweise in Richtung einer Typologie der Gemeinden in Bezug auf Siedlungsentwicklung, Versiegelungsgrad und Bevölkerungsentwicklung (vgl. GRÜBER-TÖPFER & KRAMPULZ (2006)).

Parallel zum Anstieg der versiegelten Fläche wurde auch ein Zuwachs der Wälder beobachtet. Der gemessene Zuwachs liegt deutlich über dem der amtlichen Statistik. Als Gründe hierfür sind die unterschiedlichen Betrachtungsweisen der Landnutzungsklassen Wald und Grünland in der hier verwendeten Klassifikation und in der amtlichen Statistik zu nennen (vgl. Kapitel 6.1.3). Sowohl die Siedlungsflächen als auch die Wälder wachsen maßgeblich zu Lasten von Grünland und Ackerflächen.

Zusammenfassend lässt sich festhalten, dass das Monitoring mit Fernerkundungsdaten detaillierte Aussagen über die wesentlichen Prozesse des Landnutzungs-/bedeckungswandels in NRW in ihrer zeitlichen Dynamik und räumlichen Ausprägung zulässt.

8.3 Diskussion der Modellierung mit CLUE-s, SLEUTH (UGM) und gekoppelten Modellen

8.3.1 Diskussion der Modellierung mit CLUE-s

Die Modellierung der Landnutzungsänderungen in NRW mit den beiden Modellen CLUE-s und SLEUTH (UGM) hat Antworten darauf gegeben, welche Faktoren die Landnutzung und ihre Änderung maßgeblich steuern. Dabei konnten Regelmäßigkeiten und räumliche Muster der Landnutzungsänderungen abgeleitet und modellhaft abgebildet werden. Gerade um das CLUE-s Modell sorgfältig zu parametrisieren, sind umfassende Analysen der Landnutzungsdynamik und der verschiedenen direkten und indirekten Antriebskräfte notwendig. Bei den direkten Antriebskräften handelt es sich um die konkreten Nutzungsänderungen, beispielsweise durch die Ausweisung neuen Baulands, die Erweiterung von Infrastruktureinrichtungen oder Aufforstungsmaßnahmen. Indirekte Antriebskräfte treiben diese Nutzungsänderungen an und werden in CLUE-s zur Berechnung von Wahrscheinlichkeitskarten verwendet. Für die Klassen Ackerflächen, Grünland, Wald und Wasser genügten größtenteils geo-biophysikalische Faktoren, um die Verteilung dieser Landnutzungsklassen zu erklären.

Um die Veränderung der Klasse Siedlung ausreichend zu erklären wurden zahlreiche sozioökonomische und demographische Faktoren herangezogen. Hier wirken sich vor allem solche Faktoren stark positiv auf das Siedlungswachstum aus, die mit Erreichbarkeiten zusammen hängen. Der Effekt der vorhandenen Landschaftsfragmentierung auf das Entstehen neuer Siedlungsflächen hängt eng damit zusammen, dass neue Siedlungsflächen häufig an den Rändern bereits bestehender Siedlungsstrukturen entstehen und Gebiete am Übergang von einer zu einer anderen Landnutzungsklasse per se fragmentierter sind als Gebiete innerhalb eines bestehenden Landnutzungsclusters. Die Bevölkerungsentwicklung bestimmt nur untergeordnet das Entstehen neuer Siedlungsflächen. Auch der Zuzug der „eigenheimrelevanten" Gruppe der 25- bis 50-jährigen hat zwar einen positiven Effekt, aber auch dieser fällt relativ gering aus. Der Einfluss der Beschäftigungssituation ist ebenfalls gering und hatte nur im Fall der Beschäftigten im sekundären Sektor einen leichten Einfluss. Die negative Rückkopplung dieser Variable kann darauf hindeuten, dass Gemeinden mit in einem hohen Anteil an Industrie weniger attraktiv sind, als solche mit einem geringeren Anteil. Doch verwundert, dass die Zahl der Beschäftigten im tertiären Sektor in der Untersuchung keinen signifikanten Einfluss zeigte.

Insgesamt zeigte sich bei der statistischen Analyse die zunehmende Entkopplung der Siedlungsentwicklung von nachfrageseitigen Faktoren, die auch an anderer Stelle beschrieben wird (BMVBS & BBSR, 2009). Angebotsbezogene Faktoren wie finanzielle Anreize und andere politische Einflussnahmen sind hingegen in einem Modellansatz wie CLUE-s nicht ohne weiteres umzusetzen. Das Modellkonzept von CLUE-s basiert auf Wahrscheinlichkeiten und der Konkurrenz von Landnutzungsklassen. Dieses Konzept macht das Modell damit für zahlreiche Fragestellungen und Untersuchungsgebiete einsetzbar. Doch in komplexen Landnutzungssystemen wie NRW, die stark von planerischen Eingriffen bestimmt sind, ergeben sich die genannten Schwierigkeiten, da Landnutzungsentscheidungen häufig von Faktoren beeinflusst werden, die nicht in Form nachfrageseitiger Parameter in Wahrscheinlichkeitskarten einfließen können. Die generellen Muster der Landnutzung, ihrer Veränderung und der regional unterschiedliche Einfluss der verschiedenen Antriebskräfte konnte dennoch mit CLUE-s für NRW mit einer hohen Genauigkeiten herausgearbeitet werden.

Insgesamt können in CLUE-s nur solche Faktoren einfließen, über die Informationen zur Verfügung stehen. Dementsprechend können die dem Modell zugrunde liegenden Wahrscheinlichkeiten immer nur eine relativ subjektive Annäherung an reale Verhältnisse sein. Besteht bei vielen Studien wie bei VERBURG & VELDKAMP (2004) oder JUDEX (2008) eher die Schwierigkeit, dass nur eine begrenzte Zahl an möglichen Antriebskräften in einer geeigneten räumlichen Repräsentation zur Verfügung stehen, so ergibt sich in dieser Arbeit oder auch bei VERBURG ET AL. (2004b) und VERBURG ET AL. (2006) eher die Herausforderung, aus einer Vielzahl möglicher Faktoren die relevanten herauszufiltern.

8.3.2 Diskussion der Modellierung mit SLEUTH (UGM)

Aus dem SLEUTH Modell wurde im Rahmen dieser Arbeit die Komponente für urbanes Wachstum ausgekoppelt und unter dem Namen UGM in der Modellierungsplattform XULU implementiert. Mit diesem auf der Technologie zellulärer Automaten basierenden Modell wird anhand festgelegter und für den Urbanisierungsprozess typischer Wachstumsregeln die Entwicklung von Siedlungskörpern modelliert. Eine detaillierte Analyse von zugrundeliegenden Antriebskräften, wie sie bei der Parametrisierung des CLUE-s Modells durchgeführt werden muss, ist bei diesem Modell nicht nötig. Daher ist SLEUTH (UGM) leicht auf unterschiedliche Untersuchungsgebiete übertragbar. Dabei ist der Algorithmus in der Lage das Wachstum von urbanen und ruralen Siedlungsstrukturen gleichermaßen zu modellieren – vorausgesetzt, die äußere Form des Wachstums vollzieht sich bei urbanen und ruralen Siedlungen in ähnlicher Weise.

Die Ergebnisse der hier durchgeführten Modellierung zeigen, dass in NRW das nach außen gerichtete Wachstum (*„Spread"*), das zugleich Lücken innerhalb bestehender Siedlungskörper auffüllt, der dominante Wachstumstyp ist. Dies gilt gleichermaßen für Siedlungen in urbanen wie in ruralen Regionen. Die weiteren im Modell enthaltenen Wachstumsregeln wie das „dispers" verteilte Entstehen neuer Siedlungszellen (*„Dispersion"*), die Entwicklung neuer Wachstumszentren (*„Breed"*), sowie das entlang von Straßen erfolgende Wachstum (*„RoadGravity"*), spielen eine nachgeordnete Rolle. Dass das *„Road"*-Wachstum in NRW entsprechend des Modells kaum von Bedeutung ist, kann auch mit dem Modellalgorithmus zusammenhängen. In diesem bestimmt der *RoadGravity*-Koeffizient nur den Radius, in dem rund um eine neu entstandene Zelle eine Straße gesucht werden soll, während der *Breed* Koeffizient die Anzahl der Zellen definiert, die entlang dieser Straße verschoben werden. Zusätzlich ist der *Breed*-Koeffizient auch an den *Dispersion*-Koeffizienten gekoppelt, da nur durch *„Dispersion"* entstandene Zellen als neue Wachstumszentren fungieren können. Aufgrund der Situation, dass in NRW nur wenige neue Siedlungszellen als neue Wachstumszentren außerhalb der bestehenden Siedlungskörper entstehen, erhält der *Breed*-Koeffizient in der Kalibrierung einen niedrigen Wert. Folglich kann auch das „*Road*"-Wachstum nur gering sein.

Die Implementierung des SLEUTH-Modellalgorithmus in die OpenSource-Modellierungsplattform XULU eröffnet Möglichkeiten im Zusammenhang mit einer genaueren Adaption des Modellalgorithmus für andere Stadttypen. Auch wenn in dieser Arbeit gute Ergebnisse im Rahmen der Modellierung urbaner und ruraler Siedlungsstrukturen in NRW erzielt werden konnten, so zeigt die Tatsache, dass das „*Road*"-Wachstum kaum berücksichtigt wurde, dass Potenzial zur Optimierung des Modellalgorithmus vorhanden ist. Der ursprünglichen Modellentwicklung lag das Wachstumsverhalten amerikanischer Städte zu Grunde. Dementsprechend beinhaltet das Modell keine Schrumpfung. Eine Integration von Schrumpfungsprozessen bei gleichzeitigem Wachstum (COUCH ET AL., 2005; SIEDENTOP & FINA, 2008) wäre jedoch gerade mit Blick auf altindustrielle Regionen wie das Ruhrgebiet oder auf die Situation in vielen Regionen Ostdeutschlands wünschenswert. Dies ließe sich durch Anpassung des Modellalgorithmus realisieren. Zur Zielsetzung dieser Arbeit gehörte jedoch nicht, die grundlegenden Wachstumsregeln des SLEUTH-Modellalgorithmus zu verändern.

8.3.3 Vergleichende Bewertung von CLUE-s, SLEUTH (UGM) und Varianten der Modellkopplung

Die Flächeninanspruchnahme in NRW lässt sich besser mit dem urbanen Wachstumsmodell SLEUTH simulieren als mit dem integrativen systemorientierten Modell CLUE-s. Diese Aussage lässt sich anhand der verwendeten Bewertungsmethode der *Multiple Resolution Comparison* treffen. Gemessen mit dieser Methode erzielte SLEUTH sowohl im Rahmen der Modellkalibrierung anhand des Zeitraums 1984 bis 2001, als auch bei der Modellvalidierung anhand des Zeitraums 1975 bis 1984 eine bessere Übereinstimmung zwischen Modell- und Referenzdaten als CLUE-s. Es wurde jedoch nicht nur die Landnutzungsklasse Siedlung, sondern auch die Landnutzungsdynamik im Ganzen modelliert. Hier wurden mit CLUE-s bessere Ergebnisse erzielt, als mit dem originalen SLEUTH Modell. Hinzu kommt, dass bei der Verwendung von CLUE-s der Erkenntnisgewinn in Bezug auf die Landnutzung wesentlich größer ist, als es unter Verwendung des „*Landcover Deltatron Modells*" innerhalb des ursprünglichen

SLEUTH der Fall ist. Auf die Verwendung des „*Landcover Deltatron Modells*" wurde daher im weiteren Verlauf dieser Arbeit verzichtet und nur die UGM-Komponente von SLEUTH verwendet, die mit dem Ziel einer Modelloptimierung mit CLUE-s gekoppelt wurde.

Im Zuge der in die Zukunft gerichteten Simulation von Landnutzungsszenarien wurden die Modellläufe nach vier Modellschritten anhand des Datensatzes von 2005 überprüft. Dabei stellte sich heraus, dass dieser Zeitabstand zu gering war, um zuverlässige Aussagen über die Performance der Modelle machen zu können. An dieser Stelle sollten erste Erkenntnisse darüber erlangt werden, ob sich die Landnutzung in NRW eher auf dem Weg des „*business-as-usual*"- oder des „*30 ha*"-Szenarios befindet, doch ließ sich hier keine klare Tendenz ablesen – alle Modellvarianten schnitten schlechter ab als ein Null-Modell. Bezogen auf die gesamte Landnutzung zeigte CLUE-s nach dem „*30 ha*"-Szenario die beste Performance. Betrachtet man die gekoppelten Modellvarianten, so stimmte in der „engen" Kopplung zwischen UGM und CLUE-s das „*business-as-usual*"-Szenario am stärksten mit den Referenzdaten des Jahres 2005 überein. Bei alleiniger Betrachtung der Klasse Siedlung zeigte ebenfalls das „eng" gekoppelte Modell im „*business-as-usual*"-Szenario die beste Performance.

Bei dem relativ zum Null-Modell schlechten Abschneiden der Modelle anhand der Überprüfung mit Referenzdaten des Jahres 2005 ist zu beachten, dass in den ersten Modellschritten die Abweichung der modellierten Landnutzung vom Landnutzungsbedarf noch vergleichsweise hoch ist und mit der Anzahl der Zeitschritte immer kleiner wird.

Mit steigender Anzahl der Zeitschritte steigt in der Regel die Menge der Landnutzungsänderungen in der Realität und damit auch die Wahrscheinlichkeit, dass das Modell Änderungen korrekt zuweist. Diese Feststellung passt zu folgender Hypothese von PONTIUS JR ET AL. (2008, S. 26), die in Folge eines umfangreichen Modellvergleichs aufgestellt wurde:

„*[...] reference maps that show larger amounts of net change offer a [...] stronger statistical signal of change to detect and to predict, whereas location changes of simultaneous gains and losses of land categories are more challenging to predict. [...] LUCC models that are applied to landscapes that have larger amounts of observed net change tend to have higher rates of predictive accuracy.*"

Vor dem Hintergrund dieser Hypothese kann von dem schlechten Abschneiden der Validierung nicht unmittelbar auf falsche Szenario-Annahmen geschlossen werden, zumal die Kalibrierung und die Validierung anhand der Zeitspanne 1975-1984 zufriedenstellende Ergebnisse lieferten. An dieser Stelle sei darauf hingewiesen, dass es in dem hier betrachteten Zeitraum von 2001 bis 2005 in der Realität tatsächlich einen Einbruch der Flächeninanspruchnahme gegeben hat, der mit der schwachen Konjunktur der Baubranche in diesem Zeitraum zusammenhing. So sank der Flächenverbrauch in NRW von etwa 16 ha/Tag im Jahr 2002 auf 9 ha/Tag im Jahr 2003 (LANUV NRW, 2010). Dies kann als ein Grund für den geringen Zuwachs der Siedlungsflächen angeführt werden, der sich auch in den klassifizierten LANDSAT-Daten von 2005 widerspiegelt.

Durch die „enge" Kopplung des integrativen systemorientierten Modells CLUE-s mit dem zellulären Automaten des SLEUTH Modells ließ sich eine verbesserte Performance gegenüber dem nicht gekoppelten CLUE-s erreichen. Hierdurch konnte gezeigt werden, dass die separate Modellierung einer einzelnen Landnutzungsklasse mit einem anderen Modellalgorithmus dazu beitragen kann, die Landnutzungsdynamik im Untersuchungsgebiet im Ganzen realistischer abzubilden, als es durch die Modellierung mit einem einzigen Modell möglich ist.

Die „lose" Kopplung, in der die Ergebnisse des SLEUTH Modells als zusätzliche Informationsebene in CLUE-s einflossen, ergaben keine signifikante Verbesserung der Modellperformance. Tatsächlich ist der zusätzliche Informationsgehalt relativ gering, der hier an CLUE-s übergeben wird, denn entsprechend des SLEUTH Modells steigt die Wahrscheinlichkeit für das Entstehen neuer Siedlungszellen in der unmittelbaren Nähe bestehender Siedlungskörper („*Spread*"-Koeffizient). Diese Information steckt jedoch auch in den lokalen Nachbarschaftswahrscheinlichkeiten von CLUE-s. In der „losen" Kopplung wurden diese Nachbarschaftswahrscheinlichkeiten für die Klasse Siedlung ausgeklammert und mit den Informationen aus SLEUTH ersetzt. In CLUE-s werden die Nachbarschaftswahrscheinlichkeiten und im „lose" gekoppelten Modell die zusätzliche Informationsebene aus SLEUTH auf die bestehenden Wahrscheinlichkeiten der logistischen Regression aufaddiert. Somit wird in Gebieten mit hoher Wahrscheinlichkeit basierend auf der logistischen Regression die Wahrscheinlichkeit durch diese Informationsebene weiter erhöht. Am konkreten Beispiel der Siedlungskörper in NRW wäre dies am unmittelbaren Siedlungsrand urbaner Gebiete entlang der Rheinschiene und im Ruhrgebiet der Fall. Entsprechend ist in ruralen Gebieten mit geringer Wahrscheinlichkeit basierend auf der logistischen Regression wie dem Münsterland trotz hoher Nachbarschaftswahrscheinlichkeiten kaum Siedlungswachstum möglich. Diese Untersuchung hat jedoch gezeigt, dass gerade in vielen ländlichen Gebieten hohe relative Wachstumsraten vorherrschen. Diesem Umstand trägt die „enge" Modellkopplung deutlich besser Rechnung, in der die Siedlungsflächen ausschließlich mit einem zellulären Automaten modelliert werden.

8.4 Zukunft der Landnutzung in NRW

Voraussagen über die Landnutzung der Zukunft können nur anhand des Wissens von heute erfolgen. Dabei ist die Zukunft, wie COUCLELIS (2005, S. 1359) ausführt, *„[...] largely shaped by surprises and discontinuities – by events that have not yet taken place".* Landnutzungsmodelle blicken in weiten Teilen zunächst in die Vergangenheit und erst im zweiten Schritt in die Zukunft. Auch in dieser Arbeit wurde zunächst die jüngere Vergangenheit der Landnutzung betrachtet. Anhand der daraus gewonnenen Erkenntnisse und der Projektion in die Zukunft können einige Entwicklungen abgeleitet werden. Tendenzen, die in allen Modellen ähnlich berechnet wurden, werden im Folgenden kurz zusammengefasst.

Entsprechend der Modellsimulationen ist mit einem anhaltend hohen Siedlungswachstum in und um die größeren Oberzentren des Rheinlands wie Köln, Düsseldorf, Bonn und Aachen zu rechnen. Aber auch an den Rändern des Ruhrgebietes, am südlichen Niederrhein zwischen den Kreisen Kleve und Heinsberg, in Ostwestfalen auf einer Linie zwischen Gütersloh, Bielefeld, Herford und Minden, sowie um die Kernstädte von Münster und Paderborn, sind größere Wachstumsraten zu erwarten. Dies ist auch bei einer Reduzierung der Flächeninanspruchnahme durch Erreichen des „30-Hektar"-Ziels in abgeschwächter Form der Fall. Die geringsten Zuwachsraten sind im Sauerland, im Weserbergland, der Eifel und dem Kernmünsterland zu erwarten. Dies stimmt nicht mit aktuellen Zahlen des Umweltministeriums NRW überein, das für die letzten 10 Jahre über eine starke Flächeninanspruchnahme auch im Münsterland und im Sauerland berichtet (MUNLV NRW, 2009). Die Diskrepanz kann mit den jeweiligen Modellalgorithmen zusammenhängen. Bei beiden Räumen handelt es sich um stark ländlich geprägte Regionen, die im CLUE-s Modell geringe Wahrscheinlichkeiten für Siedlungszuwachs aufweisen, da die Entfernung zu Oberzentren recht groß ist. Die vorhandenen Siedlungen sind in diesen Regionen relativ klein, so dass auch von SLEUTH rein statistisch nur wenige Pixel für ein Wachstum ausgewählt werden können. Hier kann eine Unterteilung des Untersuchungsgebietes in Ballungsräume, Ballungsrandzonen und ländliche Räume zu realistischeren Annahmen über die Siedlungsentwicklung führen.

In dieser Arbeit wurde nur die Flächeninanspruchnahme durch die Klasse Siedlung modelliert. Über die Entwicklung der Bodenversiegelung kann hier keine Aussage getroffen werden. Diesbezüglich ist weiterer Forschungsbedarf gegeben. Arbeiten von Rienow (2009) mit dem CLUE-s Modell und von Xian & Crane (2005) mit SLEUTH zeigen jedoch, dass beide Modelle geeignet sind, Siedlungsflächen unterschiedlicher Dichte zu modellieren.

In den meisten Gemeinden NRWs wird es entsprechend der Modelle einen Rückgang der Ackerfläche geben. Ausnahmen bilden hier das Münsterland, das Minden-Lübbeker Land und die Rekultivierungsgebiete im rheinischen Braunkohlerevier. In ganz NRW kommt es in den Modellen zu einem Rückgang von Grünland, wobei es sich hierbei um eine heterogene Klasse handelt, die nicht nur Wiesen und Weiden, sondern auch Gärten, innerstädtisches Grün und Brachflächen beinhaltet. Anhand der Modelle wird für weite Teile NRWs ein Anstieg der Waldflächen berechnet, mit den stärksten Wachstumsraten im rheinischen Schiefergebirge (Eifel, Bergisches Land, Sauerland, Siegerland). In einigen Gemeinden des niederrheinischen Tieflandes wird von einem leichten Rückgang der Waldfläche ausgegangen. Wasserflächen und Abbauflächen (inkl. Tagebau) zeigen insgesamt geringe absolute Werte an Zu- und Abnahmen. Ausnahmen sind hier das rheinische Braunkohlerevier, wo es sowohl starke Zu- als auch Abnahmen der beiden Klassen gibt. Starke Zunahme an Abbauflächen errechnen die Modelle auch im Märkischen Kreis (nördliches Sauerland), wo im Gebietsentwicklungsplan umfangreiche Flächen für den Kalkabbau verzeichnet sind, sowie am Niederrhein, wo mit Kiesabbau auf den Rheinterrassen zu rechnen ist.

Wie realistisch die hier berechneten Szenarien die zukünftige Entwicklung abbilden, muss die Zukunft zeigen. Der hier vorgestellte Modellverbund nähert sich dem Thema Landnutzungsmodellierung von einer methodischen Seite, die in der Geoinformatik und Fernerkundung verankert ist. Weiterer Forschungsbedarf wird in diesem Zusammenhang noch im Bereich der räumlichen Skalen und der Feedbacks im abgebildeten Mensch-Umwelt-System gesehen. Des weiteren ist in einem Untersuchungsgebiet der Größe NRWs eine stärkere Beachtung der unterschiedlichen Bedingungen von urbanen und ruralen Räumen sowie deren

Interaktionen von Interesse. Ebenso sollte in zukünftigen Studien ein stärkerer Fokus auf die qualitative Erstellung von Szenarien und deren quantitative Umsetzung gerichtet werden. An dieser Stelle ist ein wichtiger Anknüpfungspunkt zur konkreten Planung. Regionale Studien dieser Art finden bislang zu wenig Anwendung in Planungsprozessen. Hierfür ist ein Brückenschlag zwischen Modellierern und Planern notwendig, die momentan jeweils die Herausforderungen noch in unterschiedlichen Bereichen suchen.

Literaturverzeichnis

AGARWAL, C., GREEN, G.M., GROVE, J.M., EVANS, T.P. & SCHWEIK, C.M. (2002): A Review and Assessment of Land-Use Change Models: Dynamics of Space, Time, and Human Choice. (USDA Forest Service) Newton Square.

AK BODENSYSTEMATIK (1998): Systematik der Böden und der bodenbildenden Substrate Deutschlands. (Arbeitskreis für Bodensystematik der Deutschen Bodenkundlichen Gesellschaft) Oldenburg.

ALBERTI, M. & WADDELL, P. (2000): An integrated urban development and ecological simulation model. In: Integrated Assessment, 1, H.3. S. 215-227.

ALCAMO, J., KOK, K., BUSCH, G., PRIESS, J., EICKHOUT, B., ROUNSEVELL, M., ROTHMAN, D.S. & HEISTERMANN, M. (2006): Searching for the Future of Land: Scenarios from the Local to Global Scale. In: LAMBIN, E. F. & GEIST, H. J. (Hrsg.): Land-Use and Land-Cover Change. Local Processes and Global Impacts. (Springer) Berlin. S. 137-155.

ALCAMO, J., LEEMANS, R. & KREILEMAN, E. (1998): Global Change Scenarios of the 21st Century. Results from the IMAGE 2.1 Model. (Elsevier Science Ltd.) Oxford.

ALONSO, W. (1964): Location and Land Use. Towards a General Theory of Land Rent. (Harvard Univ. Press) Cambridge.

ANTIKAINEN, J. (2005): The concept of Functional Urban Area. Findings of the EPSON project 1.1.1. In: Informationen zur Raumentwicklung, 7. S. 447-452.

ANTROP, M. (2000): Changing patterns in the urbanized countryside of Western Europe. In: Landscape Ecology, 15. S. 257-270.

ANTROP, M. (2004a): Landscape change and the urbanization process in Europe. In: Landscape and Urban Planning, 67. S. 9-26.

ANTROP, M. (2004b): Rural-urban conflicts and opportunities. In: JONGMAN, R. H. G. (Hrsg.): The New Dimensions of the European Landscape. (Springer) Dordrecht. S. 83-91.

ANTROP, M. (2005): Why landscapes of the past are important for the future. In: Landscape and Urban Planning, 70. S. 21-34.

APPL, D. (2007): XULU / V. Eine Erweiterung der XULU-Plattform zur Unterstützung verteilter Simulationen in der Landnutzungsmodellierung. Diplomarbeit. (Rheinische Friedrich-Wilhelms-Universität Bonn) Bonn.

ARNOLD, C.L. & GIBBONS, C.J. (1996): Impervious Surface Coverage: The Emergence of a Key Environmental Indicator. In: Journal of the American Planning Association, 62, H.2. S. 243-258.

BARREDO, J.I., KASANKO, M., MCCORMICK, N. & LAVALLE, C. (2003): Modelling dynamic spatial processes: simulation of urban future scenarios through cellular automata. In: Landscape and Urban Planning, 64, H.3. S. 145-160.

BARTHOLOMAI, B. & VESER, J. (2003): Rahmenbedingungen und Szenarien der künftigen Baunachfrage in Deutschland und NRW. (Deutsches Institut für Wirtschaftsforschung (DIW)) Berlin.

BATISANI, N. & YARNAL, B. (2009a): Uncertainty awareness in urban sprawl simulations: Lessons from a small US metropolitan region. In: Land Use Policy, 26, H.2. S. 178-185.

BATISANI, N. & YARNAL, B. (2009b): Urban expansion in Centre County, Pennsylvania: Spatial dynamics and landscape transformations. In: Applied Geography, 29, H.2. S. 235-249.

BATTY, M. & XIE, Y. (1994): From cells to cities. In: Environment and Planning B: Planning and Design, 21, H.7. S. 31-48.

BAUER, M.E., HEINERT, N.J., DOYLE, J.K. & YUAN, F. (2004): Impervious Surface Mapping and Change Monitoring Using Landsat Remote Sensing. In: Proceedings of the 2004 ASPRS Annual Conference. Denver. S. 10.

BBR (2000): Stadtentwicklung und Städtebau in Deutschland - ein Überblick. (Bundesamt für Bauwesen und Raumordnung) Bonn. Abrufbar unter: http://www.bbsr.bund.de/cln_016/nn_23502/BBSR/DE/Veroeffentlichungen/ Berichte/2000__2005/Bd05StadtentwicklungStaedtebau.html [Letzter Abruf: 19.03.2010].

BERLING-WOLF, S. & WU, J. (2004): Modeling urban landscape dynamics: A review. In: Ecological Research, 19. S. 119-129.

BFN (2008a): Stärkung des Instrumentariums zur Reduzierung der Flächeninanspruchnahme. (Bundesamt für Naturschutz) Bonn.

BFN (2008b): Where have all the flowers gone? Grünland im Umbruch. (Bundesamt für Naturschutz) Bonn.

BIRKMANN, J. (2004): Flächeninanspruchnahme: Indikatoren und Nutzungsstrukturen. In: Tagungsband zum Kongress zu den "Umweltökonomischen Gesamtrechnungen der Länder" am 23. Juni 2004 in Düsseldorf. (Arbeitsgruppe Umweltökonomische Gesamtrechnung der Länder) Düsseldorf. S. 155-186.

BLOTEVOGEL, H.H. (2006): Gemeindetypisierung Nordrhein-Westfalens nach demographischen Merkmalen. In: DANIELZYK, R. & KILPER, H. (Hrsg.): Demographischer Wandel in ausgewählten Regionstypen Nordrhein-Westfalens. Herausforderungen und Chancen für regionale Politik. Räumliche Konsequenzen des demographischen Wandels. (Akademie für Raumforschung und Landesplanung) Hannover. S. 17-33.

BLOTEVOGEL, H.H. (2007): Die Bedeutung der Metropolregionen in Europa. (Ministerium für Infrastruktur und Raumordnung, Land Brandenburg) Potsdam.

BMVBS & BBSR (2009): Einflussfaktoren der Neuinanspruchnahme von Flächen. (Bundesministerium für Verkehr, Bau und Stadtentwicklung (BMVBS), Bundesinstitut für Bau-, Stadt- und Raumforschung (BBSR) im Bundesamt für Bauwesen und Raumordnung (BBR)) Bonn.

BRAUN, M. & HEROLD, M. (2004): Mapping imperviousness using NDVI and linear spectral unmixing of ASTER data in the Cologne-Bonn region (Germany). In: Proceedings of SPIE 2003. S. 274-284.

BRIASSOULIS, H. (2000): Analysis of Land Use Change: Theoretical and Modeling Approaches. (Regional Research Institute, University of West Virginia). Abrufbar unter: http://www.rri.wvu.edu/WebBook/Briassoulis/contents.htm [Letzter Abruf: 14.12.2010].

BUNDESAGENTUR FÜR ARBEIT (2009): Arbeitsmarkt NRW: Saisonaler Rückgang der Arbeitslosigkeit im September. Abrufbar unter: http://www.arbeitsagentur.de/nn_158604/Dienststellen/RD-NRW/RD-NRW/Presse/2009/pi-2009-032.html [Letzter Abruf: 17.11.2009].

BUNDESREGIERUNG (2002): Perspektiven für Deutschland. Unsere Strategie für eine nachhaltige Entwicklung. (Bundesregierung) Berlin.

CAGLIONI, M., PELIZZONI, M. & RABINO, G.A. (2006): Urban Sprawl: A Case Study for Project Gigalopolis Using SLEUTH Model. In: EL YACOUBI, S., CHOPARD, B. & BANDINI, S. (Hrsg.): Cellular Automata. Lecture Notes in Computer Science. 7th International Conference on Cellular Automata for Research and Industry, ACRI 2006, Perpignan, France. (Springer) Berlin, Heidelberg. S. 436-445.

CANDAU, J.T. & CLARKE, K.C. (2000): Probabalistic Land Cover Transition Modeling Using Deltatrons. In: URISA 2000 Annual Proceedings. Orlando.

CANTY, M.J. (2007): Image analysis, classification and change detection in remote sensing. (CRC Press) Boca Raton.

CANTY, M.J. & NIELSEN, A.A. (2006): Visualization and unsupervised classification of changes in multispectral satellite imagery. In: International Journal of Remote Sensing, 27, H.18. S. 3961-3975.

CANTY, M.J., NIELSEN, A.A. & SCHMIDT, M. (2004): Automatic Radiometric Normalization of Multitemporal Satellite Imagery. In: Remote Sensing of Environment, 91. S. 441-451.

CASTELLA, J. & VERBURG, P.H. (2007): Combination of process-oriented and pattern-oriented models of land-use change in a mountain area of Vietnam. In: Ecological Modelling, 202, H.3-4. S. 410-420.

CHHABRA, A., GEIST, H.J., HOUGHTON, R.A., HABERL, H., BRAIMOH, A.K., VLEK, P.L.G., PATZ, J., XU, J., RAMANKUTTY, N., COOMES, O.T. & LAMBIN, E.F. (2006): Multiple impacts of Land-Use/Cover Change. In: LAMBIN, E. F. & GEIST, H. J. (Hrsg.): Land-Use and Land-Cover Change. Local Processes and Global Impacts. (Springer) Berlin. S. 71-116.

CHOMITZ, K.M. & GRAY, D.A. (1996): Roads, Land Use, and Deforestation: A Spatial Model Applied to Belize. In: World Bank Economic Review, 10, H.3. S. 487-512.

CHRISTALLER, W. (1933): Die zentralen Orte in Süddeutschland: eine ökonomisch-geographische Untersuchung über die Gesetzmäßigkeit der Verbreitung und Entwicklung der Siedlungen mit städtischen Funktionen. (Fischer) Jena.

CIHLAR, J. & JANSEN, L.J.M. (2001): From Land Cover to Land Use: A Methodology for Efficient Land Use Mapping over Large Areas. In: The Professional Geographer, 53, H.2. S. 275-289.

CLAPHAM JR, W.B. (2003): Continuum-based classification of remotely sensed imagery to describe urban sprawl on a watershed scale. In: Remote Sensing of Environment, 86. S. 322-340.

CLARK, W.C. (2007): Sustainability Science: A room of its own. In: Proceedings of the National Academy of Sciences, 104, H.6. S. 1737-1738.

CLARKE, K.C. (2003): Geocomputation's future at the extremes: high performance computing and nanoclients. In: Parallel Computing, 29. S. 1281-1295.

CLARKE, K.C. & GAYDOS, L.J. (1998): Loose-coupling a cellular automaton model and GIS: long-term urban growth prediction for the San Francisco Bay area. In: International Journal of Geographical Information Science, 12, H.7. S. 699-714.

CLARKE, K.C., HOPPEN, S. & GAYDOS, L.J. (1997): A self-modifying cellular automaton model of historical urbanization in the San Francisco Bay area. In: Environment and Planning B: Planning and Design, 24, H.2. S. 247-261.

CONGALTON, R.G. & GREEN, K. (1999): Assessing the Accuracy of Remotely Sensed Data: Principles and Practices. (CRC Press) Boca Raton

CONWAY, J. (1970): The game of life. In: Scientific American, 223. S. 120.

COSTANZA, R. (1989): Model goodness of fit: A multiple resolution procedure. In: Ecological Modelling, 47, H.3-4. S. 199-215.

COSTANZA, R. & MAXWELL, T. (1991): Spatial ecosystem modelling using parallel processors. In: Ecological Modelling, 58, H.1-4. S. 159-183.

COUCH, C., KARECHA, J., NUISSL, H. & RINK, D. (2005): Decline and sprawl: an evolving type of urban development – observed in Liverpool and Leipzig. In: European Planning Studies, 13, H.1. S. 117.

COUCLELIS, H. (1985): Cellular worlds: a framework for modeling micro - macro dynamics. In: Environment and Planning A, 17, H.5. S. 585-596.

COUCLELIS, H. (1997): From cellular automata to urban models: new principles for model development and implementation. In: Environment and Planning B: Planning and Design, 24. S. 165-174.

COUCLELIS, H. (2002): Why I No Longer Work With Agents: A Challenge for ABMs of Human-Environment Interactions. In: PARKER, D. C., BERGER, T. & MANSON, S. M. (Hrsg.): Meeting the challenge of complexity. CIPEC Collaborative Report CCR. Proceedings of a Special Workshop on Land-Use/Land-Cover Change. (CIPEC) Irvine.

COUCLELIS, H. (2005): "Where has the future gone?" Rethinking the role of integrated land-use models in spatial planning. In: Environment and Planning A, 37. S. 1353-1371.

CRAMER, J.S. (2002): The Origins of Logistic Regression. (Faculty of Economics and Econometrics, University of Amsterdam, and Tinbergen Institute) Amsterdam, NL.

CRIST, E.P. & KAUTH, R.J. (1986): The Tasseled Cap De-Mystified. In: Photogrammetric Engineering & Remote Sensing, 52, H.1. S. 81-86.

DAMS, J., WOLDEAMLAK, S.T. & BATELAAN, O. (2008): Predicting land-use change and its impact on the groundwater system of the Kleine Nete catchment, Belgium. In: Hydrology and Earth System Sciences, 12. S. 1369-1385.

DI GREGORIO, A. & JANSEN, L.J.M. (2000): Land Cover Classification System (LCCS): Classification Concepts and User Manual. (FAO) Rom. Abrufbar unter: http://www.fao.org/docrep/003/x0596e/x0596e00.htm [Letzter Abruf: 14.12.2010].

DIETZEL, C. & CLARKE, K.C. (2007): Toward Optimal Calibration of the SLEUTH Land Use Change Model. In: Transactions in GIS, 11, H.1. S. 29-45.

DIETZEL, C., HEROLD, M., HEMPHILL, J.J. & CLARKE, K.C. (2005): Spatio-temporal dynamics in California's Central Valley: Empirical links to urban theory. In: International Journal of Geographical Information Science, 19, H.2. S. 175-195.

DÖÖS, B.R. (2002): Population growth and loss of arable land. In: Global Environmental Change, 12, H.4. S. 303-311.

EEA (2005): EEA Core Set of Indicators. (European Environment Agency) Copenhagen.

EEA (2006a): Urban sprawl in Europe. The ignored challenge. (European Environment Agency) Copenhagen.

EEA (2006b): The thematic accuracy of Corine land cover 2000 - Assessment using LUCAS. (European Environment Agency) Copenhagen.

EEA (2007): Land-use scenarios for Europe: qualitative and quantitative analysis on a European scale. (European Environment Agency) Copenhagen.

EEA (2008): Modelling environmental change in Europe: towards a model inventory. (European Environment Agency) Copenhagen.

ELVIDGE, C.D., SUTTON, P.C., WAGNER, T.W., RYZNER, R., VOGELMANN, J.E., GOETZ, S.J., SMITH, A.J., JANTZ, C.A., SETO, K.C., IMHOFF, M.L., WANG, Y.Q., MILESI, C. & NEMANI, R. (2004): Urbanization. In: GUTMAN, G., JANETOS, A. C., JUSTICE, C. O., MORAN, E. F., MUSTARD, J. F., RINDFUSS, R. R., SKOLE, D. L., TURNER II, B. L. & COCHRANE, M. A. (Hrsg.): Land Change Science. Observing Monitoring and Understanding Trajectories of Change on Earth's Surface. Remote Sensing and Digital Image Processing. (Kluwer Academic Publishers) Dordrecht. S. 315-328.

ENGELEN, G., LAVALLE, C., BARREDO, J.I., VAN DER MEULEN, M. & WHITE, R. (2007): The MOLAND Modelling Framework for Urban and Regional Land-Use Dynamics. In: KOOMEN, E., STILLWELL, J., BAKEMA, A. & SCHOLTEN, H. J. (Hrsg.): Modelling Land-Use Change. (Springer) Dordrecht. S. 297-319.

ESCH, T., HIMMLER, V., SCHORCHT, G., THIEL, M., WEHRMANN, T., BACHOFER, F., CONRAD, C., SCHMIDT, M. & DECH, S. (2009): Large-area assessment of impervious surface based on integrated analysis of single-date Landsat-7 images and geospatial vector data. In: Remote Sensing of Environment, 113, H.8. S. 1678-1690.

ETTEMA, D., DE JONG, K., TIMMERMANS, H. & BAKEMA, A. (2007): PUMA: Multi-Agent Modelling of Urban Systems. In: KOOMEN, E., STILLWELL, J., BAKEMA, A. & SCHOLTEN, H. J. (Hrsg.): Modelling Land-Use Change. (Springer) Dordrecht. S. 237-258.

EUROPÄISCHE UNION (2009): The Copenhagen climate change negotiations: EU position and state of play. (EU) Brüssel.

EUROPARAT (2000): Europäisches Landschaftsübereinkommen. Abrufbar unter: http://conventions.coe.int/Treaty/GER/Treaties/Html/176.htm [Letzter Abruf: 18.11.2009].

FERANEC, J., HAZEU, G., CHRISTENSEN, S. & JAFFRAIN, G. (2007): Corine land cover change detection in Europe (case studies of the Netherlands and Slovakia). In: Land Use Policy, 24, H.1. S. 234-247.

FOLEY, J.A., DEFRIES, R.S., ASNER, G.P., BARFORD, C., BONAN, G.B., CARPENTER, S.R., CHAPIN, F.S., COE, M.T., DAILY, G.C., GIBBS, H.K., HELKOWSKI, J.H., HOLLOWAY, T., HOWARD, E.A., KUCHARIK, C.J., MONFREDA, C., PATZ, J.A., PRENTICE, I.C., RAMANKUTTY, N. & SNYDER, P.K. (2005): Global Consequences of Land Use. In: Science, 309. S. 570-574.

FRIE, B. & HENSEL, R. (2007): Schätzverfahren zur Bodenversiegelung: UGRdL-Ansatz. (Landesamt für Datenverarbeitung und Statistik Nordrhein-Westfalen) Düsseldorf.

GE, J., QI, J., LOFGREN, B.M., MOORE, N., TORBICK, N. & OLSON, J.M. (2007): Impacts of land use/cover classification accuracy on regional climate simulations. In: Journal of Geophysical Research, 112. S. 1-12.

GEERTMAN, S. & STILLWELL, J. (2004): Planning support systems: an inventory of current practice. In: Computers, Environment and Urban Systems, 28, H.4. S. 291-310.

GEIST, H. (2005): The causes and progression of desertification. (Ashgate Publishing, Ltd.) Aldershot.

GEIST, H.J., MCCONNELL, W., LAMBIN, E.F., MORAN, E.F., ALVES, D. & RUDEL, T. (2006): Causes and Trajectories of Land-Use/Cover Change. In: LAMBIN, E. F. & GEIST, H. J. (Hrsg.): Land-Use and Land-Cover Change. Local Processes and Global Impacts. (Springer) Berlin. S. 41-70.

GEOGHEGAN, J., PRITCHARD JR., L., OGNEVA-HIMMELBERGER, Y., CHOWDHURY, R.R., SANDERSON, S. & TURNER II, B.L. (1998): 'Socializing the Pixel' and 'Pixelizing the Social' in land-use and land-cover change. In: LIVERMAN, D., MORAN, E. F., RINDFUSS, R. R. & STERN, P. C. (Hrsg.): People and Pixels: Linking Remote Sensing and Social Science. (National Academy Press) Washington.

GEOGHEGAN, J., VILLAR, S.C., KLEPEIS, P., MENDOZA, P.M., OGNEVA-HIMMELBERGER, Y., CHOWDHURY, R.R., TURNER II, B.L. & VANCE, C. (2001): Modeling tropical deforestation in the southern Yucatán peninsular region: comparing survey and satellite data. In: Agriculture, Ecosystems and Environment, 85, H.1-3. S. 25-46.

GILLIES, R.R., BRIM BOX, J., SYMANZIK, J. & RODEMAKER, E.J. (2003): Effects of urbanization on the aquatic fauna of the Line Creek watershed, Atlanta - a satellite perspective. In: Remote Sensing of Environment, 86, H.3. S. 411-422.

GLP (2005): Global Land Project Science Plan and Implementation Strategy. (IGBP Secretariat) Stockholm.

GOETZKE, R., OVER, M. & BRAUN, M. (2006): A Method to map Land-Use Change and Urban Growth in North Rhine-Westphalia (Germany). In: Proceedings of the 2nd Workshop of the EARSeL SIG on Land Use and Land Cover. Bonn, Germany. S. 102-111.

GOLDSTEIN, N.C., CANDAU, J.T. & CLARKE, K.C. (2004): Approaches to simulating the "March of Bricks and Mortar". In: Computers, Environment and Urban Systems, 28. S. 125-147.

GRIMM, N.B., FAETH, S.H., GOLUBIEWSKI, N.E., REDMAN, C.L., WU, J., BAI, X. & BRIGGS, J.M. (2008): Global Change and the Ecology of Cities. In: Science, 319, H.5864. S. 756-760.

GROOT, J.C.J., ROSSING, W.A.H., TICHIT, M., TURPIN, N., JELLEMA, A., BAUDRY, J., VERBURG, P.H., DOYEN, L. & VAN DE VEN, G.W.J. (2009): On the contribution of modelling to multifunctional agriculture: Learning from comparisons. In: Journal of Environmental Management, 90, H.2. S. 147-160.

GRÜBER-TÖPFER, W. & KRAMPULZ, S. (2006): Flächennutzung in NRW - Überblick und Tendenzen. (Institut für Landes- und Stadtentwicklungsforschung und Bauwesen des Landes NRW) Dortmund.

HAACK, B., BRYANT, N. & ADAMS, S. (1987): An Assessment of Landsat MSS and TM Data for Urban and Near-Urban Land-Cover Digital Classification. In: Remote Sensing of Environment, 21. S. 201-213.

HAASE, D. & SCHWARZ, N. (2009): Simulation Models on Human-Nature Interactions in Urban Landscapes: A Review Including Spatial Economics, System Dynamics, Cellular Automata and Agent-based Approaches. In: Living Reviews in Landscape Research, 3, H.2. S. 1-45.

HAGEN, A. (2003): Fuzzy set approach to assessing similarity of categorical maps. In: International Journal of Geographical Information Science, 17, H.3. S. 235-249.

HÄGERSTRAND, T. (1967): The Computer and the Geographer. In: Transactions of the Institute of British Geographers, , H.42. S. 1-19.

HARRELL, F.E. (2001): Regression Modeling Strategies: with Applications to Linear Models, Logistic Regression, and Survival Analysis. (Springer) New York.

HE, C., OKADA, N., ZHANG, Q., SHI, P. & ZHANG, J. (2006): Modeling urban expansion scenarios by coupling cellular automata model and system dynamic model in Beijing, China. In: Applied Geography, 26, H.3-4. S. 323-345.

HE, H.S., VENTURA, S.J. & MLADENOFF, D.J. (2002): Effects of spatial aggregation approaches on classified satellite imagery. In: International Journal of Geographical Information Science, 16, H.1. S. 93-109.

HEINEBERG, H. (2006): Grundriss allgemeine Geographie: Stadtgeographie 3. Auflage. (Schöningh) Paderborn.

HEINEBERG, H. (2007): Einführung in die Anthropogeographie/Humangeographie 3. Auflage. (Schöningh) Paderborn.

HEROLD, M., GOLDSTEIN, N. & CLAKE, K. (2003): The spatiotemporal form of urban growth: measurement, analysis and modeling. In: Remote Sensing of Environment, 86. S. 286-302.

HEROLD, M., MENZ, G. & CLARKE, K.C. (2001): Remote Sensing and urban growth Models - demands and perspectives. In: JÜRGENS, C. (Hrsg.): Proceedings of the 2nd International Symposium on Remote Sensing of Urban Areas. Regensburg, Germany. S. 78-88.

HEROLD, M., SCEPAN, J. & CLARKE, K.C. (2002): The use of remote sensing and landscape metrics to describe structures and changes in urban land uses. In: Environment and Planning A, 34, H.8. S. 1443-1458.

HOFFHINE WILSON, E., HURD, J.D., CIVCO, D.L., PRISLOE, M.P. & ARNOLD, C.L. (2003): Development of a geospatial model to quantify, describe and map urban growth. In: Remote Sensing of Environment, 86. S. 275-285.

HOUET, T., VERBURG, P.H. & LOVELAND, T.R. (2009): Monitoring and modelling landscape dynamics. In: Landscape Ecology, 25, H.2. S. 163-167.

HUANG, H., LEGARSKI, J. & OTHMAN, M. (2007): Land-cover classification using Radarsat and Landsat imagery for St. Louis, Missouri. In: Photogrammetric Engineering & Remote Sensing, 73, H.1. S. 37-43.

HULLMANN, A. & CLOOS, B. (2002): Mobilität und Verkehrsverhalten der Ausbildungs- und Berufspendlerinnen und -pendler. (Landesamt für Datenverarbeitung und Statistik Nordrhein-Westfalen) Düsseldorf.

ILS (2002): Demographische Entwicklung - Schrumpfende Stadt (Institut für Landes- und Stadtentwicklungsforschung des Landes Nordrhein-Westfalen) Dortmund.

IPCC (2007): Climate Change 2007 - The Physical Science Basis: Working Group I Contribution to the Fourth Assessment Report of the IPCC. (Cambridge University Press) Cambridge.

243

IRWIN, E.G. & GEOGHEGAN, J. (2001): Theory, data, methods: developing spatially explicit economic models of land use change. In: Agriculture, Ecosystems and Environment, 85. S. 7-23.

IT.NRW (2009): Landesdatenbank NRW. In: Landesdatenbank NRW, Abrufbar unter: http://www.landesdatenbank.nrw.de [Letzter Abruf: 17.11.2009].

JAMES, P., TZOULAS, K., ADAMS, M.D., BARBER, A., BOX, J., BREUSTE, J., ELMQVIST, T., FRITH, M., GORDON, C., GREENING, K.L., HANDLEY, J., HAWORTH, S., KAZMIERCZAK, A.E., JOHNSTON, M., KORPELA, K., MORETTI, M., NIEMELÄ, J., PAULEIT, S., ROE, M.H., SADLER, J.P. & WARD THOMPSON, C. (2009): Towards an integrated understanding of green space in the European built environment. In: Urban Forestry & Urban Greening, 8, H.2. S. 65-75.

JANTZ, C.A., GOETZ, S.J. & SHELLEY, M.K. (2003): Using the SLEUTH urban growth model to simulate the impacts of future policy scenarios on urban land use in the Baltimore / Washington metropolitan area. In: Environment and Planning B: Planning and Design, 31. S. 251-271.

JENSEN, J.R. (1996): Introductory Digital Image Processing. A Remote Sensing Perspective 2. Auflage. (Prentice Hall) Upper Saddle River.

JI, M. & JENSEN, J.R. (1999): Effectiveness of Subpixel Analysis in Detecting and Quantifying Urban Imperviousness from Landsat Thematic Mapper Imagery. In: Geocarto International, 14, H.4. S. 33-41.

JUDEX, M. (2008): Modellierung der Landnutzung in Zentralbenin mit dem XULU-Framework. Dissertation. (Rheinische Friedrich-Wilhelms-Universität Bonn) Bonn.

KAIMOWITZ, D. & ANGELSEN, A. (1998): Economic Models of Tropical Deforestation. A Review. (Center for International Forestry Research) Bogor.

KATES, R.W., TURNER II, B.L. & CLARK, W.C. (1990): The Great Transformation. In: TURNER II, B. L., CLARK, W. C., KATES, R. W., RICHARDS, J. F., MATHEWS, J. T. & MEYER, W. B. (Hrsg.): The Earth as transformed by human action: global and regional changes in the biosphere over the past 300 years. (Cambridge University Press) Cambridge. S. 1-17.

KLIJN, J.A. (2004): Driving forces behind landscape transformation in Europe, from a conceptual approach to policy options. In: JONGMAN, R. H. G. (Hrsg.): The New Dimensions of the European Landscape. (Springer) Dordrecht. S. 201-218.

KLIJN, J.A., VULLINGS, L.A.E., VAN DEN BERG, M., VAN MEIJL, H., VAN LAMMEREN, R., VAN RHEENEN, T., TABEAU, A.A., VELDKAMP, A.T., VERBURG, P.H., WESTHOEK, H. & EICKHOUT, B. (2005): The EURURALIS study: Technical Document. (Alterra) Wageningen.

KOK, K. & VELDKAMP, A.T. (2001): Evaluating impact of spatial scales on land use pattern analysis in Central America. In: Agriculture, Ecosystems & Environment, 85, H.1-3. S. 205-221.

KOOMEN, E. & STILLWELL, J. (2007): Modelling Land-Use Change. Theories and methods. In: KOOMEN, E., STILLWELL, J., BAKEMA, A. & SCHOLTEN, H. J. (Hrsg.): Modelling Land-Use Change. (Springer) Dordrecht. S. 1-21.

KRAJEWSKI, C., REUBER, P. & WOLKERSDORFER, G. (2006): Das Ruhrgebiet als postmoderner Freizeitraum. In: Geographische Rundschau, 58, H.1. S. 20-27.

KÜSTER, H. (2003): Geschichte des Waldes. (C.H. Beck) München.

LAMBIN, E.F. (1997): Modelling and monitoring land-cover change processes in tropical regions. In: Progess in Physical Geography, 21, H.3. S. 375-393.

LAMBIN, E.F. (2004): Modelling land-use change. In: WAINWRIGHT, J. & MULLIGAN, M. (Hrsg.): Environmental Modelling. Finding Simplicity in Complexity. (John Wiley & Sons) Chichester. S. 245-254.

LAMBIN, E.F., GEIST, H.J. & RINDFUSS, R.R. (2006): Introduction: Local Processes with Global Impacts. In: LAMBIN, E. F. & GEIST, H. J. (Hrsg.): Land-Use and Land-Cover Change. Local Processes and Global Impacts. (Springer) Berlin. S. 1-8.

LAMBIN, E.F. & MEYFROIDT, P. (2010): Land use transitions: Socio-ecological feedback versus socio-economic change. In: Land Use Policy, 27, H.2. S. 108-118.

LAMBIN, E.F., ROUNSEVELL, M.D.A. & GEIST, H.J. (2000): Are agricultural land-use models able to predict changes in land-use intensity? In: Agriculture, Ecosystems and Environment, 82. S. 321-331.

LAMBIN, E.F., TURNER II, B.L., GEIST, H.J., AGBOLA, S.B., ANGELSEN, A., BRUCE, J.W., COOMES, O.T., DIRZO, R., FISCHER, G., FOLKE, C., GEORGE, P.S., HOMEWOOD, K., IMBERNON, J., LEEMANS, R., LI, X., MORAN, E.F., MORTIMORE, M., RAMAKRISHNAN, P.S., RICHARDS, J.F., SKANES, H., STEFFEN, W., STONE, G.D., SVEDIN, U., VELDKAMP, A.T., VOGEL, C. & XU, J. (2001): The causes of land-use and land-cover change: moving beyond the myths. In: Global Environmental Change, 11. S. 261-269.

LANDESREGIERUNG NRW (2003): Agenda 21 NRW. Leitbilder, Ziele und Indikatoren. Düsseldorf.

LANGFORD, M., MAGUIRE, D.J. & UNWIN, D.J. (1991): The areal interpolation problem: estimating population using remote sensing in a GIS framework. In: MASSER, I. & BLAKEMORE, M. (Hrsg.): Handling geographical information. (Longman Scientific & Technical) New York. S. 55-77.

LANGFORD, M. & UNWIN, D.J. (1994): Generating and mapping population density surfaces within a geographical information system. In: The Cartographic Journal, 31. S. 21-26.

LANUV NRW (2010): Fläche ohne Ende? Flächenentwicklung in Nordrhein-Westfalen. (Landesamt für Natur, Umwelt und Verbraucherschutz Nordrhein-Westfalen) Recklinghausen.

LAVALLE, C., BARREDO, J.I., MCCORMICK, N., ENGELEN, G., WHITE, R. & ULJEE, I. (2004): The MOLAND model for urban and regional growth forecast. A tool for the definition of sustainable development paths. (Joint Research Centre) Ispra.

LEÃO, S., BISHOP, I. & EVANS, D. (2004): Spatial-temporal model for demand and allocation of waste landfills in growing urban regions. In: Computers, Environment and Urban Systems, 28. S. 353-385.

LEBEL, L., THAITAKOO, D., SANGAWONGSE, S. & HUAISAI, D. (2007): Views of Chiang Mai: The Contribution of Remote-Sensing to Urban Governance and Sustainability. In: NETZBAND, M., STEFANOV, W. L. & REDMAN, C. (Hrsg.):

Applied Remote Sensing for Urban Planning, Governance and Sustainability. (Springer) Berlin. S. 221-247.

LEBER, N. & KÖTTER, T. (2007): Entwicklung ländlicher Räume und der Landnutzung im Einzugsbereich dynamischer Agglomerationen. (Landwirtschaftliche Fakultät der Universität Bonn) Bonn.

LESSCHEN, J.P., VERBURG, P.H. & STAAL, S.J. (2005): Statistical methods for analysing the spatial dimension of changes in land use and farming systems. (The International Livestock Research Institute & LUCC Focus 3 Office) Nairobi.

LI, X. & YEH, A.G. (2002): Neural-network-based cellular automata for simulating multiple land use changes using GIS. In: International Journal of Geographical Information Science, 16, H.4. S. 323.

LIN, Y., LIN, Y., WANG, Y. & HONG, N. (2008): Monitoring and Predicting Land-use Changes and the Hydrology of the Urbanized Paochiao Watershed in Taiwan Using Remote Sensing Data, Urban Growth Models and a Hydrological Model. In: Sensors, 8. S. 658-680.

LIU, M., HU, Y., CHANG, Y., HE, X. & ZHANG, W. (2009): Land Use and Land Cover Change Analysis and Prediction in the Upper Reaches of the Minjiang River, China. In: Environmental Management, 43, H.5. S. 899-907.

LO, C.P. & QUATTROCHI, D.A. (2003): Land-Use and Land-Cover Change, Urban Heat Island Phenomenon, and Health Implications: A Remote Sensing Approach. In: Photogrammetric Engineering & Remote Sensing, 69, H.9. S. 1053-1063.

LO, C.P. & YANG, X. (2002): Drivers of Land-Use/Land-Cover Changes and Dynamic Modeling for the Atlanta, Georgia Metropolitan Area. In: Photogrammetric Engineering & Remote Sensing, 68, H.10. S. 1073-1082.

LOIBL, W., TÖTZER, T., KÖSTL, M. & STEINNOCHER, K. (2007): Simulation of Policentric Urban Growth Dynamics through Agents. In: KOOMEN, E., STILLWELL, J., BAKEMA, A. & SCHOLTEN, H. J. (Hrsg.): Modelling Land-Use Change. (Springer) Dordrecht. S. 219-235.

247

Lu, D. & Weng, Q. (2006): Use of impervious surface in urban land-use classification. In: Remote Sensing of Environment, 102. S. 146-160.

Ludeke, A.K., Maggio, R.C. & Reid, L.M. (1990): An Analysis of Anthropogenic Deforestation Using Logistic-Regression and GIS. In: Journal of Environmental Management, 31, H.3. S. 247-259.

Luttik, J. (2000): The value of trees, water and open space as reflected by house prices in the Netherlands. In: Landscape and Urban Planning, 48, H.3-4. S. 161-167.

Lutz, R., Scrudder, R. & Graffagnini, J. (1998): High Level Architecture Object Model Development And Supporting Tools. In: Simulation, 71, H.6. S. 401-409.

MAGS NRW (2010): Arbeitsmarktreport NRW 2010. Sonderbericht Struktur und Entwicklung der sozialversicherungspflichtigen Beschäftigung. (Ministerium für Arbeit, Gesundheit und Soziales des Landes Nordrhein-Westfalen) Düsseldorf.

Mainz, M. (2005): Ökonomische Bewertung der Siedlungsentwicklung. (V&R Unipress) Göttingen.

Manson, S.M. (2001): Simplifying complexity: a review of complexity theory. In: Geoforum, 32, H.3. S. 405-414.

Martens, P. & Rotmans, J. (2005): Transitions in a globalising world. In: Futures, 37, H.10. S. 1133-1144.

Mayr, A. & Temlitz, K. (2006): Nordrhein-Westfalen - ein landeskundlicher Überblick. In: Geographische Rundschau, 58, H.1. S. 4-10.

McCullagh, P. & Nelder, J.A. (1989): Generalized linear models. 2. Auflage. (CRC Press) Boca Raton.

Meadows, D., Meadows, D.L., Randers, J. & Behrens III, W.W. (1972): Die Grenzen des Wachstums - Bericht des Club of Rome zur Lage der Menschheit. (Deutsche Verlags-Anstalt) Stuttgart.

Menard, S. (2001): Applied Logistic Regression Analysis. 2. Auflage. (Sage) Thousand Oaks.

248

MENNIS, J. (2003): Generating Surface Models of Population Using Dasymetric Mapping. In: Professional Geographer, 55, H.1. S. 31-42.

MENZ, G. (1998): Landschaftsmaße und Fernerkundung - neue Instrumente für die Umweltforschung. In: Geographische Rundschau, 50, H.2. S. 106-122.

MERTENS, B. & LAMBIN, E.F. (2000): Land-Cover-Change Trajectories in Southern Cameroon. In: Annals of the Association of American Geographers, 90, H.3. S. 467.

MILLENNIUM ECOSYSTEM ASSESSMENT (2005): Ecosystems and Human Well-Being: Synthesis. (Island Press) Washington.

MINISTRY OF FOREIGN AFFAIRS OF DENMARK (2009): United Nations Climate Change Conference Dec 7 - Dec 18 2009. Abrufbar unter: http://en.cop15.dk/ [Letzter Abruf: 28.11.2009].

MORAN, E.F., SKOLE, D.L. & TURNER II, B.L. (2004): The Development of the International Land-Use and Land-Cover Change (LUCC) Research Program and its Links to NASA's Land-Cover and Land-Use Change (LCLUC) Initiative. In: GUTMAN, G., JANETOS, A. C., JUSTICE, C. O., MORAN, E. F., MUSTARD, J. F., RINDFUSS, R. R., SKOLE, D. L., TURNER II, B. L. & COCHRANE, M. A. (Hrsg.): Land Change Science. Observing Monitoring and Understanding Trajectories of Change on Earth's Surface. Remote Sensing and Digital Image Processing. (Kluwer Academic Publishers) Dordrecht. S. 1-16.

MULLIGAN, M. & WAINWRIGHT, J. (2004): Modelling and model building. In: WAINWRIGHT, J. & MULLIGAN, M. (Hrsg.): Environmental Modelling. Finding Simplicity in Complexity. (John Wiley & Sons) Chichester. S. 5-74.

MUNLV NRW (2006a): Eine Allianz für die Fläche. NRW begrenzt den Flächenverbrauch. Dokumentation der Auftaktveranstaltung. (Ministerium für Umwelt und Naturschutz, Landwirtschaft und Verbraucherschutz NRW) Düsseldorf.

MUNLV NRW (2006b): Umweltbericht NRW 2006. (Ministerium für Umwelt, Naturschutz, Landwirtschaft und Verbraucherschutz NRW) Düsseldorf.

MUNLV NRW (2009): Umweltbericht NRW 2009. (Ministerium für Umwelt, Naturschutz, Landwirtschaft und Verbraucherschutz NRW) Düsseldorf.

NAJLIS, R., JANSSEN, M.A. & PARKER, D.C. (2002): Software Tools and Communication Issues. In: Meeting the challenge of complexity. CIPEC Collaborative Report CCR. Proceedings of a Special Workshop on Land-Use/Land-Cover Change. (CIPEC) Irvine. S. 28-41.

NASA (2010): The Landsat Program. Abrufbar unter: http://landsat.gsfc.nasa.gov/ [Letzter Abruf: 03.09.2010].

VON NEUMANN, J. (1966): Theory of Self-Reproducing Automata. (University of Illinois Press) Urbana.

NIELSEN, A.A., CONRADSEN, K. & SIMPSON, J.J. (1998): Multivariate Alteration Detection (MAD) and MAF Postprocessing in Multispectral Bitemporal Image Data: New Approaches to Change Detection Studies. In: Remote Sensing of Environment, 64. S. 1-19.

DE NIJS, T.C.M., DE NIET, R. & CROMMENTUIJN, L. (2004): Constructing land-use maps of the Netherlands in 2030. In: Journal of Environmental Management, 72. S. 35-42.

OELMANN, M. (2009): Die größten Unternehmen in NRW. In: Wirtschaftsblatt, 4/09.

OETTER, D.R., COHEN, W.B., BERTERRETCHE, M., MAIERSPERGER, T.K. & KENNEDY, R.E. (2001): Land cover mapping in an agricultural setting using multiseasonal Thematic Mapper data. In: Remote Sensing of Environment, 76, H.2. S. 139-155.

OREKAN, V.O.A. (2007): Implementation of the local land-use and land-cover change model CLUE-S for Central Benin by using socio-economic and remote sensing data. Dissertation. (Rheinische Friedrich-Wilhelms-Universität Bonn) Bonn.

OTTERMAN, J. (1974): Baring high-albedo soils by overgrazing: A hypothesised desertification mechanism. In: Science, 86. S. 531-533.

OVER, M., SIEGMUND, A., BRAUN, M. & MENZ, G. (2006): Monitoring of Land-use and Land-Cover in North Rhine-Westphalia by Remote Sensing. In: Geographische Rundschau International Edition, 2, H.1. S. 50-55.

OVERMARS, K.P., DE KONING, G.H.J. & VELDKAMP, A.T. (2003): Spatial autocorrelation in multi-scale land use models. In: Ecological Modelling, 164, H.2-3. S. 257-270.

PACIONE, M. (2009): Urban Geography. A global perspective. 3. Auflage. (Routledge) New York.

PARKER, D.C., MANSON, S.M., JANSSEN, M.A., HOFFMANN, M.J. & DEADMAN, P. (2003): Multi-Agent Systems for the Simulation of Land-Use and Land-Cover Change: A Review. In: Annals of the Association of American Geographers, 93, H.2. S. 314-337.

PARKER, D., BERGER, T. & MANSON, S.M. (2002): Agent-Based Models of Land-Use and Land-Cover Change. (LUCC Focus 1 Office, Indiana University) Bloomington.

PARRIS, K. (2004): European agricultural landscapes supply and demand: implications of agricultural policy reform. In: JONGMAN, R. H. G. (Hrsg.): The New Dimensions of the European Landscape. (Springer) Dordrecht. S. 7-38.

PETSCHEL-HELD, G., BLOCK, A., CASSEL-GINTZ, M., KROPP, J., LÜDEKE, M.K.B., MOLDENHAUER, O., REUSSWIG, F. & SCHELLNHUBER, H.J. (1999): Syndromes of Global Change: a qualitative modelling approach to assist global environmental management. In: Environmental Modeling and Assessment, 4. S. 295-314.

PFLUG, W. (1998): Braunkohlentagebau und Rekultivierung. (Springer) Berlin.

PHINN, S., STANFORD, M., SCARTH, P., MURRAY, A.T. & SHYY, P.T. (2002): Monitoring the composition of urban environments based on the vegetation-impervious surface-soil (VIS) model by subpixel analysis techniques. In: International Journal of Remote Sensing, 23, H.20. S. 4131-4153.

PIELKE SR., R.A. (2005): Atmospheric Science: Land Use and Climate Change. In: Science, 310, H.5754. S. 1625-1626.

PIJANOWSKI, B., BROWN, D.G., SHELLITO, B.A. & MANIK, G.A. (2002): Using neural networks and GIS to forecast land use changes: a Land Transformation Model. In: Computers, Environment and Urban Systems, 26, H.6. S. 553-575.

PIMENTEL, D., HARVEY, C., RESOSUDARMO, P., SINCLAIR, K., KURZ, D., McNAIR, M., CRIST, S., SHPRITZ, L., FITTON, L., SAFFOURI, R. & BLAIR, R. (1995): Environmental and Economic Costs of Soil Erosion and Conservation Benefits. In: Science, 267, H.5201. S. 1117-1123.

PONTIUS JR, R.G. (2000): Quantification error versus location error in comparison of categorical maps. In: Photogrammetric Engineering & Remote Sensing, 66, H.8. S. 1011-1016.

PONTIUS JR, R.G. (2002): Statistical Methods to Partition Effects of Quantity and Location During Comparison of Categorical Maps at Multiple Resolutions. In: Photogrammetric Engineering & Remote Sensing, 68, H.10. S. 1041-1049.

PONTIUS JR, R.G. & BATCHU, K. (2003): Using the Relative Operating Characteristic to Quantify Certainty in Prediction of Location of Land Cover Change in India. In: Transactions in GIS, 7, H.4. S. 467-484.

PONTIUS JR, R.G., BOERSMA, W., CASTELLA, J., CLARKE, K.C., DE NIJS, T.C.M., DIETZEL, C., DUAN, Z., FOTSING, E., GOLDSTEIN, N.C., KOK, K., KOOMEN, E., LIPPITT, C.D., McCONNELL, W., SOOD, A.M., PIJANOWSKI, B., PITHADIA, S., SWEENEY, S., TRUNG, T.N., VELDKAMP, A.T. & VERBURG, P.H. (2008): Comparing the input, output, and validation maps for several models of land change. In: Annals of Regional Science, 42. S. 11-37.

PONTIUS JR, R.G., HUFFAKER, D. & DENMAN, K. (2004): Useful techniques of validation for spatially explicit land-change models. In: Ecological Modelling, 179, H.4. S. 445-461.

PONTIUS JR, R.G. & LIPPITT, C.D. (2006): Can Error Explain Map Differences Over Time? In: Cartography and Geographic Information Science, 33, H.2. S. 159-171.

PONTIUS JR, R.G. & MALANSON, J. (2005): Comparison of the structure and accuracy of two land change models. In: International Journal of Geographical Information Science, 19, H.2. S. 243-265.

PONTIUS JR, R.G. & MALIZIA, N.R. (2004): Effect of Category Aggregation on Map Comparison. In: EGENHOFER, M. J., FREKSA, C. & MILLER, H. J. (Hrsg.): GIScience 2004. (Springer) Berlin, Heidelberg. S. 251-268.

PONTIUS JR, R.G. & SCHNEIDER, L.C. (2001): Land-cover change model validation by an ROC method for the Ipswich watershed, Massachusetts, USA. In: Agriculture, Ecosystems and Environment, 85. S. 239-248.

PONTIUS JR, R.G., SHUSAS, E. & MCEACHERN, M. (2004): Detecting important categorical land changes while accounting for persistence. In: Agriculture, Ecosystems and Environment, 101. S. 251-268.

PONTIUS JR, R.G., THONTTEH, O. & CHEN, H. (2008): Components of information for multiple resolution comparison between maps that share a real variable. In: Environmental and Ecological Statistics, 15. S. 111-142.

PONTIUS JR, R.G., CORNELL, J.D. & HALL, C.A.S. (2001): Modeling the spatial pattern of land-use change with GEOMOD2: application and validation for Costa Rica. In: Agriculture, Ecosystems and Environment, 85. S. 191-203.

RAFIEE, R., MAHINY, A.S., KHORASANI, N. & DARVISHSEFAT, A.A. (2009): Simulating urban growth in Mashad City, Iran through the SLEUTH model (UGM). In: Cities, 26. S. 19-26.

RAMANKUTTY, N., GRAUMLICH, L., ACHARD, F., ALVES, D., CHHABRA, A., DEFRIES, R.S., FOLEY, J.A., GEIST, H.J., HOUGHTON, R.A., KLEIN GOLDEWIJK, K., LAMBIN, E.F., MILLINGTON, A., RASMUSSEN, K., REID, R.S. & TURNER II, B.L. (2006): Global Land-Cover Change: Recent Progress, Remaining Challenges. In: Land-Use and Land-Cover Change. Local Processes and Global Impacts. (Springer) Berlin. S. 9-40.

RAMMS, T. & WEHLING, W. (2006): Gewerbeflächen an Autobahnkreuzen. (BAW Institut für regionale Wirtschaftsforschung GmbH) Bremen.

RAT FÜR NACHHALTIGE ENTWICKLUNG (2004): Mehr Wert für die Fläche: Das "Ziel-30-ha" für die Nachhaltigkeit in Stadt und Land. (Rat für Nachhaltige Entwicklung) Berlin.

REID, R.S., TOMICH, T.P., XU, J., GEIST, H.J., MATHER, A., DEFRIES, R.S., LIU, J., ALVES, D., AGBOLA, B., LAMBIN, E.F., CHHABRA, A., VELDKAMP, A.T., KOK, K., VAN NOORDWIJK, M., THOMAS, D., PALM, C. & VERBURG, P.H. (2006): Linking Land-Change Science and Policy: Current Lessons and Future Integration. In: LAMBIN, E. F. & GEIST, H. J. (Hrsg.): Land-Use and Land-Cover Change. Local Processes and Global Impacts. (Springer) Berlin. S. 157-171.

RICHARDS, J.A. & JIA, X. (2006): Remote Sensing Digital Image Analysis: An Introduction 4. Auflage. (Springer) Berlin.

RICHTER, R. (1996): Atmospheric correction of satellite data with haze removal including a haze/clear transition region. In: Computers & Geosciences, 22, H.6. S. 675-681.

RIDD, M.K. (1995): Exploring a V-I-S (vegetation-impervious surface-soil) model for urban ecosystem analysis through remote sensing: comparative anatomy for cities. In: International Journal of Remote Sensing, 16, H.12. S. 2165-2185.

RIENOW, A. (2009): Räumlich explizite Modellierung der Flächenversiegelung in der Region Bonn/Rhein-Sieg auf der Basis von multispektralen Satellitendaten. Magisterarbeit. (Rheinische Friedrich-Wilhelms-Universität Bonn) Bonn.

SAGAN, C., TOON, O.B. & POLLACK, J.B. (1979): Anthropogenic Albedo Changes and the Earth's Climate. In: Science, 206. S. 1363-1368.

SALA, O.E., CHAPIN, F.S., ARMESTO, J.J., BERLOW, E., BLOOMFIELD, J., DIRZO, R., HUBER-SANWALD, E., HUENNEKE, L.F., JACKSON, R.B., KINZIG, A., LEEMANS, R., LODGE, D.M., MOONEY, H.A., OESTERHELD, M., POFF, N.L., SYKES, M.T., WALKER, B.H., WALKER, M. & WALL, D.H. (2000): Global Biodiversity Scenarios for the Year 2100. In: Science, 287, H.5459. S. 1770-1774.

SANGAWONGSE, S. (2006): Land-Use/Land-Cover Dynamics in Chiang Mai: Appraisal from Remote Sensing, GIS and Modelling Approaches. In: CMU Journal, 5, H.2. S. 243-254.

SCALENGHE, R. & MARSAN, F.A. (2009): The anthropogenic sealing of soils in urban areas. In: Landscape and Urban Planning, 90, H.1-2. S. 1-10.

SCHILLER, G., GUTSCHE, J., SIEDENTOP, S. & DEILMANN, C. (2009): Von der Außen- zur Innenentwicklung in Städten und Gemeinden. Das Kostenparadoxon der Baulandentwicklung. (Umweltbundesamt) Dessau-Roßlau.

SCHMITZ, M. (2005): "Xulu" - Entwicklung einer generischen Plattform zur Implementierung von Simulationsmodellen am Beispiel der Landnutzungsmodellierung. Diplomarbeit. (Rheinische Friedrich-Wilhelms-Universität Bonn) Bonn.

SCHMITZ, M., BODE, T., THAMM, H. & CREMERS, A.B. (2007): XULU - A generic JAVA-based platform to simulate land use and land cover change (LUCC). In: OXLEY, L. & KULASIRI, D. (Hrsg.): Proceedings of MODSIM 2007 International Congress on Modelling and Simulation. (Modelling and Simulation Society of Australia and New Zealand). S. 2645-2649.

SCHNEIDER, L.C. & PONTIUS JR, R.G. (2001): Modeling land-use change in the Ipswich watershed, Massachusetts, USA. In: Agriculture, Ecosystems and Environment, 85. S. 83-94.

SCHÖTTKER, B., OVER, M., BRAUN, M., MENZ, G. & SIEGMUND, A. (2004): Monitoring state-wide urban Development using multitemporal, multisensoral Satellite Date covering a 40 Year-Time Span in North Rhine-Westphalia (Germany). In: Proceedings of SPIE 2003. Barcelona, Spain. S. 252-261.

SERNEELS, S. & LAMBIN, E.F. (2001): Proximate causes of land-use change in Narok District, Kenya: a spatial statistical model. In: Agriculture, Ecosystems and Environment, 85. S. 65-81.

SIEDENTOP, S. & FINA, S. (2008): Urban Sprawl beyond Growth: from a Growth to a Decline Perspective on the Cost of Sprawl. In: Proceedings of the 44th ISOCARP Conference. Dalian, China.

SIEDENTOP, S. & KAUSCH, S. (2004): Die räumliche Struktur des Flächenverbrauchs in Deutschland - Eine auf Gemeindedaten basierende Analyse für den Zeitraum 1997 bis 2001. In: Raumforschung und Raumordnung, 62, H.1. S. 36-49.

SILVA, E.A. & CLARKE, K.C. (2002): Calibration of the SLEUTH urban growth model for Lisbon and Porto, Portugal. In: Computers, Environment and Urban Systems, 26. S. 525-552.

SILVA, E.A. & CLARKE, K.C. (2005): Complexity, Emergence and Cellular Urban Models: Lessons Learned from Applying Sleuth to Two Portuguese Metropolitan Areas. In: European Planning Studies, 13, H.1. S. 93-115.

SLONECKER, E.T., JENNINGS, D.B. & GAROFALO, D. (2001): Remote sensing of impervious surfaces: A review. In: Remote Sensing Reviews, 20, H.3. S. 227-255.

SMALL, C. (2001): Estimation of urban vegetation abundance by spectral mixture analysis. In: International Journal of Remote Sensing, 22, H.7. S. 1305-1334.

SMALL, C. (2003): Multitemporal analysis of urban reflectance. In: Remote Sensing of Environment, 81. S. 427-442.

SOLECKI, W.D. & OLIVERI, C. (2004): Downscaling climate change scenarios in an urban land use change model. In: Journal of Environmental Management, 72, H.1-2. S. 105-115.

SONG, C., WOODCOCK, C.E., SETO, K.C., LENNEY, M.P. & MACOMBER, S.A. (2001): Classification and Change Detection Using Landsat TM Data: When and How to Correct Atmospheric Effects? In: Remote Sensing of Environment, 75. S. 230-244.

STATISTISCHES BUNDESAMT (2010): Flächennutzung. Abrufbar unter: http://www.destatis.de/ [Letzter Abruf: 27.08.2010].

SUDHIRA, H.S., RAMACHANDRA, T.V., WYTZISK, A. & JEGANATHAN, C. (2005): Framework for Integration of Agent-based and Cellular Automata Models for Dynamic Geospatial Simulations. (Centre for Ecological Sciences, Indian Institute of Science) Bangalore.

SYRBE, R., BASTIAN, O., RÖDER, M. & HAASE, G. (2002): Veränderungen der Landnutzung und Landschaftswandel. In: Umwelt und Mensch - Langzeitwirkung und Schlußfolgerungen für die Zukunft. Abhandlungen der Sächsischen Akademie der Wissenschaften zu Leipzig 59/5. Leipzig. S. 141-160.

THEOBALD, D. & GROSS, M.D. (1994): EML: A modeling environment for exploring landscape dynamics. In: Computers, Environment and Urban Systems, 18, H.3. S. 193-204.

VON THÜNEN, J.H. (1826): Der isolierte Staat in Beziehung auf Landwirtschaft und Nationalökonomie. (Gustav Fischer Verlag) Stuttgart.

TOBLER, W.R. (1979a): Cellular geography. In: GALE, S. & OLSON, G. (Hrsg.): Philosophy in Geography. (Reidel) Dordrecht. S. 379-386.

TOBLER, W.R. (1979b): Smooth Pycnophylactic Interpolation for Geographical Regions. In: Journal of the American Statistical Association, 74, H.367. S. 519-530.

TORRENS, P.M. (2003): Automata-based models of urban systems. In: LONGLEY, P. & BATTY, M. (Hrsg.): Advanced Spatial Analysis. (ESRI Press) Redlands. S. 61-80.

TORRENS, P.M. (2006): Simulating Sprawl. In: Annals of the Association of American Geographers, 96, H.2. S. 248-275.

TORRENS, P.M. & O'SULLIVAN, D. (2001): Cellular automata and urban simulation: where do we go from here? In: Environment and Planning B: Planning and Design, 28. S. 163-168.

TROLL, C. & PAFFEN, K. (1964): Karte der Jahreszeitenklimate der Erde. In: Erdkunde, 18. S. 5-28.

TURNER II, B.L., KASPERSON, R.E., MATSON, P.A., MCCARTHY, J.J., CORELL, R.W., CHRISTENSEN, L., ECKLEY, N., KASPERSON, J.X., LUERS, A., MARTELLO, M.L., POLSKY, C., PULSIPHER, A. & SCHILLER, A. (2003): A framework for vulnerability analysis in sustainability science. In: Proceedings of the National Academy of Sciences of the United States of America, 100, H.14. S. 8074 -8079.

TURNER II, B.L., LAMBIN, E.F. & REENBERG, A. (2007): The emergence of land change science for global environmental change and sustainability. In: Proceedings of the National Academy of Sciences, 104, H.52. S. 20666-20671.

TURNER II, B.L. & MEYER, W.B. (1994): Global Land-Use and Land-Cover Change: An Overview. In: MEYER, W. B. & TURNER II, B. L. (Hrsg.): Changes in land use and land cover. A global perspective. (Cambridge University Press) Cambridge. S. 3-10.

UBA (2003): Reduzierung der Flächeninanspruchnahme durch Siedlung und Verkehr. (Umweltbundesamt) Berlin.

UCSB (2005): Project Gigalopolis: Urban and Land Cover Modeling. Abrufbar unter: http://www.ncgia.ucsb.edu/projects/gig/project_gig.htm [Letzter Abruf: 21.01.2010].

UNEP (2007): Global Environment Outlook: GEO4: Environment for Development. (United Nations Environment Programme) Nairobi.

US EPA (2000): Projecting Land-Use Change. A Summary of Models for Assessing the Effects of Community Growth and Change on Land-Use Patterns. (United States Environmental Protection Agency) Washington.

VELDKAMP, A.T. & FRESCO, L.O. (1996): CLUE: a conceptual model to study the Conversion of Land Use and its Effects. In: Ecological Modelling, 85, H.2-3. S. 253-270.

VELDKAMP, A.T. & FRESCO, L.O. (1997): Reconstructing land use drivers and their spatial scale dependence for Costa Rica (1973 and 1984). In: Agricultural Systems, 55, H.1. S. 19-43.

VELDKAMP, A.T. & LAMBIN, E.F. (2001): Predicting land-use change. In: Agriculture, Ecosystems and Environment, 85. S. 1-6.

VERBURG, P.H. (2006): Simulating feedbacks in land use and land cover change models. In: Landscape Ecology, 21. S. 1171-1183.

VERBURG, P.H., EICKHOUT, B. & van MEIJL, H. (2008): A multi-scale, multi-model approach for analyzing the future dynamics of European land use. In: Annals of Regional Science, 42. S. 57-77.

VERBURG, P.H., DE GROOT, W. & VELDKAMP, A.T. (2003): Methodology for multi-scale land-use change modelling: concepts and challenges. In: DOLMAN, A., VERHAGEN, A. & ROVERS, C. (Hrsg.): Global Environmental Change and Land Use. (Kluwer Academic Publishers) Dordrecht. S. 17-52.

VERBURG, P.H., KOK, K., PONTIUS JR, R.G. & VELDKAMP, A.T. (2006): Modelling Land-Use and Land-Cover Change. In: LAMBIN, E. & GEIST, H. (Hrsg.): Land-Use and Land-Cover Change. Local Processes and Global Impacts. (Springer) Berlin. S. 117-136.

VERBURG, P.H., DE NIJS, T., RITSEMA VAN ECK, J., VISSER, H. & DE JONG, K. (2004a): A method to analyse neighborhood characteristics of land use patterns. In: Computers, Environment and Urban Systems, 28. S. 667-690.

258

VERBURG, P.H., RITSEMA VAN ECK, J.R., DE NIJS, T.C.M., DIJST, M.J. & SCHOT, P.P. (2004b): Determinants of land-use change patterns in the Netherlands. In: Environment and Planning B: Planning and Design, 31. S. 125-150.

VERBURG, P.H., SCHOT, P.P., DIJST, M. & VELDKAMP, A.T. (2004c): Land use change modelling: current practice and research priorities. In: GeoJournal, 61. S. 309-324.

VERBURG, P.H., SCHULP, C., WITTE, A. & VELDKAMP, A.T. (2006): Downscaling of land use change scenarios to assess the dynamics of European landscapes. In: Agriculture, Ecosystems and Environment, 114. S. 39-56.

VERBURG, P.H., SOEPBOER, W., VELDKAMP, A.T., LIMPIADA, R., ESPALDON, V. & MASTURA, S.S.A. (2002): Modelling the Spatial Dynamics of Regional Land Use: The CLUE-s Model. In: Environmental Management, 30, H.3. S. 391-405.

VERBURG, P.H., VAN DE STEEG, J., VELDKAMP, A.T. & WILLEMEN, L. (2009): From land cover change to land function dynamics: A major challenge to improve land characterization. In: Journal of Environmental Management, 90, H.3. S. 1327-1335.

VERBURG, P.H. & VELDKAMP, A.T. (2004): Projecting land use transitions at forest fringes in the Philippines at two spatial scales. In: Landscape Ecology, 19. S. 77-98.

VERBURG, P.H., VELDKAMP, A.T. & ROUNSEVELL, M.D.A. (2006): Scenario-based studies of future land use in Europe. In: Agriculture, Ecosystems and Environment, 114. S. 1-6.

VITOUSEK, P.M., MOONEY, H.A., LUBCHENCO, J. & MELILLO, J.M. (1997): Human Domination of Earth's Ecosystems. In: Science, 277. S. 494-499.

VOINOV, A., COSTANZA, R., WAINGER, L., BOUMANS, R., VILLA, F., MAXWELL, T. & VOINOV, H. (1999): Patuxent landscape model: integrated ecological economic modeling of a watershed. In: Environmental Modelling and Software, 14, H.5. S. 473-491.

WALSH, S.J., CRAWFORD, T.W., WELSH, W.F. & CREWS-MEYER, K.A. (2001): A multiscale analysis of LULC and NDVI variation in Nang Rong district, northeast Thailand. In: Agriculture, Ecosystems & Environment, 85, H.1-3. S. 47-64.

WALSH, S.J. & CREWS-MEYER, K.A. (2002): Linking people, place, and policy. (Kluwer Academic Publishers) Dordrecht.

WALSH, S.J., EVANS, T.P., WELSH, W.F., ENTWISTLE, B. & RINDFUSS, R.R. (1999): Scale-dependent relationships between population and environment in northeastern Thailand. In: Photogrammetric Engineering & Remote Sensing, 65, H.1. S. 97-105.

WALSH, S.J., MESSINA, J.P., CREWS-MEYER, K.A., BILSBORROW, R.E. & PAN, W.K. (2002): Characterizing and Modeling Patterns of Deforestation and Agricultural Extensification in the Ecuadorian Amazon. In: WALSH, S. J. & CREWS-MEYER, K. A. (Hrsg.): Linking People, Place, and Policy. A GIScience Approach. (Kluwer Academic Publishers) Dordrecht. S. 187-214.

WARD, D., PHINN, S. & MURRAY, A.T. (2000a): Monitoring Growth in Rapidly Urbanizing Areas Using Remotely Sensed Data. In: Professional Geographer, 52, H.3. S. 371-386.

WARD, D.P., MURRAY, A.T. & PHINN, S.R. (2000b): A stochastically constrained cellular model of urban growth. In: Computers, Environment and Urban Systems, 24, H.6. S. 539-558.

WASKE, B. & BENEDIKTSSON, J.A. (2007): Fusion of Support Vector Machines for Classification of Multisensor Data. In: IEEE Transactions of Geoscience and Remote Sensing, 45, H.12. S. 3858-3866.

WASSENAAR, T., GERBER, P., VERBURG, P.H., ROSALES, M., IBRAHIM, M. & STEINFELD, H. (2007): Projecting land use changes in the Neotropics: The geography of pasture expansion into forest. In: Global Environmental Change, 17, H.1. S. 86-104.

WEGENER, M. (2010): Modelle der räumlichen Stadtentwicklung - alte und neue Herausforderungen. In: Schriftenreihe Stadt Region Land, 87. S. 73-81.

WEHLING, H. (2006): Aufbau, Wandel und Perspektiven der industriellen Kulturlandschaft des Ruhrgebiets. In: Geographische Rundschau, 58, H.1. S. 12-19.

WESTERVELT, J.D. & HOPKINS, L.D. (1999): Modeling mobile individuals in dynamic landscapes. In: International Journal of Geographical Information Science, 13, H.3. S. 191-208.

WHITE, R. & ENGELEN, G. (2000): High-resolution integrated modelling of the spatial dynamics of urban and regional systems. In: Computers, Environment and Urban Systems, 24. S. 383-400.

WHITE, R., ENGELEN, G. & ULJEE, I. (1997): The use of constrained cellular automata for high-resolution modelling of urban land-use dynamics. In: Environment and Planning B: Planning and Design, 24. S. 323-343.

WILLIAMS, M. (2006): Deforesting the earth. (University of Chicago Press) Chicago.

WOODCOCK, C.E. & OZDOGAN, M. (2004): Trends in Land Cover Mapping and Monitoring. In: GUTMAN, G., JANETOS, A. C., JUSTICE, C. O., MORAN, E. F., MUSTARD, J. F., RINDFUSS, R. R., SKOLE, D. L., TURNER II, B. L. & COCHRANE, M. A. (Hrsg.): Land Change Science. Observing Monitoring and Understanding Trajectories of Change on Earth's Surface. Remote Sensing and Digital Image Processing. (Kluwer Academic Publishers) Dordrecht, NL. S. 367-378.

WORLD COMMISSION ON ENVIRONMENT AND DEVELOPMENT (1987): Our Common Future. (Oxford University Press) Oxford.

WU, C. & MURRAY, A.T. (2003): Estimating impervious surface distribution by spectral mixture analysis. In: Remote Sensing of Environment, 84, H.4. S. 493-505.

XIAN, G. (2007): Assessing Urban Growth with Subpixel Impervious Surface Coverage. In: WENG, Q. & QUATTROCHI, D. A. (Hrsg.): Urban Remote Sensing. (CRC Press) Boca Raton. S. 179-199.

XIAN, G. & CRANE, M. (2005): Assessment of urban growth in the Tampa Bay watershed using remote sensing data. In: Remote Sensing of Environment, 97. S. 203-215.

XIAN, G., CRANE, M. & STEINWAND, D. (2005): Dynamic modeling of Tampa Bay urban development using parallel computing. In: Computers & Geosciences, 31. S. 920-928.

XIAN, G. & HOMER, C. (2010): Updating the 2001 National Land Cover Database Impervious Surface Products to 2006 using Landsat Imagery Change Detection Methods. In: Remote Sensing of Environment, 114, H.8. S. 1676-1686.

YANG, X. & LIU, Z. (2005): Use of satellite-derived landscape imperviousness index to characterize urban spatial growth. In: Computers, Environment and Urban Systems, 29. S. 524-540.

YANG, X. & LO, C.P. (2000): Relative Radiometric Normalization Performance for Change Detection from Multi-Date Satellite Images. In: Photogrammetric Engineering & Remote Sensing, 66, H.8. S. 967-980.

YANG, X. & LO, C.P. (2002): Using a time series of satellite imagery to detect land use and land cover change in the Atlanta, Georgia metropolitan area. In: International Journal of Remote Sensing, 23, H.9. S. 1775-1798.

YANG, X. & LO, C.P. (2003): Modelling urban growth and landscape changes in the Atlanta metropolitan area. In: International Journal of Geographical Information Science, 17, H.5. S. 463-488.

YUAN, F. & BAUER, M.E. (2007): Comparison of impervious surface area and normalized difference vegetation index as indicators of surface urban heat island effects in Landsat imagery. In: Remote Sensing of Environment, 106. S. 375-386.

YUAN, F., SAWAYA, K.E., LOEFFELHOLZ, B.C. & BAUER, M.E. (2005): Land cover classification and change detection analysis of the Twin Cities (Minnesota) Metropolitan Area by multitemporal Landsat remote sensing. In: Remote Sensing of Environment, 98. S. 317-328.

YUAN, Y., SMITH, R.M. & LIMP, W.F. (1997): Remodeling Census Population with Spatial Information from Landsat TM Imagery. In: Computers, Environment and Urban Systems, 21, H.3/4. S. 245-258.

ZHA, Y., GAO, J. & NI, S. (2003): Use of normalized difference built-up index in automatically mapping urban areas from TM imagery. In: International Journal of Remote Sensing, 24, H.3. S. 583-594.

ZUURBIER, P. & VAN DE VOOREN, J. (2008): Sugarcane ethanol. (Wageningen Academic Publishers) Wageningen.

Anhang

Abbildungsverzeichnis (Anhang)

Tabellenverzeichnis (Anhang)

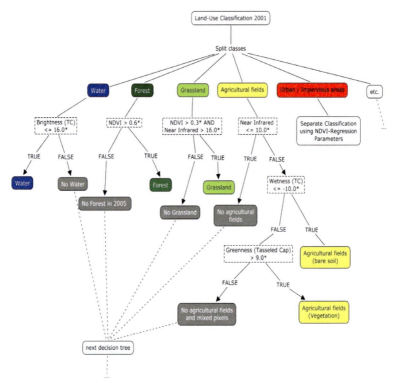

Abbildung A.1: Beispiel eines Ausschnitts aus dem verwendeten wissensbasierten Entscheidungsbaum.

Tabelle A.1: Accuracy Assessment der objektbasierten Klassifikation von zwei Ausschnitten einer Quickbird-Szene von Bonn in die beiden Klassen „Vegetation" und „Versiegelt". Die eine Klassifikation (Bonn) wurde zur Kalibrierung eines Regressionsmodells zur Bestimmung des Versiegelungsgrades in LANDSAT-Daten verwendet. Mit der zweiten Klassifikation (Bad Godesberg) wurde das Ergebnis der Regression validiert.

	Kalibrierungsdatensatz (Bonn)		Validierungsdatensatz (Bonn Bad-Godesberg)	
	Vegetation	Versiegelt	Vegetation	Versiegelt
Producer's Accuracy	98,21%	89,13%	97,27%	87,14%
User's Accuracy	98,40%	88,00%	85,60%	97,60%
Kappa	0,78	0,96	0,74	0,95

Tabelle A.2: Confusion-Matrix der Klassifikation 2005
Producer's Accuracy: Anteil der Referenzdaten, der korrekt klassifiziert wurde, User's
Accuracy: klassifizierte Pixel, die der korrekten Referenzklasse entsprechen.

Klassifikation	Referenzklassen												
	H. Vers.	M. Vers.	G. Vers.	Tagebau	Abbau.	Truppen.	Ackerfl.	Grünland	Nadelw.	Mischw.	Laubw.	Wasser	User's Accuracy
H. Vers.	102	14	5	0	7	0	1	1	0	0	0	0	78%
M. Vers.	11	115	26	0	0	0	2	2	1	1	0	1	72%
G. Vers.	0	21	97	0	1	0	2	4	2	2	0	1	75%
Tagebau	0	0	0	10	0	0	0	0	0	0	0	0	100%
Abbaufl.	2	0	0	0	19	0	0	0	0	0	0	0	90%
Truppenü.	0	0	0	0	0	10	0	0	0	0	0	0	100%
Ackerflächen	1	6	9	0	0	0	445	36	0	1	2	0	89%
Grünland	1	6	17	0	1	0	24	285	1	6	9	0	81%
Nadelwald	0	0	0	0	0	0	0	1	147	21	1	0	86%
Mischwald	0	1	0	0	0	0	0	1	5	90	13	0	82%
Laubwald	0	0	0	0	0	0	1	3	2	21	103	0	79%
Wasser	0	0	0	0	0	0	0	0	0	0	0	30	100%
Producer's Accuracy	87%	71%	63%	100%	68%	100%	94%	86%	93%	63%	80%	94%	**85%**

Tabelle A.3: "Enrichment"-Faktoren für das Landnutzungsmuster 2005 in NRW basierend auf
einer 3x3 Moore-Nachbarschaft

Land-nutzungs-Klasse	Landnutzung in der Nachbarschaft											
	H. Vers.	M. Vers.	G. Vers.	Tageb.	Abbaufl.	Truppen.	Ackerfl.	Grünland	Nadelw.	Mischw.	Laubw.	Wasser
H. Vers.	**16,75**	4,69	1,58	0,01	0,25	0,01	0,06	0,24	0,01	0,06	0,06	0,23
M. Vers.	4,69	**7,84**	4,77	0,01	0,11	0,01	0,08	0,38	0,02	0,1	0,1	0,08
G. Vers.	1,58	4,77	**8,42**	0	0,09	0,01	0,15	0,68	0,07	0,22	0,26	0,11
Tagebau	0,01	0,01	0	**382**	0	0	0,01	0,03	0	0,01	0,02	0
Abbaufl.	0,25	0,11	0,09	0	**262**	0,02	0,05	0,31	0,08	0,21	0,17	2,03
Truppenü.	0,01	0,01	0,01	0	0,02	**166**	0,01	0,02	0,02	0,03	0,02	0,01
Ackerfl.	0,06	0,08	0,15	0,01	0,05	0,01	**2,6**	0,31	0,02	0,05	0,09	0,04
Grünland	0,24	0,38	0,68	0,03	0,31	0,02	0,31	**3,17**	0,16	0,32	0,48	0,44
Nadelwald	0,01	0,02	0,07	0	0,08	0,02	0,02	0,16	**7,96**	1,4	0,16	0,17
Mischwald	0,06	0,1	0,22	0,01	0,21	0,03	0,05	0,32	1,4	**9,95**	1,48	0,27
Laubwald	0,06	0,1	0,26	0,02	0,17	0,02	0,09	0,48	0,16	1,48	**8,11**	0,22
Wasser	0,23	0,08	0,27	0	2,03	0,01	0,04	0,44	0,17	0,27	0,22	**85,9**

265

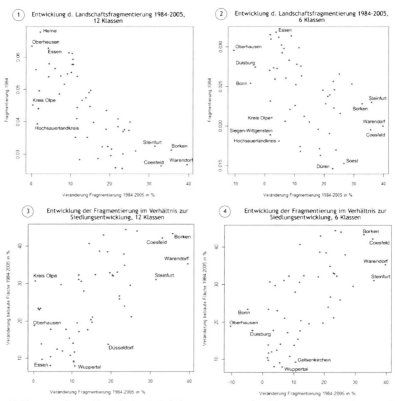

Abbildung A.2: Entwicklung der Landschaftsfragmentierung anhand der Kreise und kreisfreien Städte in NRW 1984-2005.

1: Veränderung der Fragmentierung im Verhältnis zum Stand von 1984 (12 Landnutzungsklassen); 2: Veränderung der Fragmentierung im Verhältnis zum Stand von 1984 (6 Klassen); 3: Veränderung der Fragmentierung im Verhältnis zur Entwicklung der bebauten Flächen (12 Klassen); 4: Veränderung der Fragmentierung im Verhältnis zur Entwicklung der bebauten Flächen (6 Klassen).

Tabelle A.4: Größe der Datensätze und Rechenaufwand in XULU.

	NRW 100m	NRW 30m
Anzahl Eingaberaster	45	45
Rasterauflösung (Meter)	100	30
Rasterauflösung (Pixel)	2479x2490	8262x8300
Rasterauflösung (Mio. Pixel)	6,2	68,2
Größe pro Raster (ASCII)	20 - 50 MB	250 - 500 MB
Gesamtgröße	ca. 1,2 GB	ca. 15 GB

Tabelle A.5: Regressionsparameter der logistischen Regressionsmodelle der Nachbarschaften (oben β-Werte, unten in Blocksatz e^β, AUC in letzter Zeile).

	Siedlung (Zuwachs)	Ackerflächen	Grünland	Wald	Wasser (Zuwachs)	Sonstiges (Zuwachs)
Konstante	-1,527	-4,171	-2,722	-3,412	-1,928	-0,698
SIEDLUNG (5x5)	0,441	-	-	-	-	-
ACKERFLÄCHEN (3x3)	-	3,531	-	-	-	0,295
GRÜNLAND (3x3)	0,577	-	2,021	-	0,809	-
WALD (3x3)	-	-	-	2,169	-	0,099
WASSERFLÄCHEN (3x3)	-	-	-	-	0,103	0,027
SONSTIGES (11x11)	-	-	-	-	0,037	0,122
AUC	0,782	0,977	0,928	0,980	0,878	0,720

[a] Signifikanzniveaus: $p < 0,001$: ***; $p < 0,01$: **; $p < 0,05$: *; $p < 0,1$: o; $p < 1$: ~
[b] Wert ist < 1
[c] Wert ist > 1

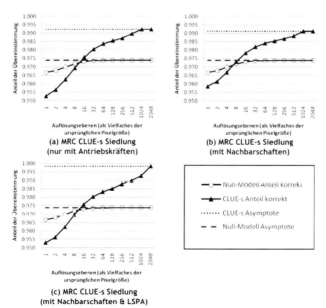

(a) MRC CLUE-s Siedlung (nur mit Antriebskräften)

(b) MRC CLUE-s Siedlung (mit Nachbarschaften)

— Null-Modell Anteil korrekt
— CLUE-s Anteil korrekt
······· CLUE-s Asymptote
— — Null-Modell Asymptote

(c) MRC CLUE-s Siedlung (mit Nachbarschaften & LSPA)

Abbildung A.3: Übereinstimmungen an mehreren Auflösungsstufen für drei CLUE-s Varianten in Bezug auf die Klasse Siedlung im Vergleich zu einem NULL-Modell.

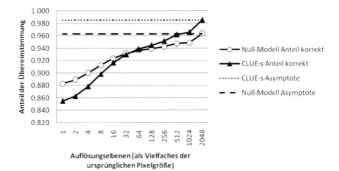

Abbildung A.4: Übereinstimmungen bei verschiedenen Auflösungsstufen mit der MRC für CLUE-s unter Einbeziehung von Nachbarschaften und LSPA für den Modellierungszeitraum 1975-1984.